Java Web 程序设计

于　曦　鄢　涛　李　丹　主　编
刘永红　赵卫东　张海清　副主编

科 学 出 版 社
北　京

内 容 简 介

本书按工程认证的标准，以CDIO的理念为基础，分11个章节，对Java Web技术及其应用进行讲述，内容涵盖Web应用基础、HTTP与Servlet基础、Servlet核心接口、会话跟踪技术、数据库访问、JSP语法、JSP内置对象、JavaBean技术、表达语言、标准标签库、过滤器与监听器。

为帮助读者快速理解并掌握各项知识点，全面提升面对复杂工程问题时的分析、解决和实际编码能力，本书将一个实际项目的开发融入到全书各个章节，各个知识点。并在每章开篇处标明各知识点与能力点的对应关系，方便读者进行有选择的学习。

本书所有电子配套资料（电子课件、习题解答、源程序代码等）可以在科学出版社的网站上下载。

本书适合作为高等院校信息技术专业或培训机构的Java教材，也可以作为Web应用开发人员的入门参考书。

图书在版编目(CIP)数据

Java Web 程序设计 / 于曦，鄢涛，李丹主编.—北京:科学出版社，2017.9 (2021.7 重印)

ISBN 978-7-03-054603-6

Ⅰ.①J… Ⅱ.①于… ②鄢… ③李… Ⅲ.①JAVA 语言-程序设计 Ⅳ.①TP312.8

中国版本图书馆 CIP 数据核字 (2017) 第 236592 号

责任编辑：冯 铂/ 责任校对：韩雨舟

封面设计：墨创文化 / 责任印制：罗 科

科 学 出 版 社 出版

北京东黄城根北街16号

邮政编码：100717

http://www.sciencep.com

成都锦瑞印刷有限责任公司印刷

科学出版社发行 各地新华书店经销

*

2017年9月第 一 版 开本：787×1092 1/16

2021年7月第三次印刷 印张：26 1/4

字数：650 000

定价：59.00 元

（如有印装质量问题，我社负责调换）

前　言

2016 年 6 月 2 日，我国顺利成为《华盛顿协议》正式成员，这是促进我国工程师按照国际标准培养、提高工程技术人才培养质量的重要举措，是推进工程师资格国际互认的基础和关键，对我国工程技术领域应对国际竞争、走向世界具有重要意义。

本书是“普通高等教育 IT 类工程创新能力培养规划教材”中的一门，全书按工程认证的标准，以 CDIO 的理念为基础，将一个实际项目的开发融入全书的各个章节、各个知识点。通过本书的学习，让读者能快速理解并掌握各项知识点，全面提升面对复杂工程问题时的分析、解决和实际编码能力。

本门课程对应工程认证 12 项毕业要求指标点的关系如下：

能力点	覆盖度
1.工程知识：能够将数学、自然科学、工程基础和专业知识用于解决复杂工程问题	★★★★★
2.问题分析：能够应用数学、自然科学和工程科学的基本原理，识别、表达，并通过文献研究分析复杂工程问题，以获得有效结论	★★★
3.设计/开发解决方案：能够设计针对复杂工程问题的解决方案，设计满足特定需求的系统、单元(部件)或工艺流程，并能够在设计环节中体现创新意识，考虑社会、健康、安全、法律、文化以及环境等因素	★★★★★
4.研究：能够基于科学原理并采用科学方法对复杂工程问题进行研究，包括设计实验、分析与解释数据，并通过信息综合得到合理有效的结论	★★
5.使用现代工具：能够针对复杂工程问题，开发、选择与使用恰当的技术、资源、现代工程工具和信息技术工具，包括对复杂工程问题的预测与模拟，并能够理解其局限性	★★★★
6.工程与社会：能够基于工程相关背景知识进行合理分析，评价专业工程实践和复杂工程问题解决方案对社会、健康、安全、法律以及文化的影响，并理解应承担的责任	★★★
7.环境和可持续发展：能够理解和评价针对复杂工程问题的专业工程实践对环境、社会可持续发展的影响	★★★
8.职业规范：具有人文社会科学素养、社会责任感，能够在工程实践中理解并遵守工程职业道德和规范，履行责任	★★★
9.个人和团队：能够在多学科背景下的团队中承担个体、团队成员以及负责人的角色	★★★★★
10.沟通：能够就复杂工程问题与业界同行及社会公众进行有效沟通和交流，包括撰写报告和设计文稿、陈述发言、清晰表达或回应指令。并具备一定的国际视野，能够在跨文化背景下进行沟通和交流	★★★★★
11.项目管理：理解并掌握工程管理原理与经济决策方法，并能在多学科环境中应用	★★★★★
12.终身学习：具有自主学习和终身学习的意识，有不断学习和适应发展的能力	★★

Java Web 技术是目前主流的 Web 应用开发技术之一，Java Web 程序设计已经成为一门综合性高、实践性强、应用领域广的技术类课程。对于从事计算机程序开发的人员，在当前互联网时代，掌握 Java Web 开发技术是非常必要的。本书主要特点如下：

(1)强调 CDIO 理念。将工程认证的理念贯穿所有章节，每章都明确所述知识点与能力点的对应关系，方便读者有针对性地进行学习。

(2) 强调项目实现。将实际项目贯穿于全书所有章节对应的知识点，每一个章节都在前一章节的基础上进行实现，从而达到对项目的迭代、升级，最终帮助读者实现一个完整项目的开发。

(3) 强调实践性。除了贯穿全书的项目外，书中每个重要的知识点都配备实例，力求帮助读者在掌握知识的同时，能针对不同的需求解决实际问题。

(4) 辅助教学和学习资料全。本书配有实验指导教程、电子课件。项目的源代码可以从科学出版社网站或者 github 上下载。

在使用本书进行教学时，建议采用过程化的考核方式，对每一章的项目任务完成情况进行记录，得到的成绩汇总平均后作为总成绩的 70%。期末再进行笔试，对书中的理论知识进行考核，得到的成绩作为总成绩的 20%。平时的签到和课堂提问成绩作为总成绩的 10%。

本书主编是于曦、鄢涛、李丹，副主编是刘永红、赵卫东、张海清，编委是郑加林、张莉、王兰、刘昶、李梅、聂莉莎等。另外，成都大学软件工程专业的高强、陈天雄、罗廷方、余悦等同学为本书的编写做出了大量的工作，锻炼了他们的写作、交流沟通和项目开发能力，体现了本书 CDIO 的教育理念。

由于作者水平有限，虽然对本书进行了反复审核与修订，但书中疏漏和不足之处在所难免，恳请广大读者及专家给予批评指正。

学习路线图

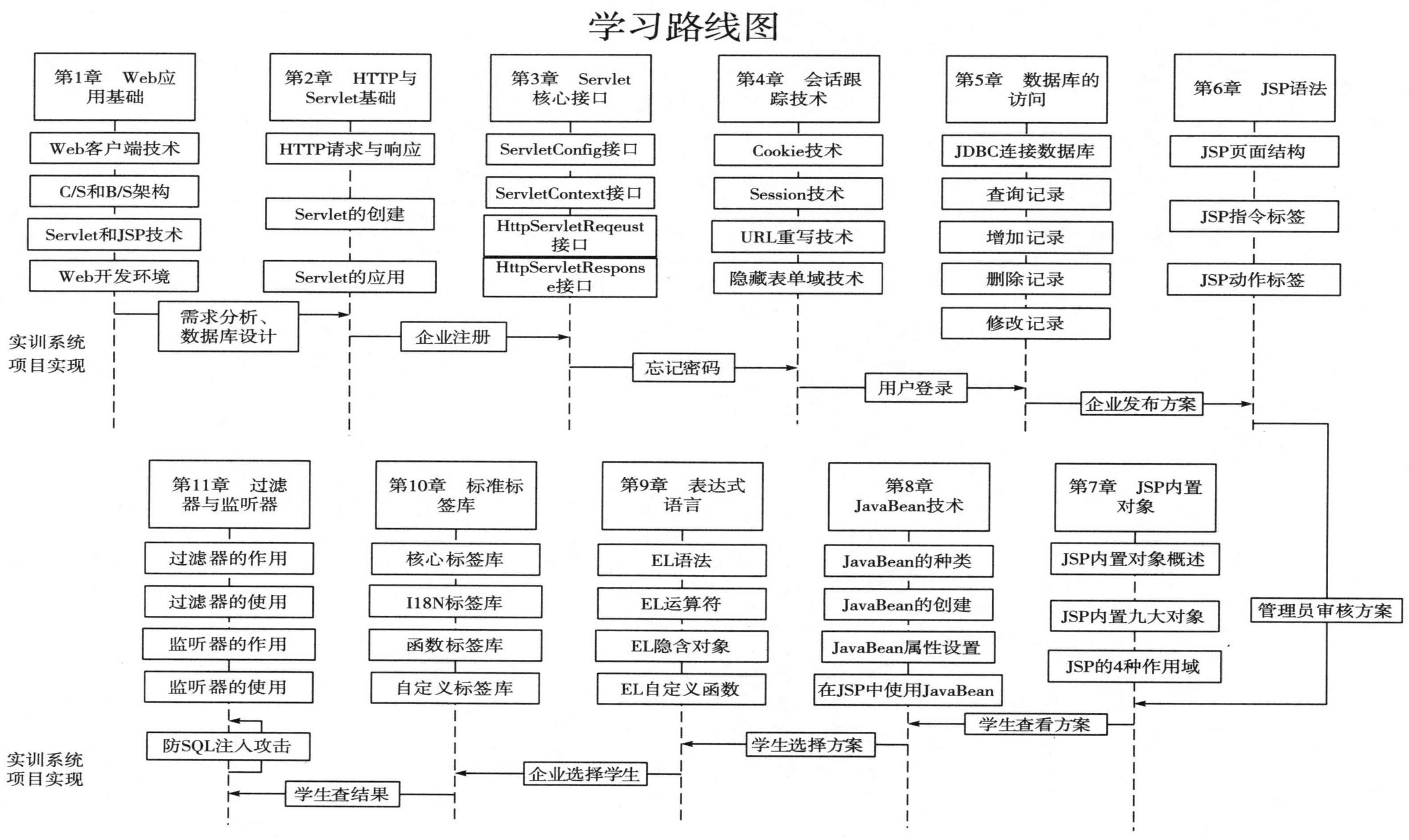

第1章　Web应用基础
Web客户端技术
C/S和B/S架构
Servlet和JSP技术
Web开发环境
第2章　HTTP与Servlet基础
HTTP请求与响应
Servlet的创建
Servlet的应用
第3章　Servlet核心接口
ServletConfig接口
ServletContext接口
HttpServletReqeust接口
HttpServletResponse接口
第4章　会话跟踪技术
Cookie技术
Session技术
URL重写技术
隐藏表单域技术
第5章　数据库的访问
JDBC连接数据库
查询记录
增加记录
删除记录
修改记录
第6章　JSP语法
JSP页面结构
JSP指令标签
JSP动作标签
实训系统项目实现
需求分析、数据库设计
企业注册
忘记密码
用户登录
企业发布方案
管理员审核方案
第11章　过滤器与监听器
过滤器的作用
过滤器的使用
监听器的作用
监听器的使用
第10章　标准标签库
核心标签库
I18N标签库
函数标签库
自定义标签库
第9章　表达式语言
EL语法
EL运算符
EL隐含对象
EL自定义函数
第8章　JavaBean技术
JavaBean的种类
JavaBean的创建
JavaBean属性设置
在JSP中使用JavaBean
第7章　JSP内置对象
JSP内置对象概述
JSP内置九大对象
JSP的4种作用域
实训系统项目实现
学生查看方案
学生选择方案
企业选择学生
学生查结果
防SQL注入攻击

目　　录

第 1 章　Web 应用基础

本章目标

知识点	理解	掌握	应用
1.JSP 与 Servlet 技术	✓	✓	
2.C/S 与 B/S 结构	✓	✓	
3.B/S 结构应用运行过程	✓	✓	
4.Java Web 开发环境搭建	✓	✓	✓
5.Web 应用的基本结构	✓	✓	
6.需求分析	✓	✓	✓
7.数据库设计	✓	✓	✓

项目任务

完成成都大学信息科学与工程学院实训系统项目的需求分析、数据库设计、开发环境搭建的设计任务：

- 项目任务 1-1 需求分析
- 项目任务 1-2 数据库设计
- 项目任务 1-3 开发环境搭建
- 项目任务 1-4 工具类设计

知识能力点

知识点能力点	知识点 1	知识点 2	知识点 3	知识点 4	知识点 5	知识点 6
工程知识	✓	✓	✓			
问题分析					✓	
设计/开发解决方案					✓	
研究	✓					
使用现代工具				✓		✓
工程与社会					✓	
环境和可持续发展					✓	
职业规范						
个人和团队					✓	
沟通					✓	
项目管理				✓		
终身学习	✓	✓	✓		✓	

1.1 Web 概 述

随着计算机网络技术的高速发展，社会各个行业的应用都进入了基于 Web 应用为核心的阶段，以 Web 方式进行信息处理与应用系统开发已经成为当前信息系统的主流。

1.1.1 Web 的概念

Web(World Wide Web)，即全球广域网，也称为万维网。它是一种基于超文本和 HTTP 协议的，全球性的、动态交互的、跨平台的分布式图形信息系统。它是建立在 Internet 上的一种网络服务，为浏览者在 Internet 上查找和浏览信息提供了图形化的、易于访问的直观界面，其中的文档及超级链接将 Internet 上的信息节点组织成一个互为关联的网状结构。Web 技术具有以下特点。

1.图形化

在 Web 技术出现之前，Internet 上的信息只有文本形式，而 Web 技术能在网页上同时提供图形、音频、视频信息，为各类信息的传播提供坚实的基础，使得它自身快速流行起来。

2.易导航

Web 技术使页面之间的跳转变得轻松，用户只需要点击网页上的链接，就可以在各个网站、各个页面之间进行浏览。

3.平台无关

随着信息技术的发展，操作系统也在进行变革。DOS、Windows、Macintosh、UNIX 等操作系统相继出现，并拥有各自庞大的用户群体。传统的二进制可执行代码由于与操作系统绑定紧密，无法跨系统平台执行，这阻碍了信息的传播。而 Web 技术通过各种浏览器软件，可以轻松实现在不同操作系统下信息的展示。

4.分布式

Web 技术支持将图形、音频、视频等信息存放在不同的物理空间中。但可以通过将信息在一个站点上进行逻辑整合，保证信息对用户来说是一体的。这样，既便于用户访问信息，又便于开发人员对信息进行维护。

5.动态性

由于各 Web 站点的信息包含站点本身的信息，信息的提供者可以经常对站点上的信息进行更新。如某个协议的发展状况、公司的广告等。一般各信息站点都尽量保证信息的时间性。所以 Web 站点上的信息是动态的、经常更新的，这一点是由信息的提供者保证的。

6.交互性

Web 的交互性首先表现在它的超链接上，用户的浏览顺序和所到站点完全由他自己决定。另外，通过表单(FORM)的形式可以从服务器方获得动态的信息。用户通过填写 FORM，可以向服务器提交请求，服务器可以根据用户的请求返回相应信息。

1.2　Web 客户端技术

客户端技术是 Web 程序中最重要的技术之一。客户端技术主要是用来描述在浏览器中显示的页面、利用 JavsScript 技术对页面进行控制、与服务器进行通信等。常用的客户端技术主要包括 HTML、CSS、DOM、JavaScript、AJAX 等。通过这些客户端技术，读者可以编写具有良好用户体验的 Web 程序。

1.HTML

超级文本标记语言是标准通用标记语言下的一个应用，也是一种规范、一种标准，它通过标记符号来标记要显示的网页中的各个部分。网页文件本身是一种文本文件，通过在文本文件中添加标记符，可以告诉浏览器如何显示其中的内容(如文字如何处理、画面如何安排、图片如何显示等)。浏览器按顺序阅读网页文件，然后根据标记符解释和显示其标记的内容，对书写出错的标记将不指出其错误，且不停止其解释执行过程，编制者只能通过显示效果来分析出错原因和出错部位。但需要注意的是，对于不同的浏览器，对同一标记符可能会有不完全相同的解释，因而可能会有不同的显示效果。

【示例 1-1】一个简单的 HTML **程序**(example1-2.html)，**在页面上呈现** HelloWorld。

```
<!DOCTYPE HTML PUBLIC "-//W3C//DTD HTML 4.01 Transitional//EN">
<html>
<head>
<title>example1-1.html</title>
</head>
<body>
   Hello World! <br>
</body>
</html>
```

2.CSS

层叠样式表(Cascading Style Sheets)是一种用来表现 HTML(标准通用标记语言的一个应用)或 XML(标准通用标记语言的一个子集)等文件样式的计算机语言。CSS 不仅可以静态地修饰网页，还可以配合各种脚本语言动态地对网页各元素进行格式化。

3.DOM

文档对象模型(Document Object Model，DOM)，是 W3C 组织推荐的处理可扩展标志语言的标准编程接口。在网页上，组织页面(或文档)的对象被组织在一个如图 1-1 所示的树形结构中，用来表示文档中对象的标准模型，就称为 DOM。

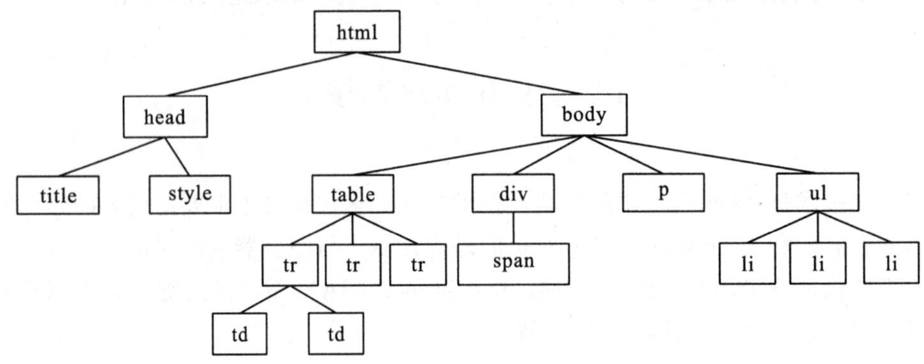

图 1-1　DOM 树状模型

4.JavaScript

JavaScript，一种直译式脚本语言，是一种动态类型、弱类型、基于原型的语言，内置支持类型。它的解释器被称为 JavaScript 引擎，是浏览器的一部分，广泛用于客户端的脚本语言，最早是在 HTML(标准通用标记语言下的一个应用)网页上使用，用来给 HTML 网页增加动态功能。

【示例 1-2】一个简单的 JavaScript 程序(example2-1.html)，在页面上弹出提示窗口。

```
<!DOCTYPE HTML PUBLIC "-//W3C//DTD HTML 4.01 Transitional//EN">
<html>
<head>
<title>example1-2.html</title>
<script type="text/javascript">
    alert("Hello world!");
</script>
</head>
<body>
</body>
</html>
```

5.AJAX

AJAX，即“Asynchronous Javascript And XML”(异步 JavaScript 和 XML)，是指一种创建交互式网页应用的网页开发技术。传统的网页如果需要更新页面的内容，需要重新加载整个页面，而通过在后台与服务器进行少量数据交换，AJAX 可以使网页实现异步更新，即在不重新加载整个页面的情况下，对页面的某部分进行更新。

1.3　Web 服务器端技术

一个动态网站的开发，离不开服务器端技术。目前常用的服务器端技术主要有 ASP、ASP.NET、PHP、JSP 等。

1.ASP

ASP（Active Server Page，动态服务器页面）是微软公司开发的一种动态网页语言，它可以包含 HTML 标记、普通文本、脚本命令、COM 组件等。通过在页面代码中嵌入 VBScript 或 JavaScript 脚本语言，可以生成动态内容。在服务器端安装了适当的解释器后，页面的脚本语言可以被解释器执行，然后将执行结果与静态内容部分结合在一起后传送到客户端浏览器上。对复杂的操作，ASP 可以通过调用后台的 COM 组件完成，从而无限地扩充了其自身的能力。但由于 ASP 只能运行在 Windows 环境中，平台兼容性较差，限制了自身的发展，已经慢慢退出历史舞台。

2.ASP.NET

ASP.NET 是微软.NET 框架的一部分，可以使用任何.NET 兼容的语言来编写 ASP.NET 应用程序。它不是对 ASP 的简单升级，而是一种全新的交互式网页编程技术，是网站和 XML Web 服务的产物。使用 Visual Basic.NET、C#、J#、ASP.NET 页面（Web Forms）进行编译，可以提供比脚本语言更出色的性能表现。目前已经成为主流的动态网站技术之一。

3.PHP

PHP 是一种跨平台的服务器端嵌入式脚本语言。它的语法类似 C，并且混合了 Perl、C++和 Java 语言的一些特性，使得开发者能够快速写出动态页面。它是一种开源的 Web 服务器端脚本语言，支持目前绝大多数数据库。可以被多个平台支持，但广泛应用于 UNIX/Linux 平台。由于 PHP 本身的代码对外开放，并经过众多软件工程师的检测，所以其安全性能得到了业界的公认。

4.JSP

JSP（Java Server Page）是新一代站点开发语言，完全解决了前面 ASP 和 PHP 的一个共同问题——脚本级执行。JSP 是以 Java 为基础开发的，可以在 Serverlet 和 JavaBean 的支持下，完成功能强大的站点程序。JSP 可以被预编译，从而提高了程序的运行速度。同时，JSP 应用程序经过一次编译后可以随时随地运行。在绝大部分系统平台中，代码不需做任何修改即可在支持 JSP 的任何服务器上运行。

1.4 Web 应用架构

Web 应用的发展，带动了软件开发模式的变革。目前主流的 Web 应用架构有 C/S (Client/Server，客户端/服务器) 结构和 B/S (Browser/Server，浏览器/服务器) 结构。

1.4.1 C/S 结构

C/S 结构可以充分利用客户机和服务器两端的硬件环境优势，将任务合理分配到 Client 端和 Server 端来实现，降低了系统的通信开销。C/S 架构采用“功能分布”的原则：客户端负责数据处理、数据表示以及用户接口等功能；服务器端负责数据管理等核心功能。两端共同配合完成复杂的业务应用。这种结构能够充分发挥客户端 PC 的处理能力，业务在客户端处理后再提交给服务器也极大地提高了这个软件系统的响应速度。目前，涉及复杂业务逻辑的行业，例如银行内网系统、铁路航空售票系统、游戏软件等，常常选用 C/S 结构。其结构如图 1-2 所示。

1.4.2 B/S 结构

B/S 结构是 Web 兴起后的一种网络结构模式。考虑到 Web 浏览器是客户端最主要的应用软件。通过 Web 浏览器，用户不需要开发、安装任何客户端软件就可以进行软件业务流程的处理。这种模式就是 B/S 结构的核心：客户机上只要安装一个浏览器，如 Chrome、FireFox 或 Internet Explorer，服务器安装 SQL Server、Oracle、MYSQL 等数据库。用户通过浏览器向服务器发送请求，服务器接受请求，在数据库进行数据处理后，将结果响应给浏览器。B/S 结构通常应用于各大门户网站、各种信息管理系统和大型电子商务网站上。其结构如图 1-2 所示。

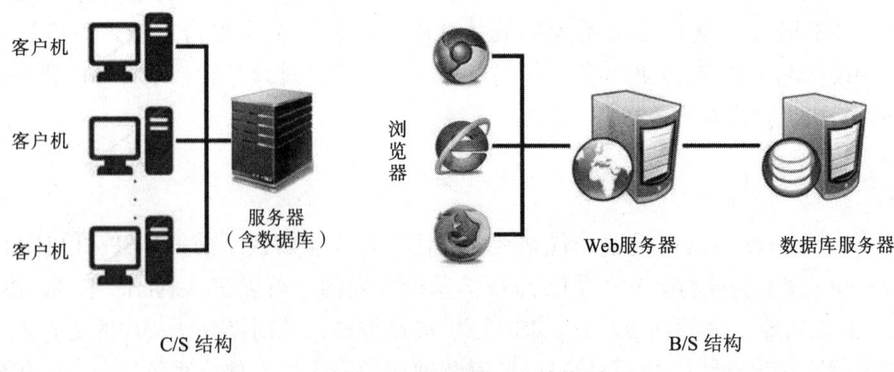

图 1-2 C/S 和 B/S 结构图

1.5　Web 工作机制

Web 的工作过程如下：

(1) 客户端通过浏览器发出要访问页面的 URL 地址，经过地址解析，找到服务器的 IP 地址，向该地址所指向的 Web 服务器发出请求。

(2) Web 服务器根据浏览器发送的请求，把 URL 地址转换成页面所在服务器上的文件名称，找到相应的文件。

(3) 如果 URL 指向 HTML 静态页面，Web 服务器使用 HTTP 协议将该文档直接送给客户端，由客户端浏览器负责解释执行。如果 HTML 文档中有 JSP、ASP、PHP 等动态代码，则由服务器运行这些程序。应用程序执行后的结果最后发送到客户端。

(4) 如果程序中包含对数据库的操作，则应用程序将查询指令发送给数据库驱动程序，由驱动程序对数据库进行操作。

(5) 数据库服务器将查询结果返回给数据库驱动程序，并由驱动程序返回给 Web 服务器。

(6) Web 服务器将结果数据嵌入到页面中相应的位置。

(7) Web 服务器将完成的页面以 HTML 格式发送给客户端。

(8) 客户端浏览器解释执行接受到的 HTML 文档，并显示结果。

其整个工作机制如图 1-3 所示。

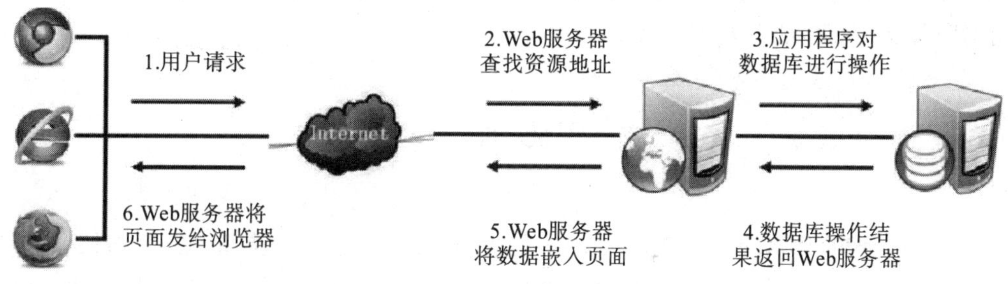

图 1-3　Web 工作机制

1.6　Java Web 应用的核心技术

Java Web 应用开发的核心技术主要有以下几种。

1.6.1　JSP

JSP (Java Server Page，Java 服务器页面) 是基于 Java 的技术，它在传统的网页 HTML

文件中插入 Java 程序段(Scriptlet)和 JSP 标记(Tag)，从而构成 JSP 文件(*.jsp)。用 JSP 开发的 Web 应用可以跨平台，既能在 Linux 下运行，又能在其他操作系统上运行。当 Web 服务器遇到访问 JSP 页面的请求时，首先执行以<%%>方式嵌入在其中的 Java 程序片段，然后将执行结果以 HTML 格式返回给用户。嵌入在 JSP 页面中的程序片段可以操作数据库、重定向网页以及发送 Email 等，从而完成用户所需要的业务逻辑。

1.6.2 Servlet

Servlet(Server Applet)，全称 Java Servlet，未有中文译文。是用 Java 编写的服务器端程序。其主要功能在于交互式浏览和修改数据，生成动态 Web 内容。狭义的 Servlet 是指 Java 语言实现的一个接口，广义的 Servlet 是指任何实现了这个 Servlet 接口的类，一般情况下，人们将 Servlet 理解为后者。

Serverlet 运行与支持 Java 的应用服务器中，它可以响应任何类型的请求，但绝大多数情况下，Serverlet 只用于扩展基于 HTTP 的 Web 服务器。

1.6.3 EJB

EJB(Enterprise Java Bean)是 JavaEE 服务器端组件模型，设计目标与核心应用是部署分布式应用程序。简单来说就是把已经编写好的程序(即：类)打包放在服务器上执行。凭借 Java 跨平台的优势，用 EJB 技术部署的分布式系统可以不限于特定的平台。EJB 是 JavaEE 的一部分，定义了一个用于开发基于组件的企业多重应用程序的标准。其特点包括网络服务支持和核心开发工具(SDK)。

1.7 Web 服务器

Web 服务器的基本功能就是提供 Web 信息浏览服务。它只需支持 HTTP 协议、HTML 文档格式及 URL，与客户端的网络浏览器配合。因为 Web 服务器主要支持的协议就是 HTTP，所以通常情况下 HTTP 服务器和 Web 服务器是相等的。常见的 Web 服务器有 IIS、Apache、Tomcat 等。

IIS：微软早期的 IIS，就是一个纯粹的 Web 服务器。后来，它嵌入 ASP 引擎，可以解释 VBScript 和 JScript 服务器端代码，可以兼作应用服务器。

Apache：经常与 Tomcat 配对使用。它对 HTML 页面具有强大的解释能力，但是不能解释嵌入页面内的服务器端脚本代码(JSP/Servlet)。

Tomcat：早期的 Tomcat 是一个嵌入 Apache 内的 JSP/Servlet 解释引擎。Apache+Tomcat 相当于 IIS+ASP。现在 Tomcat 已不再嵌入 Apache 内，Tomcat 进程独立于 Apache 进程运行。而且，Tomcat 已经是一个独立的 Servlet 和 JSP 容器，业务逻辑层代码和界面交互层代码可以分离了。因此，也可把 Tomcat 叫作轻量级应用服务器。

1.8　Java Web 应用开发环境的安装与配置

要进行 Java Web 应用程序的开发，首先需要配置其开发和运行环境。Java Web 的开发，其核心是能运行 Java Web 程序的服务器和 Java 运行环境。同时，为了能进行高效的开发，最好能有一款功能强大的 IDE(Integrated DevelopmentEnvironment，集成式开发环境)。本书以 JDK8、Tomcat 8.0 服务器和 Eclipse neon(IDE)为例，按照它们之间的依赖关系进行配置。

1.8.1　JDK 的安装与配置

JDK(Java Development Kit，Java 开发工具包)是 Java 的核心，不仅包含了 JRE(Java Runtime Environment，Java 运行环境)、Java 跨平台的核心 JVM(Java Virtual Machine，Java 虚拟机)，还包括了众多的 Java 开发工具和 Java 基础类库。读者可以到 oracle 的官网上进行 JDK 的下载，其下载界面如图 1-4 所示。

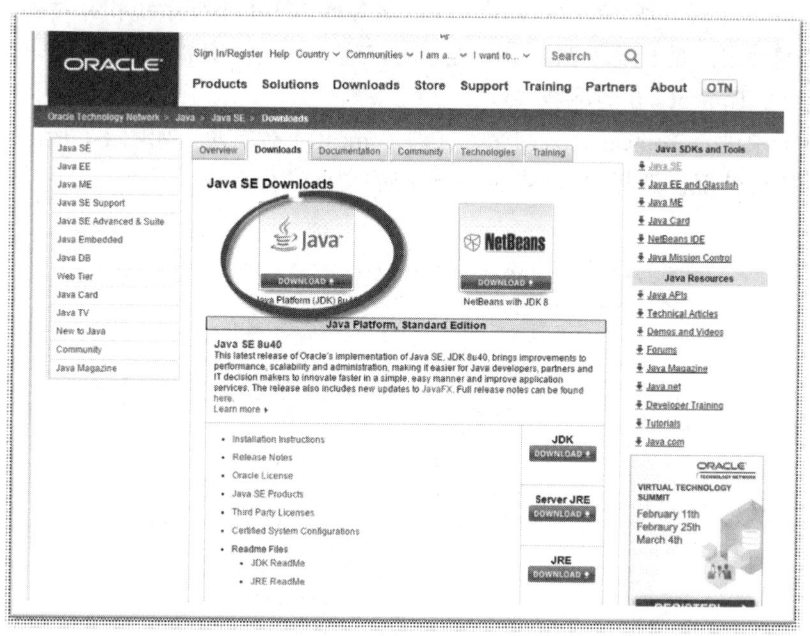

图 1-4　JDK 的下载

JDK 下载安装完成后，需要进行环境变量的配置，以保证 JSP 引擎知道 Java 编译器的位置。首先在 Windows 下的系统属性-环境变量-系统变量中添加一个名为 JAVA_HOME 的变量，指明其值为本机 JDK 安装的路径，然后在用户变量的 classpath 中加入“.;%JAVA_HOME%/lib/dt.jar;%JAVA_HOME%/lib/tool.jar”，最后在用户变量的 PATH 中将 JDK 的 bin 路径(%JAVA_HOME%/bin)设置进去，具体设置见图 1-5。

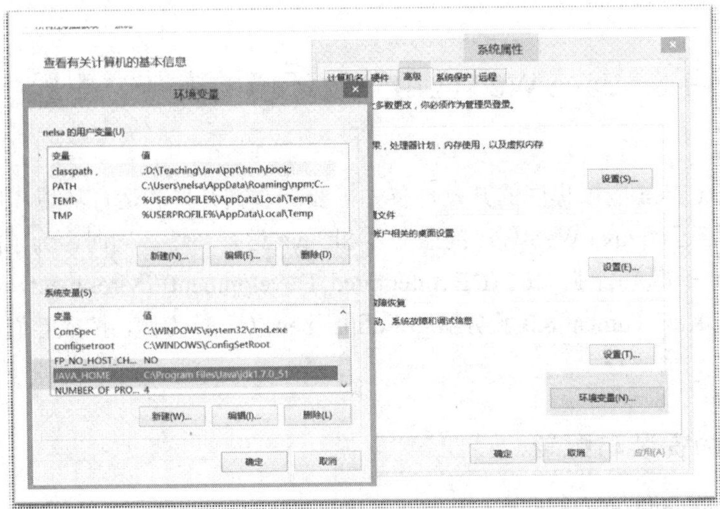

图 1-5　JDK 环境变量设置

1.8.2　Tomcat 的安装

Tomcat 是一个轻量级的纯 Java Web 应用服务器，在中小型系统和并发访问用户较少的场合下普遍使用，是开发和调试 JSP 程序的首选。其具体安装过程如下：

【步骤 1】Tomcat 8.0 的下载

在浏览器中进入 Tomcat 官方网站，进入 Tomcat 下载首页，如图 1-6 所示，根据本机操作系统的实际情况，选择 32 位或 64 位对应的文件进行下载。

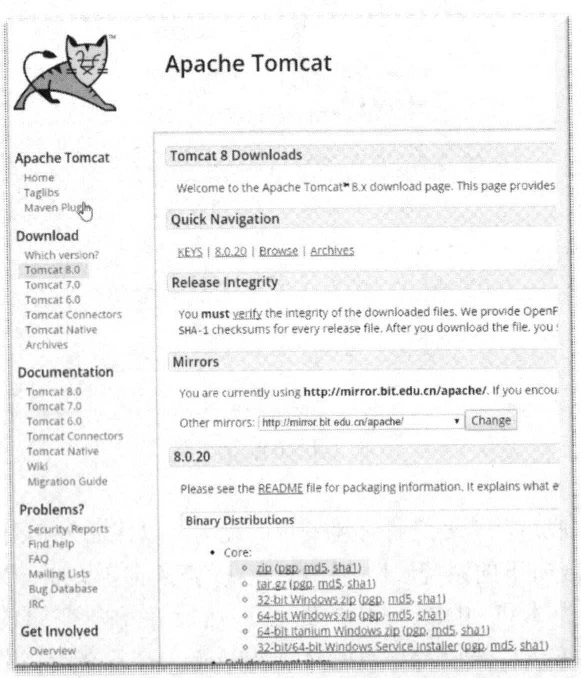

图 1-6　Tomcat 的下载

【步骤 2】Tomcat 8.0 的安装

将下载的 Tomcat 8.0 压缩包解压到本机指定的目录中即可，其内容如图 1-7 所示。

此电脑 › 新加卷 (F:) › software › apache-tomcat-8.0.33

名称	修改日期	类型	大小
bin	2016/7/27 15:22	文件夹	
conf	2016/7/27 15:22	文件夹	
lib	2016/10/16 23:04	文件夹	
logs	2016/10/28 11:00	文件夹	
temp	2016/7/27 15:22	文件夹	
webapps	2016/12/16 9:35	文件夹	
work	2016/7/27 15:22	文件夹	
LICENSE	2016/3/18 20:32	文件	57 KB
NOTICE	2016/3/18 20:32	文件	2 KB
RELEASE-NOTES	2016/3/18 20:32	文件	7 KB
RUNNING.txt	2016/3/18 20:32	文本文档	17 KB

图 1-7　Tomcat 8.0 目录内容

从图 1-7 可见，Tomcat 根目录中包含很多子目录，其中比较重要的目录的作用如下。

(1) bin：包含启动和终止 Tomcat 服务器的脚本，如 startup.bat、shutdown.bat。

(2) conf：包含服务器的配置文件，如 server.xml。

(3) lib：包含服务器和 Web 应用程序使用的类库，如 servlet-api.jar、jsp-api.jar。

(4) logs：存放服务器的日志文件。

(5) webapps：Web 应用的发布目录，服务器可对此目录下的应用程序自动加载。程序员开发的 Web 应用将部署在此目录中。

(6) work：Web 应用程序的临时工作目录，默认情况下编译后 JSP 文件生成的 servlet 类文件将放在此目录中。

(7) temp：存放 Tomcat 运行时的临时文件目录。

【步骤 3】Tomcat 8.0 的测试

运行 Tomcat 前，需保证 JDK 的环境变量已经配置成功。配置完成后，进入 Tomcat 根目录下的 bin 目录，运行 startup.bat 文件，成功启动后，会出现如图 1-8 所示的界面。

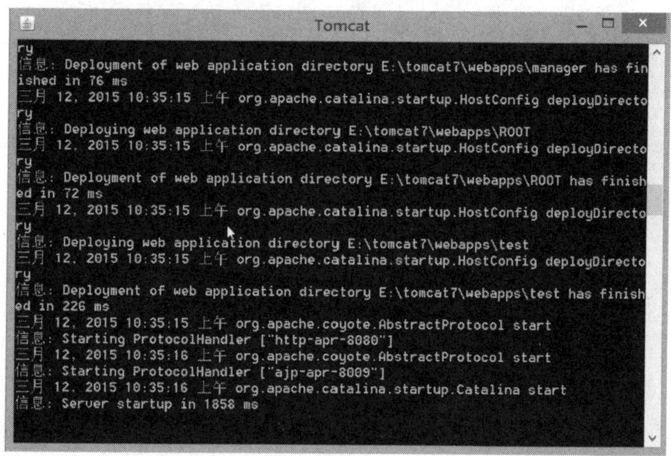

图 1-8　Tomcat 启动界面

Tomcat 服务器启动后，缺省在 8080 端口监听 http 请求。当用户在浏览器中输入 http://localhost:8080 时，出现如图 1-9 所示的 Tomcat 安装成功的界面。

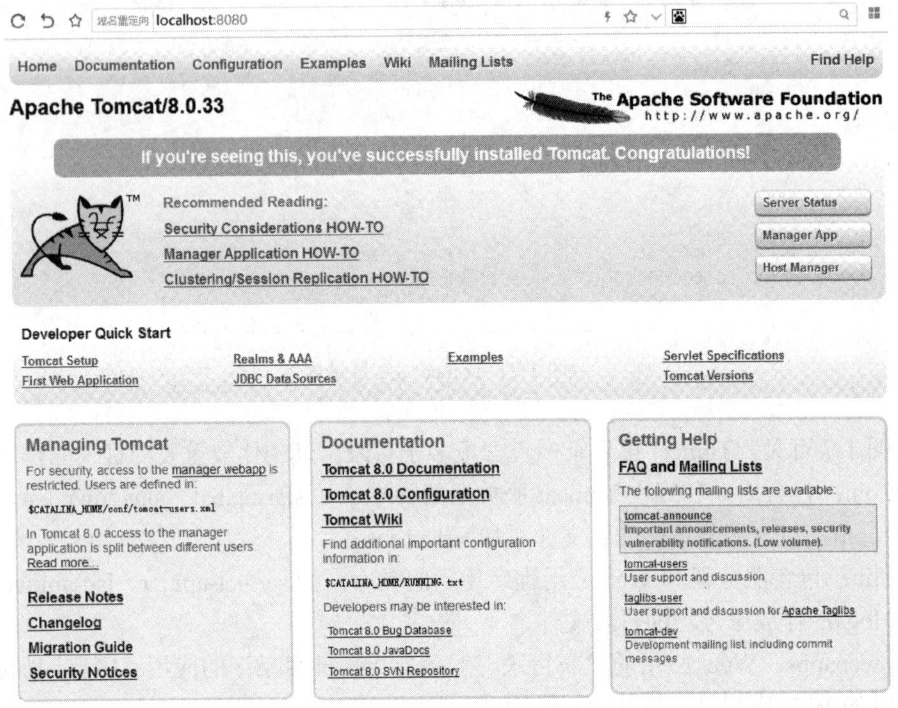

图 1-9 Tomcat 主页

【步骤 4】Tomcat 的配置

为解决使用 HTTP get 方法传递中文参数时的乱码问题，需要将 Tomcat 安装目录中的 conf\server.xml 文件进行修改。

```
...
<Connector port="8080" protocol="HTTP/1.1"
               connectionTimeout="20000"
               redirectPort="8443"
URIEncoding="UTF-8"
               maxThreads="150"/>
...
```

1.8.3 Eclipse 的安装与配置

Eclipse 是一个开放源代码的、基于 Java 的可扩展开发平台。它本身是一个可以支持众多插件的框架平台，这使得它拥有其他功能相对固定的 IDE 工具所难以具有的灵活性。最初，Eclipse 主要是用来做 Java 语言开发的，随着各种插件的提供，目前它已经能支持诸如 C/C++、COBOL、PHP、Android、Python 等编程语言。

Eclipse 的下载可以到其官网上：http://www.eclipse.org/downloads/进行，本书编写时，其最新版本为：Eclispe Neon，其下载页面如图 1-10 所示。

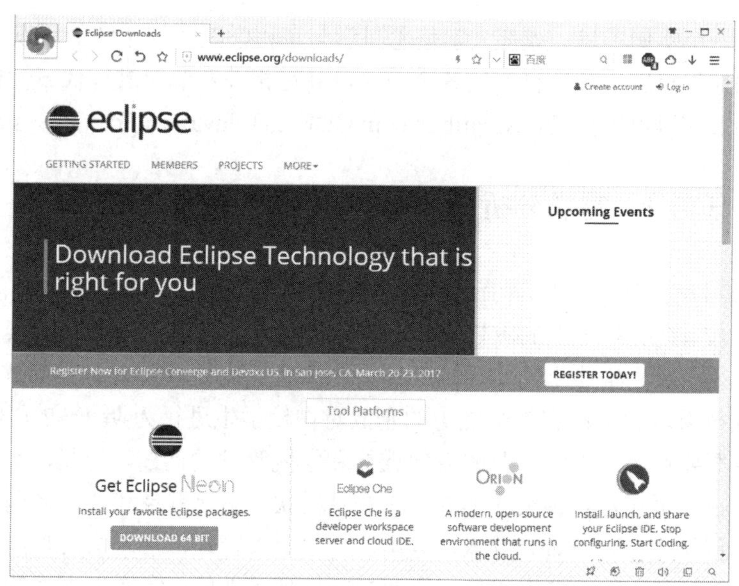

图 1-10　Eclipse 下载页面

将下载的 eclipse-inst-win64.exe 文件执行，即可完成 Eclipse 的安装。启动 Eclipse 后的开发环境如图 1-11 所示。

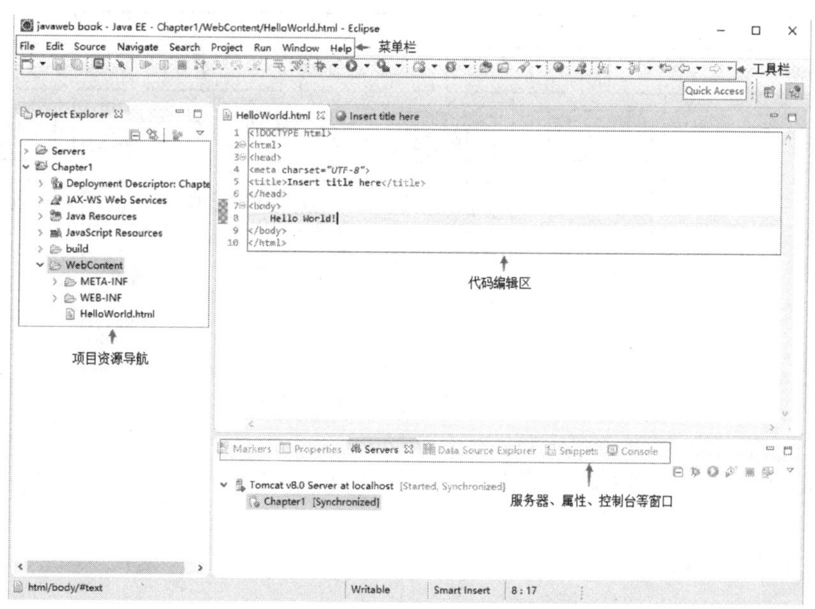

图 1-11　Eclipse 开发环境

1.9 实例项目：成都大学信息科学与工程学院实训系统

本书围绕一个实例项目：成都大学信息科学与工程学院实训系统的研发，将 Java Web 程序设计中的知识点应用到项目中的各个模块，并在相关章节中进行代表性模块的讲解。此实例项目的源代码可以在：https://github.com/CDU-IST-Javaweb/practiceSystem 进行下载。

1.9.1 项目任务 1：需求分析

随着社会对高校学生实际动手应用能力的要求日益提高，学生在校期间的实训工作越来越受到学校、企业和学生的重视。每年都会有很多企业到成都大学信息科学与工程学院招收实习生，而应届毕业生的实际动手能力距离企业的要求还有一定的差距。为此，学院每年都会安排有较强工程和教学能力的企业对在校学生进行为期 1～2 周的实训。在实训过程中，主要要解决学生和企业的双向选择和学院管理的问题。为此，本系统主要实现以下功能：①在主页显示各种公告通知；②登录模块，实现登录和找回密码功能；③学生信息管理，实现学生信息查询、导入、导出，学生个人管理，密码修改功能；④企业信息管理，实现企业注册、企业信息维护、企业导师管理等功能；⑤实训方案管理，实现实训方案的添加、删除、查询、修改，审核、退审、导出以及学生选方案、企业选学生的功能；⑥系统管理，实现通知公告管理和系统参数管理的功能。其功能模块如图 1-12 所示。

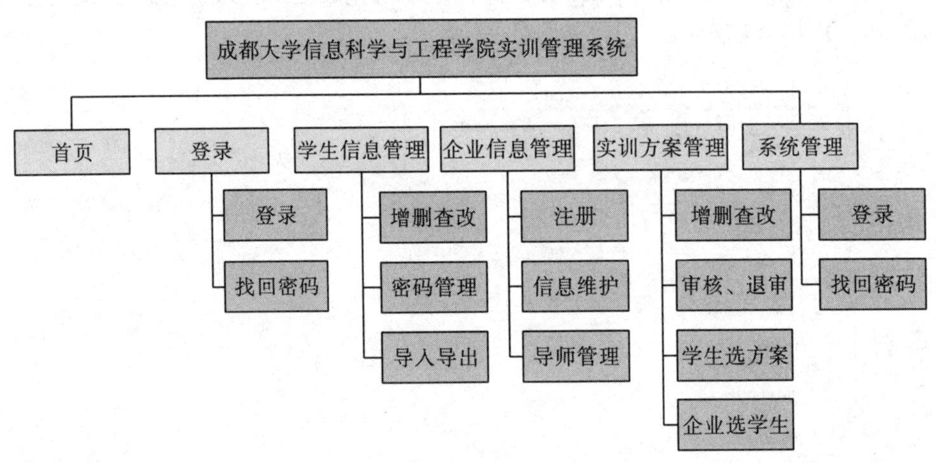

图 1-12 系统功能模块图

1.9.2 项目任务 2：数据库设计

1.实训系统 E-R 模型

本系统的应用场景是模拟大学生在企业中的实习实训情况。总体任务是：企业要发布一些实习实训方案(以下简称“方案”)，企业指派导师和大学生一起完成方案，并记录实习实训的最终成绩。学校与企业首先进行线下的联系，在达成实习实训协议后，整个实训流程就在线上完成。

总体的线上流程是：企业发布方案→管理员审核方案→学生选择方案→企业确认学生选题→开始实习实训(线下)→企业输入学生成绩→企业和管理员查询/导出成绩→实训结束。注意，由于该成绩不是最终的成绩，学生不能在线上查询成绩。确认整个系统的用户角色分为三类，见表 1-1。

表 1-1　角色分析

角色名称	代号	任务
企业	1	企业注册，企业信息维护，方案管理，录入学生成绩，通知公告管理
学生	2	个人信息维护，选择方案
管理员	9	学生信息管理，企业信息管理，方案管理，通知公告管理

2.实体模型

根据应用场景分析，共有 4 个原始的实体(Entity)，它们是:

(1)学生实体：见图 1-13，保存学生的个人信息。其中“邮箱”“学科背景”“学习经历”“研究方向”4 个属性是由学生个人进行维护的，目的是展示自已，以供管理员和企业参考。其他信息是从 Excel 文件中导入的。该实体用于学生登录页面，学生输入实体中的学号和密码进行登录。其中的“年级”是整数，比如 2016，表示学生是 2016 年入学的。

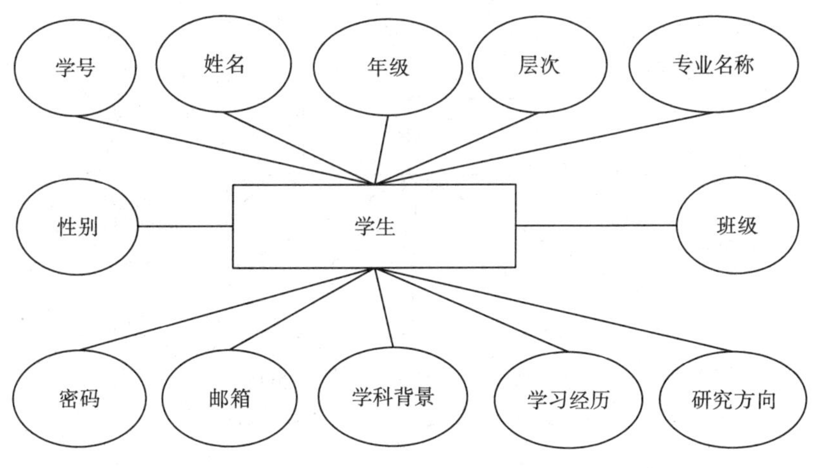

图 1-13　学生实体图

(2)企业实体：见图 1-14，保存企业的信息。企业实体中的用户名和邮箱都必须是唯一的。企业用户登录就用该实体。

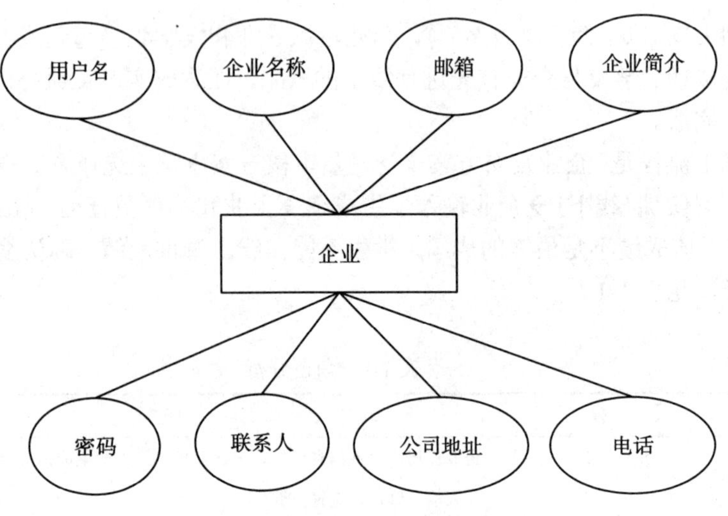

图 1-14 企业实体图

(3) 方案实体：见图 1-15，保存方案的信息。方案实体中的 ID 号是方案的唯一属性，是系统自动生成的。其中的“年级”是一个整数，取值范围是 2000～2100。表示该方案适合哪个年级的学生选择。“类别”属性表示该方案的类别是什么。“学生人数”表示该方案最多可以确定多少学生选择。“企业用户名”表示该方案是由谁创建和管理的。

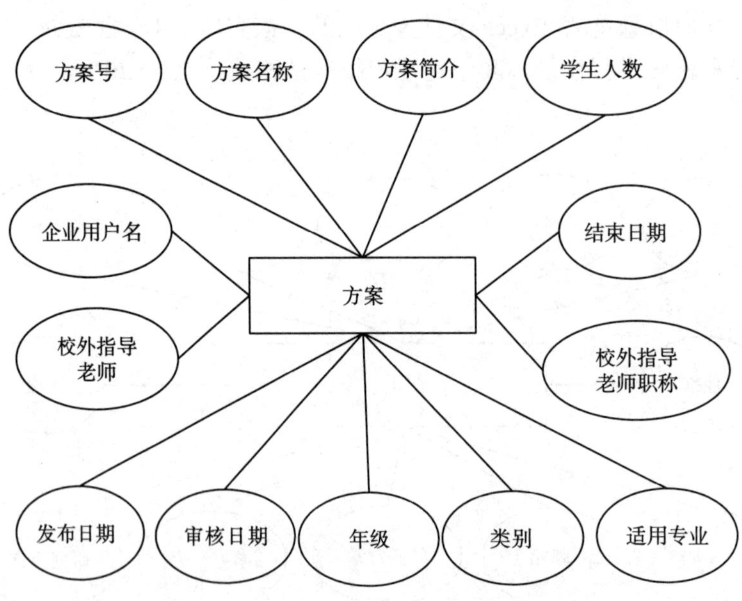

图 1-15 方案实体图

(4) 方案类别实体：见图 1-16，保存方案类别的信息。现有的类别有大一概念实训、大二技能实训、大三综合实训。

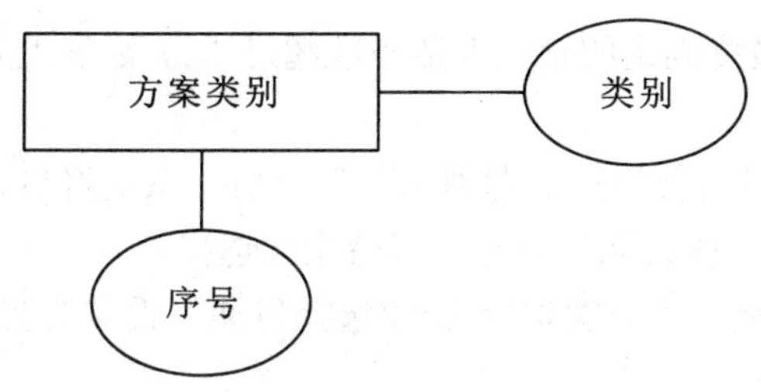

图 1-16　方案类别实体图

3.实体联系模型

企业新增一个方案后，学生就可以选择方案了，学生与方案之间是多对多的关系，即一个学生可以选择多个方案，一个方案可以被多个学生选择，如图 1-17 所示。

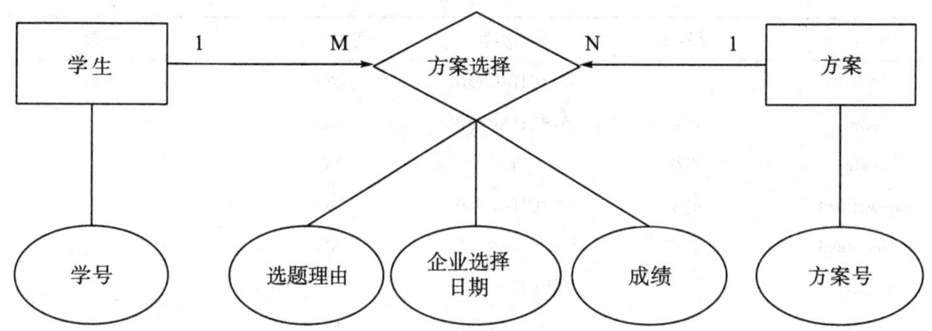

图 1-17　学生选择方案

- 学生选择方案的规则：

学生可以选择多个方案，但必须进行学生和方案的“年级匹配”。

学生选择方案的具体限制有 5 条，必须同时满足这 5 条限制才能选择。

限制 1：学生只能选择已审核、还未结束的方案(即方案.审核日期不为空，结束日期为空)。

限制 2：学生只能选择“学生.年级”<=“方案.年级”的方案(即高年级的同学可以选择低年级的方案)，比如 2016 的级学生，只能选择 2016、2017、2018 级的方案。

限制 3：一个方案只能被一个学生选择一次。

限制 4：一个学生待择的方案数量不能超过允许的最大数量，见表 1-7。

限制 5：一个学生只能选择包括自己专业的方案。比如某个方案的适用专业为 A、B 和 C，就只能是这三个专业的学生才能选择。

- 企业确认方案选择的规则有两条(必须同时满足)：

限制 1：一个学生在一个年级只能参加同一个类别的一个方案。

具体约束：在方案选择中，如果“方案选择.企业选择日期”不为空，则在“方案选择”中必须满足学号+“方案.年级”+“方案.类别”是唯一的。

限制 2：一个方案最终确定的学生人数不能超过“方案.学生人数”。

- 双向选择流程

学生选择一个方案时需要填写选题理由，选择后，系统将自动新增一条“方案选择”记录，“方案选择.企业选择日期”为空。等待企业选择。

企业选择一个方案后，“方案选择.企业选择日期”设置为当前时间，表示企业已经选择。

这样，学生和企业就进行了双向选择，可以开始实习实训了。

4.数据表的设计

E-R 模型建立好后，就可以设计 SQL-SERVER 的关系表了。

1)学生表(表 1-2)

表 1-2 学生表(student)

	字段名	数据类型	可以为空	注释
No	学号	VARCHAR(50)	NO	主键
name	姓名	VARCHAR(50)	NO	
grade	年级	Int	NO	
arrangement	层次	VARCHAR(50)	NO	
Professional	专业名称	VARCHAR(50)	NO	
Gender	性别	VARCHAR(50)		
class	班级	VARCHAR(50)	NO	
Password	密码	VARCHAR(50)		
mailbox	邮箱	VARCHAR(100)		不为空时必须是唯一的
Subject_background	学科背景	VARCHAR(500)		
Learning_experience	学习经历	VARCHAR(500)		
Research_direction	研究方向	VARCHAR(500)		

2)企业表(表 1-3)

表 1-3 企业表(company)

	字段名	数据类型	可以为空	注释
Username	用户名	VARCHAR(50)	NO	主键
Company_name	企业名称	VARCHAR(50)	NO	
mailbox	邮箱	VARCHAR(100)	NO	必须是唯一的
Password	密码	VARCHAR(50)	NO	
Contacts	联系人	VARCHAR(50)	NO	
phone	电话	VARCHAR(50)	NO	
address	公司地址	VARCHAR(200)		
profile	企业简介	VARCHAR(500)		

3) 方案表(表 1-4)

表 1-4　方案表(project)

	字段名	数据类型	可以为空	注释
No	方案号	VARCHAR(50)	NO	主键，方案号的命名：年度+序号
name	方案名称	VARCHAR(200)	NO	
introduction	方案简介	VARCHAR(2000)	NO	
Students_num	学生人数	int	NO	方案最大接纳学生的人数
Company_Username	企业用户名	VARCHAR(50)	NO	企业表外键
Company_teacher	校外指导老师	VARCHAR(50)		
Company_teacher_title	校外指导老师职称	VARCHAR(50)		
Release_date	发布日期	datetime	NO	企业新建项目的日期
Audit_date	审核日期	datetime		管理员审核方案的日期
End_date	结束日期	datetime		管理员关闭方案的日期
Summary	方案总结	VARCHAR(2000)		
grade	年级	int	NO	取值范围 2010～2100
category	类别	VARCHAR(50)	NO	方案类别表外键
major	适用专业	VARCHAR(500)		表示方案适应哪些专业，用逗号分隔。如果为空，表示适用于所有专业。比如："计算机科学与技术(本)，软件工程(本)，通信工程(本)"表示适用于这三个专业

4) 方案选择表(表 1-5)

表 1-5　方案选择表(project_select)

	字段名	数据类型	可以为空	注释
StudentNo	学号	VARCHAR(50)	NO	联合主键 1
ProjectNo	方案号	int	NO	联合主键 2
sel_reason	选题理由	VARCHAR(500)	NO	
Company _sel_ date	企业选择日期	datetime		为空表示企业未选择学生
score	成绩	VARCHAR(50)		为空表示企业未填写成绩 成绩可以是百分制的整数；也可以是 5 级：优、良、中、及格、不及格；也可以是"缺考"。由页面软件控制企业用户输入
Company_name	企业名称	VARCHAR(50)	NO	

5) 邮箱验证码表(表 1-6)

该表存储企业用户或者学生用户的邮箱验证码。该表的记录是用户向邮箱发送验证码时系统自动生成的，记录生成后，同时也通过该表判断用户是否输入了正确的验证码。

表 1-6　邮箱验证码表(mailbox_ Verification)

	字段名	数据类型	可以为空	注释
mailbox	邮箱	VARCHAR(100)	NO	主键
type	类型	int	NO	取值范围 1，2：1 表示企业，2 表示学生
Verification_Code	验证码	VARCHAR(50)	NO	

6) 系统参数表(表 1-7)

系统参数表是由管理员维护的表，该表只有一条记录，没有主键。

表 1-7　系统参数表(system_parameter)

	字段名	数据类型	可以为空	注释
Admin_UserName	管理员用户名	VARCHAR(50)	NO	管理员登录时用的用户名
Admin_Password	管理员密码	VARCHAR(50)	NO	管理员登录时用的密码
Invitation_code	邀请码	VARCHAR(50)	NO	企业注册时填写的邀请码必须与这个值相同
Release_project_start_date	企业发布方案开始日期	datetime		企业发布方案的日期范围
Release_project_end_date	企业发布方案截止日期	datetime		
Student_sel_start_date	学生选择方案开始日期	datetime		学生选择方案的日期范围
Student_sel_end_date	学生选择方案截止日期	datetime		
student_sel_maxnum	学生最多待选方案数量	int	NO	即学生可以待选方案的最多的数量，待选的意思是学生选择了，但企业还未选择：方案选择.企业选择日期为空

7) 方案类别表(表 1-8)

表 1-8　方案类别表(project_Category)

	字段名	数据类型	可以为空	注释
category	类别	VARCHAR(50)	NO	主键
OrderNo	序号	int	NO	仅作为显示时排序用

8) 专业表(表 1-9)

专业表存储学生属于的专业，比如“电子信息工程(本)”。

表 1-9　专业表(Professional)

	字段名	数据类型	可以为空	注释
Professional	专业名称	VARCHAR(50)	NO	主键
OrderNo	序号	int	NO	仅作为显示时排序用

9)通知公告_企业表(表 1-10)

通知公告_企业表是由企业用户发布的信息，在主页上显示。企业发布的通知公告必须由管理员审核后，才能在主页上显示。

表 1-10　通知公告_企业表(notice_company)

	字段名	数据类型	可以为空	注释
ID	ID	int	NO	主键
Company_Username	企业用户名	VARCHAR(50)	NO	企业表外键
Release_date	发布日期	datetime	NO	公告发布日期
Audit_date	审核日期	datetime		
Content	内容	VARCHAR(2000)	NO	公告内容

10)通知公告_管理员表(表 1-11)

通知公告_管理员表是由管理员用户发布的信息，在主页上显示。

表 1-11　通知公告_管理员表(notice_admin)

	字段名	数据类型	可以为空	注释
ID	ID	int	NO	主键
Release_date	发布日期	datetime	NO	公告发布日期
content	内容	VARCHAR(2000)	NO	公告内容

1.9.3　项目任务 3：开发环境搭建

本项目的开发环境为：

- Java 开发环境：JDK 8.0
- Web 服务器：Tomcat 8.0.43
- 数据库：MySQL 5.7
- 开发工具：Eclipse Neon.2 Relase(4.6.2)
- 浏览器：360 极速浏览器 8.7
- 操作系统：Windows 7/ Windows 10
- 项目在 Eclipse 中的目录结构如下：

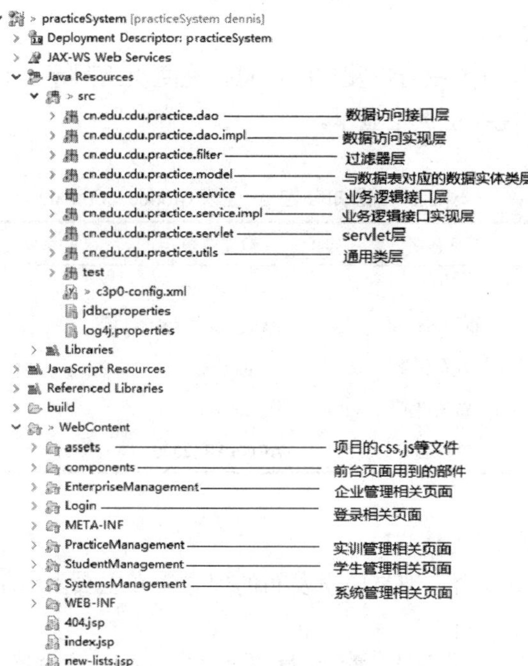

1.9.4 项目任务 4：工具类设计

本项目主要工具类有数据库连接类、邮件发送类、验证码生成类等。各个类的核心代码如下：

- 数据库连接类 DbUtils：

```
package cn.edu.cdu.practice.utils;

import java.sql.Connection;
import java.sql.DriverManager;
import java.sql.PreparedStatement;
import java.sql.ResultSet;
import java.sql.SQLException;
import java.sql.Statement;
import java.util.Properties;

import com.mchange.v2.c3p0.ComboPooledDataSource;
/**
* @Copyright (C), 2017, 成都大学信息科学与工程学院 JavaWeb 教材编写组.
 * @FileName CompanyDao.java
 * @version 1.0
 * @Description: 连接数据库操作
```

```
 * @Author 陈天雄
 * @Date： 2017-4-14:上午 20:49:04
 * Modification User：程序修改时由修改人员编写
 * Modification Date：程序修改时间
*/
public class DbUtils {
    /*private static Connection connection ;
    private static String driver ;
    private static String url ;
    private static String user ;
    private static String password ;*/
    private static Connection connection ;
    private static ComboPooledDataSource cpds = null;
    /**
     * 静态代码块，读取 jdbc 配置文件，将数据库连接参数赋值给本类的属性
     */
    static {
        cpds = new ComboPooledDataSource();
    }

    /**
     *
     * <p>Title: getConnection</p>
     * <p>Description: 获得数据库连接对象</p>
     * @return 连接成功返回一个 Connection 对象，失败返回 null
     */
    public static Connection getConnection() {
        try {
            connection =  cpds.getConnection();
        } catch (Exception e) {
            e.printStackTrace();
        }
        if (connection != null) {
            return connection;
        }
        return null;
    }
```

```
    /**
     *
     * <p>Title: closeConnection</p>
     * <p>Description: 数据库关闭操作</p>
     * @param connection Connection 对象
     * @param statement Statement 对象
     * @param resultSet ResultSet 对象
     */

    public static void closeConnection(Connection connection, Statement statement,ResultSet resultSet){
        if (resultSet != null) {
            try {
                resultSet.close();
            } catch (Exception e) {
                e.printStackTrace();
            } finally {
                if (statement != null) {
                    try {
                        statement.close();
                    } catch (Exception e) {
                        e.printStackTrace();
                    } finally {
                        if (connection != null) {
                            try {
                                connection.close();
                            } catch (Exception e) {
                                e.printStackTrace();
                            }
                        }
                    }
                }
            }
        }
    }

    /**
     *
```

```
     * <p>Title: closeConnection</p>
     * <p>Description: 数据库关闭操作</p>
     * @param connection Connection 对象
     * @param statement PreparedStatement 对象
     * @param resultSet ResultSet 对象
     */
    public static void closeConnection(Connection connection,
PreparedStatement statement,ResultSet resultSet){
        if (resultSet != null) {
            try {
                resultSet.close();
            } catch (Exception e) {
                e.printStackTrace();
            } finally {
                if (statement != null) {
                    try {
                        statement.close();
                    } catch (Exception e) {
                        e.printStackTrace();
                    } finally {
                        if (connection != null) {
                            try {
                                connection.close();
                            } catch (Exception e) {
                                e.printStackTrace();
                            }
                        }
                    }
                }
            }
        }
    }

    /**
     *
     * <p>Title: closeConnection</p>
     * <p>Description: 数据库关闭操作</p>
     * @param connection Connection 对象
```

```
     * @param statement PreparedStatement 对象
     */
    public static void closeConnection(Connection connection, PreparedStatement statement){
                if (statement != null) {
                    try {
                        statement.close();
                    } catch (Exception e) {
                        e.printStackTrace();
                    } finally {
                        if (connection != null) {
                            try {
                                connection.close();
                            } catch (Exception e) {
                                e.printStackTrace();
                            }
                        }
                    }
                }
            }
}
```

- 邮件发送类 EmailUtils：

```
package cn.edu.cdu.practice.utils;

import java.util.Properties;

import javax.mail.Address;
import javax.mail.Authenticator;
import javax.mail.Message;
import javax.mail.PasswordAuthentication;
import javax.mail.Session;
import javax.mail.Transport;
import javax.mail.internet.InternetAddress;
import javax.mail.internet.MimeMessage;

import cn.edu.cdu.practice.model.MailboxVerification;
import cn.edu.cdu.practice.service.CompanyService;
import cn.edu.cdu.practice.service.impl.CompanyServiceImpl;
```

```

/**
 * @Copyright (C), 2017, 成都大学信息科学与工程学院 JavaWeb 教材编写组.
 * @FileName TestDb.java
 * @version 1.0
 * @Description: 发送邮件工具类
 * @Author 陈天雄
 * @Date: 2017-4-16:下午 3:37:43
 * Modification User: 于曦
 * Modification Date: 2017-5-13:上午 10:32:43
 */
public class EmailUtils {
    public static boolean sendMail(String emailTo,int type,String content) {
         Properties p = new Properties();
         //smtp 服务器信息
        p.put("mail.smtp.host", "smtp.exmail.qq.com");
        p.put("mail.smtp.auth", "true");
        p.put("mail.smtp.socketFactory.class", "javax.net.ssl.SSLSocketFactory"); //使用 JSSE 的 SSL socketfactory 来取代默认的 socketfactory
        p.put("mail.smtp.socketFactory.fallback", "false"); // 只处理 SSL 的连接,对于非 SSL 的连接不做处理
        p.put("mail.smtp.port", "465");
        p.put("mail.smtp.socketFactory.port", "465");
        //设置发送邮件的账号和密码
          Session session = Session.getDefaultInstance(p, new Authenticator() {
            @Override
            protected PasswordAuthentication getPasswordAuthentication() {
            //两个参数分别是发送邮件的账户和密码
            return new PasswordAuthentication("xx@mailbox.xx", "password");
                  }
         });
        //将传入的验证码
//      String identifyCode = IdentifyCodeUtils.getCode();
```

```
//        MailboxVerification mailboxVerification = new MailboxVerification
(emailTo, type, identifyCode);
          //创建邮件对象
          Message mailMessage = new MimeMessage(session);
          try {
              Address from = new InternetAddress("computer_sys@cdu.
edu.cn");
              //设置发出方
              mailMessage.setFrom(from);
              Address to = new InternetAddress(emailTo);
              //设置接收人员
              mailMessage.setRecipient(Message.RecipientType.TO, to);
              mailMessage.setSubject("成都大学信工学院实训系统企业验证");//
设置邮件标题
              mailMessage.setContent("您的验证码是"+content+",请确认是本人
操作","text/html;charset=utf-8"); //设置邮件内容
              // 发送邮件
              Transport.send(mailMessage);
              return true;
          } catch (Exception e) {
              e.printStackTrace();
          }
          return false;
      }
}
```

● 验证码生成类 IdentifyCodeUtils:

```
package cn.edu.cdu.practice.utils;

import java.util.Random;

/**
 * @Copyright (C), 2017, 成都大学信息科学与工程学院 JavaWeb 教材编写组.
 * @FileName TestDb.java
 * @version 1.0
 * @Description: 随机生成验证码工具类
 * @Author 陈天雄
 * @Date: 2017-4-16:下午 3:48:53
 * Modification User: 于曦
```

```
   * Modification Date:  2017-5-16 下午 22:52
   */
public class IdentifyCodeUtils {
    /**
     * <p>Title: getCode</p>
     * <p>Description: </p>
     * @return 返回随机生成的验证码
     */
    public static String getCode() {
        String codes = "ABCDEFGHIJKLMNPQRSTUVWXYZ123456789";
        char[] codeChar = codes.toCharArray();
        StringBuilder sb = new StringBuilder();
        Random random = new Random();
        for(int i = 0 ; i < 4 ; i++) {
            char c = codeChar[random.nextInt(codeChar.length)];
            sb.append(c);
        }
        return sb.toString();
    }
}
```

1.10　课 后 练 习

1.假设计算机的名称是 myhost，Web 服务器根目录为 d:\wwwroot\，在该目录之下有一个 JSP 网页，其完整路径为 d:\wwwroot\myproj\index.jsp，在浏览器地址栏上应该输入哪个网址？______

A. http://myhost/index.jsp　　B. file://myproj/index.jsp

C. http://wwwroot/myproj/index.jsp　　D. http://myhost/myproj/index.jsp

2.下面哪个选项可以作为一个 URL 地址的组成部分？__________

A. 访问资源的命名机制　　B. 主机名

C. 文件路径　　D. 文件名称

3.若要将数据由服务器传至浏览器，可以使用 response 对象的__________方法。

A. Redirect　　B. flush

C. response　　D. write

4.下面哪个语句可以用于表明网页输出是否被缓存?__________

A. out.getBufferSize()　　B. response.ContentType

C. response.status　　D. response.Buffer

1.11 实践练习

训练目标：开发工具的安装与配置

培养能力	使用现代工具		
掌握程度	★★★★★	难度	容易
结束条件	成功配置开发环境		

训练内容：

(1) 下载并安装 JDK8

(2) 下载、安装并使用 Tomcat8

(3) 下载、安装并使用 Eclipse Neon

(4) 在 Eclipse 中集成 Tomcat

第 2 章　HTTP 与 Servlet 基础

本章目标

知识点	理解	掌握	应用
1.HTTP 的请求响应模型	✓	✓	✓
2.Servlet 技术	✓	✓	
3.ServletAPI	✓	✓	✓
4. Servlet 生命周期	✓	✓	
5. Servlet 的创建	✓	✓	✓
6. Servlet 的应用	✓	✓	✓

项目任务

完成成都大学信息科学与工程学院实训系统项目的企业注册的设计任务：

- 项目任务 2-1 企业注册

知识能力点

知识点能力点	知识点 1	知识点 2	知识点 3	知识点 4	知识点 5	知识点 6
工程知识	✓	✓	✓	✓	✓	✓
问题分析						
设计/开发解决方案						✓
研究						
使用现代工具						✓
工程与社会						
环境和可持续发展						
职业规范						
个人和团队						
沟通						
项目管理						
终身学习	✓	✓		✓	✓	

2.1 HTTP 请求与响应模型

2.1.1 HTTP 简介

HTTP 协议是 Hyper Text Transfer Protocol（超文本传输协议）的缩写，是用于从万维网（WWW:World Wide Web）服务器传输超文本到本地浏览器的传送协议。

HTTP 基于 TCP/IP 通信协议来传递数据（HTML 文件、图片文件、查询结果等）。

HTTP 是一个属于应用层的面向对象的协议，由于其简捷、快速的方式，适用于分布式超媒体信息系统。它于 1990 年提出，经过几年的使用与发展，得到不断的完善和扩展。目前在 WWW 中使用的是 HTTP/1.0 的第六版，HTTP/1.1 的规范化工作正在进行中，而且 HTTP-NG（Next Generation of HTTP）的建议已经提出。

HTTP 协议工作于客户端-服务端架构为上。浏览器作为 HTTP 客户端通过 URL 向 HTTP 服务端即 Web 服务器发送所有请求。Web 服务器根据接收到的请求，向客户端发送响应信息。其请求-响应模型如图 2-1 所示。

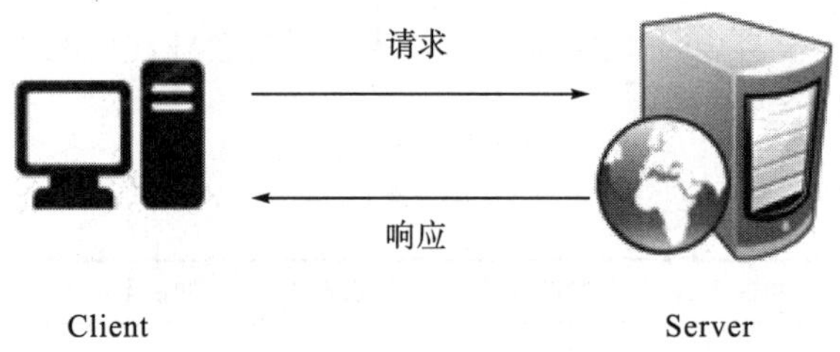

图 2-1 HTTP 请求-响应模型

基于 HTTP 的客户机/服务器请求-响应模型的信息交换过程包括如下七个步骤。

1.建立 TCP 连接

在 HTTP 工作开始之前，Web 浏览器首先要通过网络与 Web 服务器建立连接，该连接是通过 TCP 来完成的，该协议与 IP 协议共同构建 Internet，即著名的 TCP/IP 协议族，因此 Internet 又被称作 TCP/IP 网络。HTTP 是比 TCP 更高层次的应用层协议，根据规则，只有在低层协议建立后才能进行更高层协议的连接，因此，首先要建立 TCP 连接，一般 TCP 连接的端口号是 80。

2.Web 浏览器向 Web 服务器发送请求命令

一旦建立了 TCP 连接，Web 浏览器就会向 Web 服务器发送请求命令。例如：GET/sample/hello.jsp HTTP/1.1。

3.Web 浏览器发送请求头信息

浏览器发送其请求命令后，还要以头信息的形式向 Web 服务器发送一些别的信息，之后浏览器发送了一空白行来通知服务器，表示它已经结束了该头信息的发送。

4.Web 服务器应答

客户机向服务器发出请求后，服务器会向客户机回送应答，HTTP/1.1 200 OK，应答的第一部分是协议的版本号和应答状态码。

5.Web 服务器发送应答头信息

正如客户端会随同请求发送关于自身的信息一样，服务器也会随同应答向用户发送关于它自己的数据及被请求的文档。

6.Web 服务器向浏览器发送数据

Web 服务器向浏览器发送头信息后，它会发送一个空白行来表示头信息的发送到此为止，接着，它就以 Content-Type 应答头信息所描述的格式发送用户所请求的实际数据。

7.Web 服务器关闭 TCP 连接

一般情况下，一旦 Web 服务器向浏览器发送了请求数据，它就要关闭 TCP 连接。如果浏览器或者服务器在其头信息加入了这行代码：Connection:keep-alive，TCP 连接在发送后将仍然保持打开状态，则浏览器可以继续通过相同的连接发送请求。保持连接节省了为每个请求建立新连接所需的时间，还节约了网络带宽。HTTP 协议不记录从一条请求消息到另一条请求消息的任何信息，从而保证 Web 的一致性。如果用户需要保存一些设置内容或者浏览过程，需要在 Web 页面或 URL 中携带各种参数及其值。

2.1.2　HTTP 请求

客户机通过发送 HTTP 请求向服务器请求对资源的访问，其请求消息包括 4 个部分：请求行、消息报头、空行和请求正文，其消息结构如图 2-2 所示。

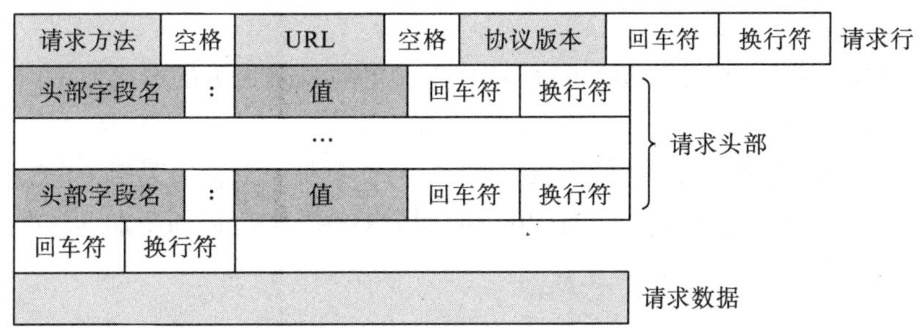

图 2-2　HTTP 请求消息结构

也可用下面的格式进行描述：

```
<request-line >
<headers >
<blank line >
[<request-body >]
```

1.请求行

请求行以一个方法符开头，以空格分开，后面跟着请求的 URI 和协议的版本，最后以 CRLF 作为结尾。其格式如下：

Method Request-URI HTTP-Vserion CRLF

其中，Method 表示请求的方法；Reqeust-URI 是一个统一资源标识符，标识了要请求的资源；HTTP-Version 表示请求的 HTTP 版本；CRLF 表示回车换行。

例如：GET /test.jpg HTTP/1.1

在 HTTP 中，其请求可以使用多种方法。这些方法指明了以何种方式来访问 Request-URI 指明的资源。HTTP1.1 支持的请求方法如表 2-1 所示。

表 2-1 HTTP1.1 中的请求方法

方法	作用
GET	向特定的资源发出请求
POST	向指定资源提交数据进行处理请求(例如提交表单或者上传文件)。数据被包含在请求体中。POST 请求可能会导致新的资源的建立和/或已有资源的修改
HEAD	向服务器索要与 GET 请求相一致的响应，只不过响应体将不会被返回。这一方法可以在不必传输整个响应内容的情况下，就可以获取包含在响应消息头中的元信息
PUT	向指定资源位置上传其最新内容
DELETE	请求服务器删除 Request-URI 所标识的资源
TRACE	回显服务器收到的请求，主要用于测试或诊断
CONNECT	预留给能够将连接改为管道方式的代理服务器
OPTION	返回服务器针对特定资源所支持的 HTTP 请求方法。也可以利用向 Web 服务器发送‘*’的请求来测试服务器的功能性

这里最常用的方法是 GET 和 POST：

1)GET 方法

GET 方法用于获取有 Request-URI 标识的资源的信息，常见的形式如下：

GET Request-URI HTTP/1.1

当在浏览器的地址栏中输入网址去访问指定的页面时，浏览器采用 GET 方法向服务器获取资源。GET 方法可以发送 Query String(即 URL 中“?”后面附加的参数列表)，代表 URL 编码字符串的实际意义。

2)POST 方法

POST 方法用于向目的服务器发送请求，要求服务器接受附在后面的数据。POST 方法在提交表单的时候较为常用。

POST 方法将表单体植入 Web 服务器中，发送消息到公告板、新闻组、邮件列表或者其他机构中，或者为数据处理机制提供诸如提交表单后的结果等数据。POST 方法的功能由 Web 服务器决定，依赖于 URL 所指向的应用程序。

提示：GET 和 POST 方法的主要区别如下：

- GET 提交的数据会放在 URL 之后，以?分割 URL 和传输数据，参数之间以&相连，如 EditPosts.aspx?name=test1&id=123456。POST 方法是把提交的数据放在 HTTP 包的 Body 中。
- GET 提交的数据大小有限制(因为浏览器对 URL 的长度有限制)，而 POST 方法提交的数据没有限制。
- GET 方式需要使用 Request.QueryString 来取得变量的值，而 POST 方式通过 Request.Form 来获取变量的值。
- GET 方式提交数据，会带来安全问题，比如一个登录页面，通过 GET 方式提交数据时，用户名和密码将出现在 URL 上，如果页面可以被缓存或者其他人可以访问这台机器，就可以从历史记录中获得该用户的账号和密码。

2.消息报头

HTTP 消息报头包括普通报头、请求报头、响应报头、实体报头。这里主要关注请求报头。请求报头允许客户端向服务器端传递请求的附加信息以及客户端自身的信息。常见的请求报头如下：

1) Accept

Accept 请求报头域用于指定客户端接受哪些类型的信息。例如：Accept：image/gif，表明客户端希望接受 GIF 图象格式的资源；Accept：text/html，表明客户端希望接受 html 文本。

2) Accept-Charset

Accept-Charset 请求报头域用于指定客户端接受的字符集。例如：Accept-Charset:iso-8859-1,gb2312。如果在请求消息中没有设置这个域，缺省是任何字符集都可以接受。

3) Accept-Encoding

Accept-Encoding 请求报头域类似于 Accept，但是它是用于指定可接受的内容编码。例如：Accept-Encoding:gzip.deflate。如果请求消息中没有设置这个域，服务器假定客户端对各种内容编码都可以接受。

4) Accept-Language

Accept-Language 请求报头域类似于 Accept，但是它是用于指定一种自然语言。例如：Accept-Language:zh-cn。如果请求消息中没有设置这个报头域，服务器假定客户端对各种语言都可以接受。

5) Authorization

Authorization 请求报头域主要用于证明客户端有权查看某个资源。当浏览器访问一个页面时，如果收到服务器的响应代码为 401(未授权)，可以发送一个包含 Authorization 请求报头域的请求，要求服务器对其进行验证。

6) Host(发送请求时，该报头域是必需的)

Host 请求报头域主要用于指定被请求资源的 Internet 主机和端口号，它通常从 HTTPURL 中提取出来，例如：我们在浏览器中输入：http://www.guet.edu.cn/index.html。浏览器发送的请求消息中，就会包含 Host 请求报头域，如：Host：www.guet.edu.cn。此处使用缺省端口号 80，若指定了端口号，则变成：Host www.guet.edu.cn：指定端口号。

7) User-Agent

用户在上网登陆论坛时，往往会看到一些欢迎信息，其中列出了用户操作系统的名称和版本、所使用的浏览器的名称和版本。这些就是服务器从 User-Agent 这个请求报头域中获取到的。User-Agent 请求报头域允许客户端将它的操作系统、浏览器和其他属性告诉服务器。不过，这个报头域不是必需的，可以自己编写一个浏览器，不使用 User-Agent 请求报头域，那么服务器端就无法得知客户端的信息了。

3.空行

消息报头和请求正文之间是一个空行，这个空行表示消息报头已经结束，下面将是请求正文。

4.请求正文

请求正文里包含提交的数据。

2.1.3 HTTP 响应

接受和解释请求消息后，服务器将返回一个 HTTP 响应消息，它由四部分组成：状态行、消息报头、空行、响应正文。其格式如下：

```
<status-line>
<headers>
<blank line>
[<response-body>]
```

1.状态行

状态行由协议版本、数字形式的状态代码以及相应的状态描述组成，各元素之间以空格分隔，除了结尾的 CRLF 字符串外，不允许出现 CR 或 LF 字符串。其格式如下：

HTTP-Version Status-Code Reason-Phrase CRLF

其中，HTTP-Version 表示服务器 HTTP 协议的版本；Status-Code 表示服务器发回的响应状态代码；Reason-Phrase 表示状态代码的文本描述；CRLF 表示回车换行。

状态代码由三位数字组成，第一个数字定义了响应的类别，且有五种可能取值。

1xx：指示信息--表示请求已接收，继续处理。

2xx：成功--表示请求已被成功接收、理解、接受。

3xx：重定向--要完成请求必须进行更进一步的操作。

4xx：客户端错误--请求有语法错误或请求无法实现。

5xx：服务器端错误--服务器未能实现合法的请求。

在 HTTP/1.1 中，常见的状态代码和状态描述可以参见表 2-2。

表 2-2　HTTP1.1 中常见的状态代码与状态描述

状态代码	状态描述	说明
200	OK	客户端请求成功
400	Bad Request	客户端请求有语法错误，不能被服务器所理解
401	Unauthorized	请求未经授权，这个状态代码必须和 WWW-Authenticate 报头域一起使用
403	Forbidden	服务器收到请求，但是拒绝提供服务
404	Not Found	请求资源不存在，举个例子：输入了错误的 URL
500	Internal Server Error	服务器发生不可预期的错误
503	Server Unavailable	服务器当前不能处理客户端的请求，一段时间后可能恢复正常，举个例子：HTTP/1.1200 OK（CRLF）

2.消息报头

响应消息报头允许服务器传递不能放在状态行中的附加响应信息以及关于服务器的信息和对 Request-URI 所标识的资源进行下一步访问的信息，包括 Accept-Ranges、Age、ETag、Location、Proxy-Authenticate、Retry-After、Server、Vary、WWW-Authenticate 等。下面是几个常用的响应消息报头。

1）Location

Location 响应报头域用于重定向接受者到一个新的位置。例如：客户端所请求的页面已不存在原先的位置，为了让客户端重定向到这个页面新的位置，服务器端可以发回 Location 响应报头后使用重定向语句，让客户端去访问新的域名所对应的服务器上的资源。当开发人员在 JSP 中使用重定向语句时，服务器端向客户端发回的响应报头中，就会有 Location 响应报头域。

2）Server

Server 响应报头域包含了服务器用来处理请求的软件信息。它和 User-Agent 请求报头域是相对应的，前者发送服务器端软件的信息，后者发送客户端软件（浏览器）和操作系统的信息。下面是 Server 响应报头域的一个例子：Server: Apache-Coyote/1.1。

3）WWW-Authenticate

WWW-Authenticate 响应报头域必须被包含在 401（未授权的）响应消息中，这个报头域和前面讲到的 Authorization 请求报头域是相关的，当客户端收到 401 响应消息，就要决定是否请求服务器对其进行验证。如果要求服务器对其进行验证，就可以发送一个包含了 Authorization 报头域的请求，下面是 WWW-Authenticate 响应报头域的一个例子：

WWW-Authenticate: Basic realm="Basic Auth Test!"。从这个响应报头域，可以知道服务器端对我们所请求的资源采用的是基本验证机制。

4) Content-Encoding

Content-Encoding 实体报头域被用作媒体类型的修饰符，它的值指示了已经被应用到实体正文的附加内容编码，因而要获得 Content-Type 报头域中所引用的媒体类型，必须采用相应的解码机制。Content-Encoding 主要用语记录文档的压缩方法，下面是它的一个例子：Content-Encoding: gzip。如果一个实体正文采用了编码方式存储，在使用前就必须进行解码。

5) Content-Language

Content-Language 实体报头域描述了资源所用的自然语言。Content-Language 允许用户遵照自身的首选语言来识别和区分实体。如果这个实体内容仅仅打算提供给丹麦的阅读者，那么可以按照如下的方式设置这个实体报头域：Content-Language: da。

如果没有指定 Content-Language 报头域，那么实体内容将提供给所有语言的阅读者。

6) Content-Length

Content-Length 实体报头域用于指明正文的长度，以字节方式存储的十进制数字来表示，也就是一个数字字符占一个字节，用其对应的 ASCII 码存储传输。

要注意的是：这个长度仅仅表示实体正文的长度，没有包括实体报头的长度。

7) Content-Type

Content-Type 实体报头域用于指明发送给接收者的实体正文的媒体类型。例如：

```
Content-Type: text/html;charset=ISO-8859-1
Content-Type: text/html;charset=GB2312
```

8) Last-Modified

Last-Modified 实体报头域用于指示资源最后的修改日期及时间。

3.空行

响应消息报头和响应正文之间是一个只有 CRLF 的空行。这个空行表示消息报头已经结束，接下来的是响应正文。

4.响应正文

响应正文时服务器返回的资源内容。

2.1.4 状态管理

正如前面所提到的，HTTP 协议是无状态的，不能保存每次提交的信息，即当服务器返回与请求相对应的应答之后，这次事务的所有信息就丢掉了。如果用户发来一个新的请求，服务器无法知道它是否与上次的请求有联系。

对于简单的静态 HTML 文件来说，这种特性很实用，但是对于那些需要多次提交请求才能完成的 Web 操作，如购物车来说，就成问题了。服务器端 Web 应用程序必须允许用户通过多个步骤才能完成全部的物品采购。在这种情况下，应用程序必须跟踪由同一个浏览器发出的多个请求所提供的信息，即记住用户的交易状态。

通常，采取两种方法来解决这个问题。一是在每次应答中都返回完整的状态，让浏览器把它作为下一次请求的一部分再发送回来。二是把状态保存在服务器的某个地方，只发送回一个标识符，浏览器在下次提交中再把这个标识符发送回来。这样就可以定位存储在服务器上的状态信息了。

在这两种方法中，信息可以通过下列三种方法之一发送给浏览器：作为 Cookie、作为隐藏域嵌入 HTML 表单中、附加在主体的 URL 中(通常作为指向其他应用程序页面的链接，即 URL 重写)。

Cookie 是服务器在应答信息中传送给浏览器的名称/值对。浏览器保存这些 Cookie，保存的期限由 Cookie 的有效期属性决定。当浏览器向服务器发送一个请求时，它检查 Cookie 设置，并将它从同一个服务器收到的所有 Cookie 都注入请求信息中。使用 Cookie 是处理状态问题的一个简单方法，但不是所有的浏览器都支持，用户也可能禁用 Cookie。

如果使用 HTML 表单中隐藏域来向浏览器发送状态信息，当表单提交时，浏览器将以常规 HTTP 参数的方式将这些信息返回服务器。当状态信息被注入 URL 时，它将作为请求 URL 的一部分被传送到服务器。

在浏览器和服务器之间反复地来回传送所有状态信息不是一种高效的方法，所以大部分服务器还是选择在服务器上保存信息，而只在浏览器和服务器之间传送一个标识符。这就是所谓的会话(Session)跟踪。来自浏览器的所有包含同一个标识符(这里是会话 ID)的请求同属于一个会话，服务器则对与会话有关的所有信息保持跟踪。会话的有效期直到它被显式地中止，或者当用户在一段时间内没有动作，有服务器自动设置为过期。目前没有办法通知服务器用户已经关闭浏览器，因为在浏览器和服务器之间并不存在持久的连接，并且当浏览器关闭时也不向服务器发送消息。同时，关闭浏览器通常意味着会话 ID 丢失；Cookie 将过期，或者注入了信息的 URL 将不能再使用。所以，当用户再次打开浏览器时，服务器无法将新的请求与以前的会话联系起来，而只能创建一个新的会话。然而，所有与前一个会话有关的数据依然存在于服务器上，直到会话过期被清除为止。

提示：

URI(Uniform Resource Identifier，统一资源标识符)：标识 Web 资源的字符串。完整结构如下：

协议名称://域名.根域名/目录/文件名.后缀

实例：http://computer.cdu.edu.cn/portal/86/86.html

URL(Uniform Resource Locator，统一资源定位符)：指明传输协议的字符串，用于指定客户端连接到服务器端所需要的信息。完整结构如下：

协议名称://主机 IP 地址[端口地址]/[主机资源的具体地址]?[查询字符串]

实例：http://localhost:8080/chapter2-1/HelloWorld

URL 是 URI 命名机制的一个子集。

2.2 Servlet 简 介

在动态网站技术发展初期，为替代 CGI(通用网关接口)技术，Sun 公司在制定 JavaEE 规范时引入了 Servlet，实现了基于 Java 语言的动态 Web 技术，奠定了 JavaEE 的基础，使动态 Web 开发技术达到了一个新的境界。如今，Servlet 在普遍使用的 MVC 模式的 Web 开发技术中仍占据重要地位，目前流行的 Web 框架都基于 Servlet 技术，如 Struts、WebWork 和 Spring MVC 等。Servlet 为创建基于 Web 的应用程序提供了基于组件、独立于平台的方法，可以不受 CGI 程序的性能限制。Servlet 有权限访问所有的 Java API，包括访问企业级数据库的 JDBC API。可以说，只有掌握了 Servlet，才能真正掌握 Java Web 编程的核心和精髓。

2.2.1 Servlet 是什么

Java Servlet 本质是按 Servlet 规范编写的 Java 类，它可以运行在 Web 服务器或应用服务器上，并可以处理 Web 应用中的相关请求。Servlet 是一个标准，由 Sun 公司定义，具体细节由 Servlet 容器进行实现，如 Tomcat、JBoss 等。其作用如图 2-3 所示。

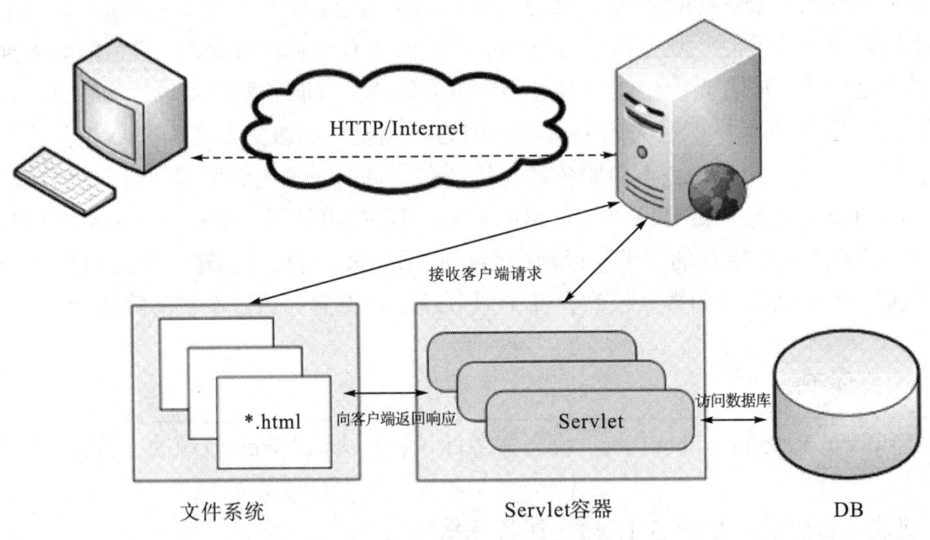

图 2-3 Servlet 的作用

使用 Servlet，可以收集来自网页表单的用户输入，呈现来自数据库或者其他源的记录，还可以动态创建网页。

Java Servlet 通常情况下能与使用 CGI(Common Gateway Interface，公共网关接口)实现的程序达到异曲同工的效果。但是相比于 CGI，Servlet 有以下几点优势：

- 性能明显更好。
- Servlet 在 Web 服务器的地址空间内执行。这样它就没有必要再创建一个单独的进程来处理每个客户端请求。
- Servlet 是独立于平台的，因为它们是用 Java 编写的。
- 服务器上的 Java 安全管理器执行了一系列限制，以保护服务器计算机上的资源。因此，Servlet 是可信的。
- Java 类库的全部功能对 Servlet 来说都是可用的。它可以通过 Sockets 和 RMI 机制与 Applets、数据库或其他软件进行交互。

2.2.2 Servlet 容器与 Servlet 接口

容器程序运行时需要的环境。Servlet 容器负责处理客户请求，把请求传送给 Servlet，并把结果返回给客户。不同程序的容器实际实现会有所变化，但容器与 Servlet 之间的接口是由 Servlet API 定义好的，这个接口定义了 Servlet 容器在 Servlet 上要调用的方法及传递给 Servlet 的对象类。

Servlet 提供公共接口 public interface Servlet。该接口提供功能函数调用原型说明。其生命周期有 javax.servlet.Servlet 接口定义。当编写 Servlet 时必须直接或间接地实现这个接口，一般采用间接实现函数，即通过从 javax.servlet.GenericServlet 类或 javax.servlet.HttpServlet 类继承。

2.3 Java Servlet API

Java Servlet 开发工具(JSDK)提供了多个软件包，在编写 Servlet 时需要用到这些软件包。其中包括两个用于所有 Servlet 的基本软件包：javax.Servlet 和 javax.Servlet.http。

javax.Servlet 包中包含支持所有协议的通用的 Web 组件接口和类，常用的主要有 javax.servlet.Servlet 接口、javax.servlet.GenericServlet 类、javax.servlet.ServletRequest 接口、javax.servlet.ServletResponse 接口、javax.servlet.ServletConfig 接口等。

Javax.servlet.http 包中包含支持 HTTP 协议的接口和类，常用的主要有 javax.servlet.http.HttpServlet 类、javax.servlet.http.HttpServletRequest 接口、javax.servlet.http.HttpServlet Response 接口等。

这些主要接口和类之间的关系如图 2-4 所示。

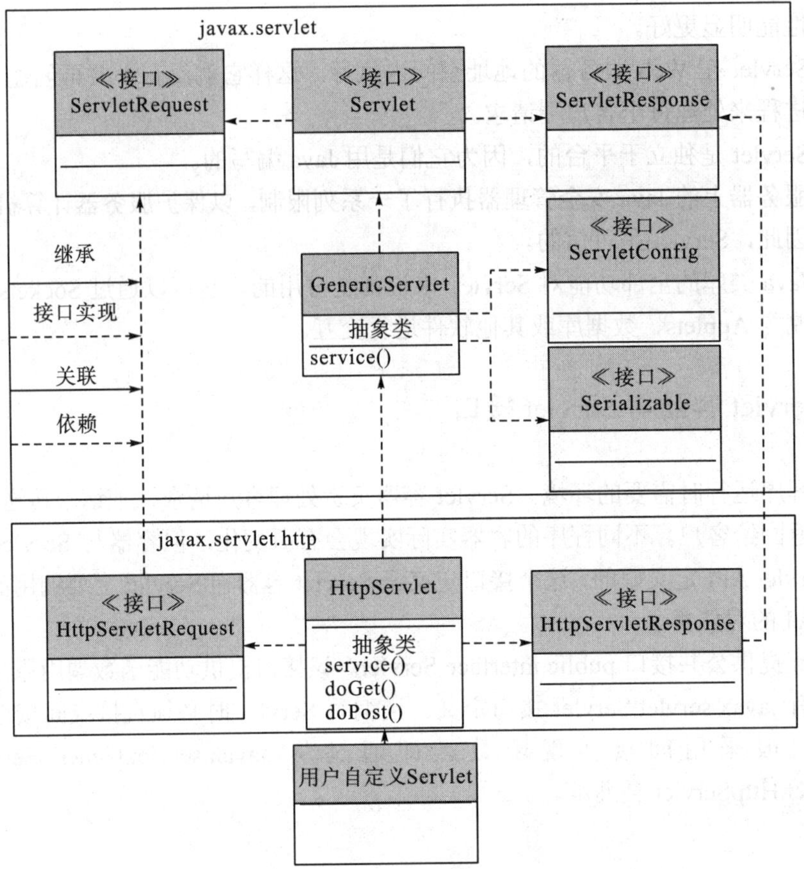

图 2-4 Servlet API 核心类之间的关系图

1.Servlet 接口简介

所有的 Servlet 都必须直接或间接地实现 javax.servlet.Servlet 接口。Servlet 接口定义了必须由 Servlet 类实现并且由 Servlet 引擎识别和管理的方法集。Servlet 接口的基本目标是提供与 Servlet 生命周期相关的方法，如 init()、service() 和 destroy() 等。其主要的方法和作用如表 2-3 所示。

表 2-3 Servlet 接口的主要方法

方法	方法描述
destroy()	通过 servlet 容器调用来指示这个 servlet 正在被移除服务
getServletConfig()	返回一个 ServletConfig 对象，里面包含了这个 servlet 的初始化和启动参数
getServletInfo()	返回 servlet 的相关信息，如作者、版本号、著作权等
init(ServletConfig config)	通过 servlet 容器调用来指示这个 servlet 正在被放入到服务
service(ServletRequest req, ServletResponse res)	通过 servlet 容器调用来允许这个 servlet 对请求进行响应

提示：

- 在创建 Servlet 时必须直接或间接地实现这个接口。一般趋向于间接实现：通过 javax.servlet.GernericServlet 或 javax.servlet.http.HpptServlet 派生。在实现 Servlet 接口时必须实现它的这五个方法。

2.HttpServlet 类简介

虽然通过扩展 GernericServlet 就可以编写一个基本的 Servlet，但若要实现一个在 Web 中处理 HTTP 请求的 Servlet，则需要使用 HttpServlet。javax.servlet.http.HttpServlet 扩展了 GenericServlet 类，并且对 Servlet 接口提供了与 HTTP 相关的实现，是在 Web 开发中定义 Servlet 最常用的类。HttpServlet 类中的主要方法和描述如表 2-4 所示。

表 2-4　HttpServlet 的主要方法

方法	方法描述
doGet (HttpServletRequest req, HttpServletResponse resp)	服务器通过 service 方法调用，运行一个 servlet 处理 GET 请求
doPost (HttpServletRequest req, HttpServletResponse resp)	服务器通过 service 方法调用，运行一个 servlet 处理 POST 请求
service (HttpServletRequest req, HttpServletResponse resp)	从公有的 service 方法接受标准 HTTP 请求，然后将它们分发到类中定义的 doXXX 方法中
service (ServletRequest req, ServletResponse res)	分发客户端的请求到受保护的 service 方法

2.4　Servlet 的生命周期

Servlet 生命周期可被定义为从创建直到毁灭的整个过程。以下是 Servlet 遵循的过程：

- Servlet 通过调用 init () 方法进行初始化。
- Servlet 调用 service () 方法来处理客户端的请求。
- Servlet 通过调用 destroy () 方法终止（结束）。
- 最后，Servlet 是由 JVM 的垃圾回收器进行垃圾回收的。

其整个生命周期如图 2-5 所示。

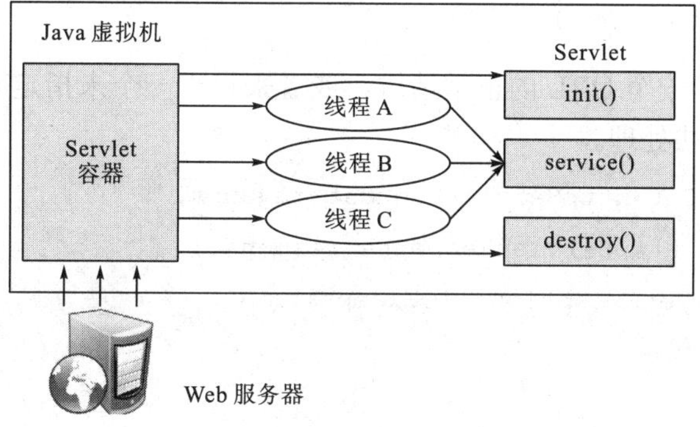

图 2-5　Servlet 生命周期

生命周期中各个方法的详细介绍如下：

1.Init()方法

init 方法被设计成只调用一次。它在第一次创建 Servlet 时被调用，在后续每次用户请求时不再调用。因此，它是用于一次性初始化，就像 Applet 的 init 方法一样。

Servlet 创建于用户第一次调用对应于该 Servlet 的 URL 时，但是开发人员也可以指定 Servlet 在服务器第一次启动时被加载。

当用户调用一个 Servlet 时，就会创建一个 Servlet 实例，每一个用户请求都会产生一个新的线程，适当的时候移交给 doGet 或 doPost 方法。init()方法简单地创建或加载一些数据，这些数据将被用于 Servlet 的整个生命周期。

init 方法的定义如下：

```
public void init() throws ServletException {
  // 初始化代码...
}
```

2.service()方法

service()方法是执行实际任务的主要方法。Servlet 容器(即 Web 服务器)调用 service() 方法来处理来自客户端(浏览器)的请求，并把格式化的响应写回给客户端。

每次接收到一个 Servlet 请求时，服务器都会产生一个新的线程并调用服务。service() 方法检查 HTTP 请求类型(GET、POST、PUT、DELETE 等)，并在适当的时候调用 doGet、doPost、doPut，doDelete 等方法。

该方法的特征如下：

```
public void service(ServletRequest request,
                    ServletResponse response)
      throws ServletException, IOException{
}
```

service()方法由容器调用，service 方法在适当的时候调用 doGet、doPost、doPut、doDelete 等方法。所以，开发人员不用对 service()方法做任何动作，只需要根据来自客户端的请求类型来重载 doGet()或 doPost()即可。

1) doGet()方法

GET 请求来自于一个 URL 的正常请求，或者来自于一个未指定 method 的 HTML 表单，它由 doGet()方法处理。

```
public void doGet(HttpServletRequest request,
                  HttpServletResponse response)
    throws ServletException, IOException {
    // Servlet 代码
}
```

2) doPost () 方法

POST 请求来自于一个特别指定了 method 为 POST 的 HTML 表单，它由 doPost () 方法处理。

```
public void doPost(HttpServletRequest request,
                   HttpServletResponse response)
    throws ServletException, IOException {
    // Servlet 代码
}
```

提示：

doXXX 与前台页面请求的类型直接相关，在开发中，后台开发人员需要查看前台页面的请求类型，从而决定定义何种 doXXX 方法。而 service()方法是由容器调用的，不管前台页面的请求类型是什么，都会调用 service()方法。所以一般在开发中可以直接将要执行的代码写到 service()方法中，而不用写入到 doXXX 中。

3.destroy () 方法

destroy () 方法只会被调用一次，在 Servlet 生命周期结束时被调用。destroy () 方法可以让 Servlet 关闭数据库连接、停止后台线程、把 Cookie 列表或点击计数器写入到磁盘，并执行其他类似的清理活动。

在调用 destroy () 方法后，servlet 对象被标记为垃圾回收。Destroy () 方法定义如下：

```
public void destroy() {
  // 终止化代码...
}
```

2.5　Servlet 的 创 建

Servlet 本质上是一个平台独立的 Java 类，编写一个 Servlet，实际就是按 Servlet 规范编写一个 Java 类。下面以使用 Servlet 向客户端返回“Hello World!”为例，演示 Servlet 的创建过程。

2.5.1　创建 Java Web 项目

在 Eclipse 中新建 Dynamic Web Project，在弹出窗口的 Project name 输入框中输入项目名，在 Target runtime 选项中选择使用的服务器，在 Dynamic web module version 选项中选择使用的 Servlet 版本，如图 2-6 所示，然后点击“Finish”即可在 Eclipse 中创建出一个 Java Web 项目。

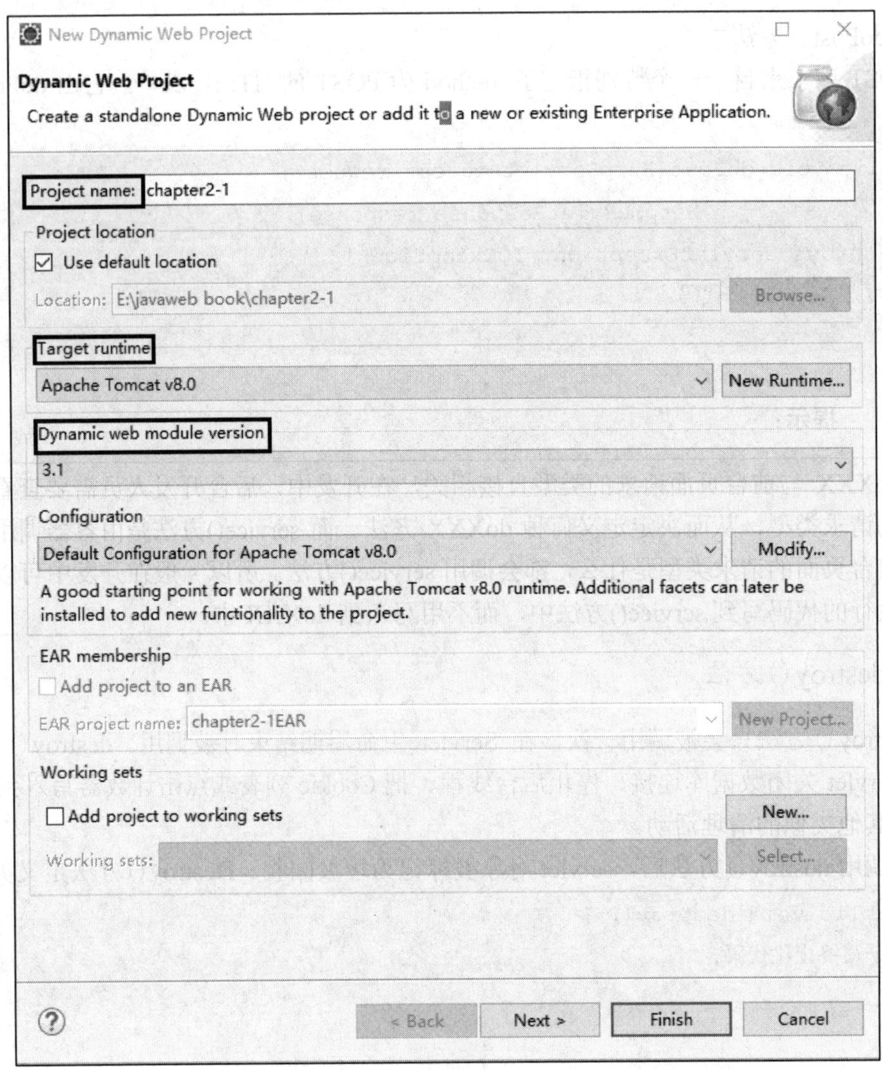

图 2-6　创建 Java Web 项目

2.5.2　Servlet 的创建

在 Eclipse 的项目资源导航区中选择前面创建的项目 chapter2-1，然后右键单击选择 New->Servlet 菜单，在弹出的 Create Servlet 窗口中，输入要创建的 Sverlet 的包名(将公司的域名反序排列)和类名，如图 2-7 所示。

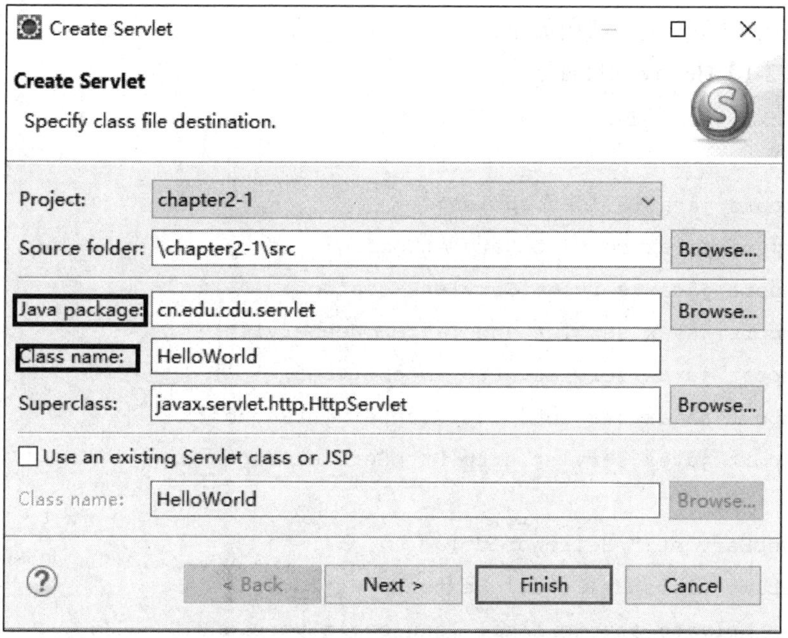

图 2-7　Servlet 创建信息

点击 Next 按钮，进行到如图 2-8 所示的窗口时，选中 init、destroy 和 service 方法，然后点击 Finish 按钮完成 Servlet 的创建。

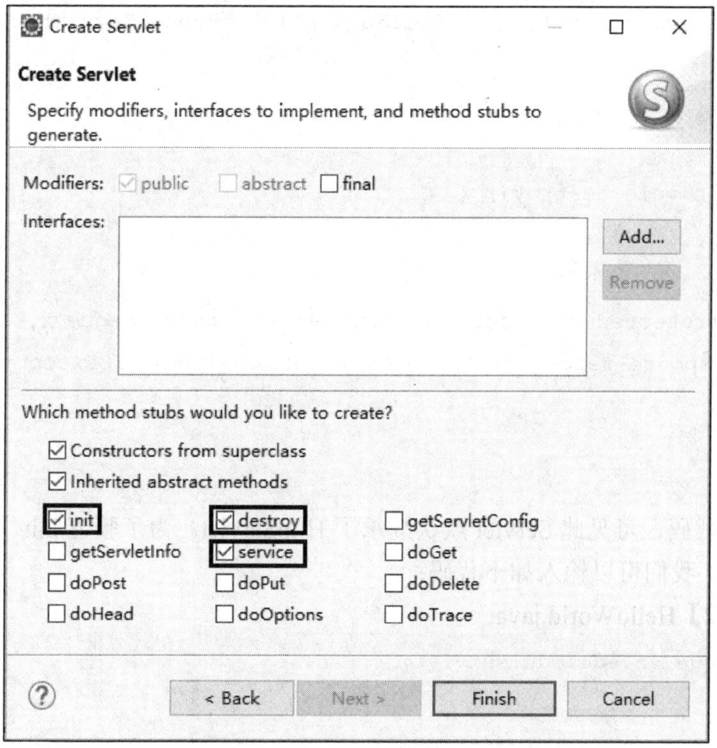

图 2-8　选择 Servlet 中需要重写的方法

由 Eclipse 自动生成的代码如下：

【代码 2-1】 HelloWorld.java

```
package cn.edu.cdu.servlet;

import java.io.IOException;
import javax.servlet.ServletConfig;
import javax.servlet.ServletException;
import javax.servlet.annotation.WebServlet;
import javax.servlet.http.HttpServlet;
import javax.servlet.http.HttpServletRequest;
import javax.servlet.http.HttpServletResponse;

@WebServlet("/HelloWorld")
public class HelloWorld extends HttpServlet {
    private static final long serialVersionUID = 1L;

   public HelloWorld() {
       super();
   }
public void init(ServletConfig config) throws ServletException {

    }
public void destroy() {

    }
    protected void service(HttpServletRequest request, HttpServletResponse response) throws ServletException, IOException {

    }
}
```

通过上述代码，可见此 Servlet 默认继承了 HttpServlet。为了验证 init()、destroy() 和 service() 方法，我们可以输入如下代码：

【代码 2-2】 HelloWorld.java

```
package cn.edu.cdu.servlet;

import java.io.IOException;
import java.io.PrintWriter;
```

```
import javax.servlet.ServletConfig;
import javax.servlet.ServletException;
import javax.servlet.annotation.WebServlet;
import javax.servlet.http.HttpServlet;
import javax.servlet.http.HttpServletRequest;
import javax.servlet.http.HttpServletResponse;

@WebServlet("/HelloWorld")
public class HelloWorld extends HttpServlet {
    private static final long serialVersionUID = 1L;

    public HelloWorld() {
        super();
    }

    public void init(ServletConfig config) throws ServletException {
        System.out.println(this.getClass().getName()+"的init()方法被调用");
    }

    public void destroy() {
        System.out.println(this.getClass().getName()+"的destroy()方法被调用");
    }

    protected void service(HttpServletRequest request, HttpServletResponse response) throws ServletException, IOException {
        response.setContentType("text/html);charset = utf-8");
        PrintWriter out = response.getWriter();
        out.println("<HTML>");
        out.println("<HEAD><TITLE>HelloWorld Servlet</TITLE></HEAD>");
        out.println("<BODY>");
        out.println("Hello World");
        out.println("</BODY>");
        out.println("</HTML");
        out.flush();
        out.close();
```

```
    }
}
```

2.5.3 Servlet 的声明与配置

在代码编写完成后，如要运行访问，还需要进行声明配置，保证服务器能知晓该Servlet。其声明配置信息主要包括 Servlet 的描述、名称、初始参数、类路径及访问地址等。

在 Servlet3.X 中，Servlet 的声明配置可以通过注解方式实现。如【代码 2-2】中的@WebServlet，它将一个类声明为 Servlet。当程序部署到 Servlet 容器时，容器会根据具体的属性配置把对应的类部署为 Servlet。@WebServlet 常用属性如表 2-5 所示。

表 2-5 @WebServlet 常用属性

属性名	类型	描述
Name	String	指定 Servlet 的 name 属性，等价于<servlet-name>。如果没有显式指定，则该 Servlet 的取值即为类的全限定名
Value	String[]	该属性等价于 urlPatterns 属性。两个属性不能同时使用
urlPatterns	String[]	指定一组 Servlet 的 URL 匹配模式。等价于<url-pattern>标签
loadOnStartup	int	指定 Servlet 的加载顺序。等价于<load-on-startup>标签
initParams	WebInitParam[]	指定一组 Servlet 初始化参数，等价于<init-param>标签
asyncSupported	boolean	申明 Servlet 是否支持异步操作模式。等价于<async-supported>标签
description	String	该 Servlet 的描述信息，等价于<description>标签
displayName	String	该 Servlet 的显示名，通常配合工具使用，等价于<display-name>标签

在【代码 2-2】中只进行了形如@WebServlet("/HelloWorld")的声明配置，这是 Servlet 最简明的声明配置，表示当请求的 URL 地址匹配/HelloWorld 映射地址时，将加载执行此 Servlet。

Servlet3.0 及以上版本除了通过注解方式进行声明配置外，还可以通过项目的配置文件 web.xml 完成。在 Servlet2.5 及以下版本中，Servlet 的声明配置只能通过 Web.xml 配置完成。web.xml 文件位于项目的 WEB-INF 目录中，将【代码 2-2】中的@WebServlet("/Hello World")声明配置注释掉，使用【代码 2-3】中的代码，依然可以让程序正常执行。

【代码 2-3】web.xml

```
<?xml version="1.0" encoding="UTF-8"?>
<web-app version="2.5"
    xmlns="http://java.sun.com/xml/ns/javaee"
    xmlns:xsi="http://www.w3.org/2001/XMLSchema-instance"
    xsi:schemaLocation="http://java.sun.com/xml/ns/javaee
    http://java.sun.com/xml/ns/javaee/web-app_2_5.xsd">
    <servlet>
```

```
        <servlet-name>HelloWorld</servlet-name>
        <servlet-class>cn.edu.cdu.servlet.HelloWorld</servlet-class>
    </servlet>
    <servlet-mapping>
        <servlet-name>HelloWorld</servlet-name>
        <url-pattern>/HelloWorld</url-pattern>
    </servlet-mapping>
</web-app>
```

在 web.xml 中定义 servlet 时的常用子元素及其描述如表 2-6 所示。

表 2-6　web.xml 中<servlet>子元素的配置属性

属性名	类型	描述
<description>	String	指定该 Servlet 的描述信息，等价于@WebServlet 的 description 属性
<display-name>	String	指定该 Servlet 的显示名，通常配合工具使用，等价于@WebServlet 的 displayname 属性
<servlet-name>	String	指定该 Servlet 的名称，一般与 Servlet 的类名相同，并在一个 web.xml 中命名唯一，等价于@WebServlet 的 name 属性
<servlet-class>	String	指定该 Servlet 类的全限定名，即包名.类名
<init-param>	String	指定该 Servlet 的初始化参数，等价于@WebServlet 的 initParams 属性，若有多个参数课重复定义此元素
<param-name>	String	指定初始参数名
<param-value>	String	指定初始参数名对应的值
<load-on-startup>	Int	指定该 Servlet 的加载顺序，等价于@WebServlet 的 loadOnStartup 属性
<async-supported>	boolean	指定该 Servlet 是否支持异步操作模式，默认为 false，等价于@WebServlet 的 async-supported 属性

与 servlet 元素对应的是 servlet-mapping 元素，它用于指定 Servlet 的 URL 映射。其子元素及其描述如表 2-7 所示。

表 2-7　servlet-mapping 的子元素及其描述

属性名	类型	描述
<servlet-name>	String	指定要映射的 Servlet 名称，需要与<servlet>中的<servlet-name>一致
<url-pattern>	String	指定 Servlet 的 URL 匹配模式，等价于@WebServlet 的 urlPatterns 或 value 属性

提示：

在 web.xml 中的声明配置会优先于注释方式进行的声明配置。即 web.xml 中的声明会覆盖通过注释机制所规定的配置信息。如果要使用注释方式来配置 Servlet，需要注意：

(1)不要在 web.xml 文件的根元素<web-app.../>中指定 metadata-complete="true"。

该属性定义了 web 描述符是否完整，或者 web 应用程序的类文件是否针对指定部署信息的注释而进行检查。

(2)不要在 web.xml 文件中配置该 Servlet。选择使用一种配置方式即可。

2.5.4 Servlet 的部署运行

Servlet 的执行，需要先进行编译，然后部署到项目发布路径的 classes 目录下。其访问需要在浏览器的地址栏中输入由@WebServlet 的 urlPatterns 或 value 所指定的值。本例中结合【代码 2-2】中的声明配置，其访问地址为：

```
http://localhost:8080/chapter2-1/HelloWorld
```

在 Eclipse 中，可以按图 2-9 所示进行操作。

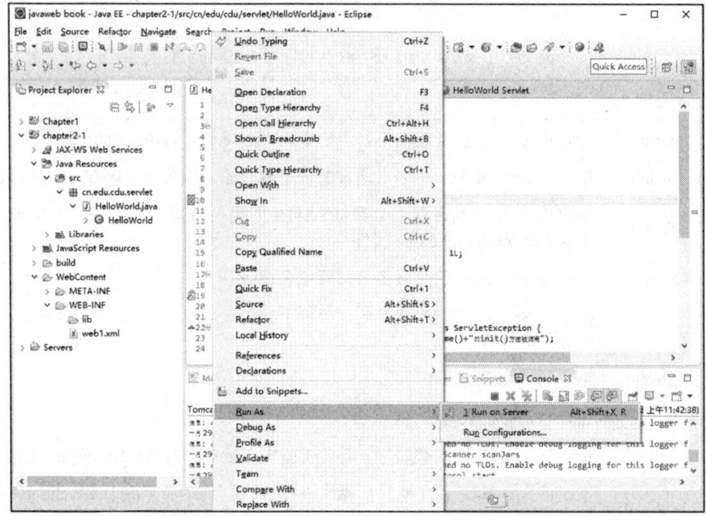

图 2-9 部署 HelloWorld

根据提示信息将项目发布到配置好的 tomcat 服务器上后，即可得到如图 2-10 所示的结果。

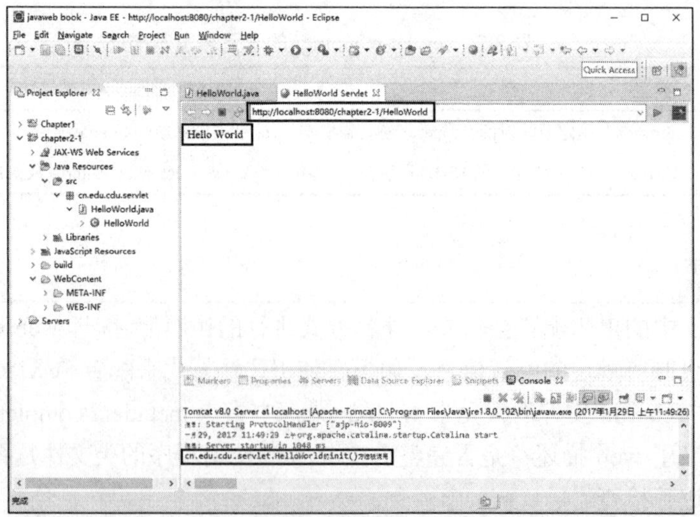

图 2-10 程序运行结果

可以看到，在 init()和 service()方法中的代码被执行。init()方法的结果在控制台中显示，而 service()方法的结果就是在页面中呈现的“Hello World”。当关闭 tomcat 服务器后，用户还可以在控制台中看到 destroy()方法的结果。

2.6　Servlet 的 应 用

Servlet 是一种独立于平台和协议的服务器端的 Java 应用程序，可以生成动态的 Web 页面。它担当 Web 浏览器或其他 http 客户程序发出请求、与 http 服务器上的数据库或应用程序之间交互的中间层。主要用于在服务器端处理一些与界面无关的任务，如客户端请求数据的处理、请求链的传递和转向控制等。

2.6.1　数据处理

在 Web 应用中，客户端向服务器请求数据的方式通常有两种：一是通过超级链接查询数据；二是通过 Form 表单更新数据。Servlet 针对这两种不同的数据请求方式，通过 HttpServletRequest 接口进行处理。

1.通过超级链接向 servlet 提交数据

超级链接进行数据请求的语法格式如下：

【语法】

```
<a href="URL 地址?参数=参数值[&参数=参数值…]>链接文本</a>
```

【代码 2-4】tranDatabyLink.jsp

```
<%@ page language="java" contentType="text/html; charset=UTF-8"
    pageEncoding="UTF-8"%>
<!DOCTYPE html PUBLIC "-//W3C//DTD HTML 4.01 Transitional//EN" "http://www.w3.org/TR/html4/loose.dtd">
<html>
<head>
<meta http-equiv="Content-Type" content="text/html; charset=UTF-8">
<title>Transfer data by link</title>
</head>
<body>
    <a href="TranDatabyLinkServlet?username=张三&password=test">测试</a>
</body>
</html>
```

【代码 2-4】中，TranDatabyLinkServlet 为请求地址，username 和 password 为请求参

数，“张三”和“test”为两个参数对应的值。两个参数之间用&进行分隔。其运行效果如图 2-11 所示。

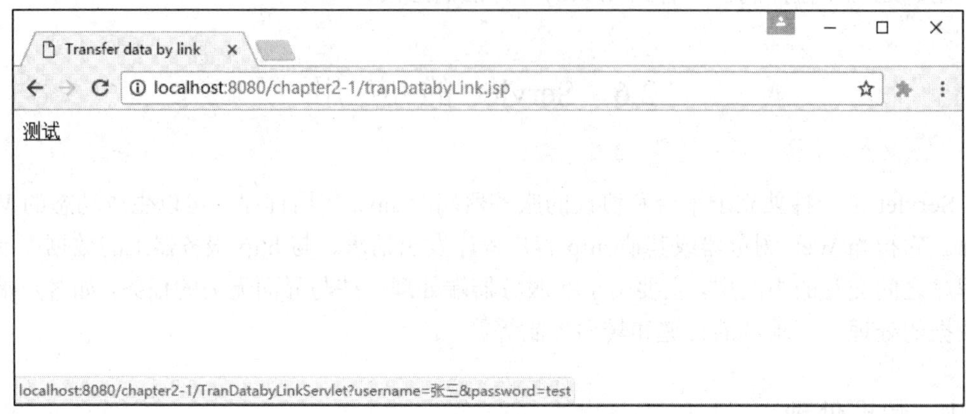

图 2-11　TranDatabyLink.jsp 的运行效果

当用户通过点击超级链接，将请求发送到 Servlet 容器时，包含数据的请求将被容器转换为 HttpRequest 对象，如果用户请求使用的是 HTTP 协议，该请求将进一步包装成 HttpServletRequest 对象。对请求数据的处理工作就由 HttpServletRequest 对象完成。

HttpServletRequest 对象常用的数据处理方法如下：

public String getParameter(String name)

返回由 name 指定的用户请求参数的值。

public String[] getParameterValues(String name)

返回由 name 指定的一组用户请求参数的值。

public Enumeration getParameterNames()

返回所有客户请求的参数名。

接下来，HttpServletRequest 对象对页面发出的数据请求进行处理。

【代码 2-5】TranDatabyLinkServlet.java

```
package cn.edu.cdu.servlet;

import java.io.IOException;
import java.io.PrintWriter;

import javax.servlet.ServletException;
import javax.servlet.annotation.WebServlet;
import javax.servlet.http.HttpServlet;
import javax.servlet.http.HttpServletRequest;
import javax.servlet.http.HttpServletResponse;

```

```
@WebServlet("/TranDatabyLinkServlet")
public class TranDatabyLinkServlet extends HttpServlet {
    private static final long serialVersionUID = 1L;

   public TranDatabyLinkServlet() {
       super();
   }

    protected void service(HttpServletRequest request, HttpServlet
Responseresponse) throws ServletException, IOException {
        //设置请求的字符编码为 UTF-8，以保证中文字符的正常显示
        request.setCharacterEncoding("UTF-8");
        //设置响应的文本类型为 html，字符编码为 UTF-8，以保证中文字符的正常显示
        response.setContentType("text/html;charset=UTF-8");
        PrintWriter out = response.getWriter();
        String username = request.getParameter("username");
        String password = request.getParameter("password");
        //响应输出用户请求的数据
        out.println("<p>请求的用户名是："+username+"</p>");
        out.println("<p>请求的密码是："+password+"</p>");
        out.flush();
        out.close();
    }
}
```

【代码 2-5】TranDatabyLinkServlet.java。

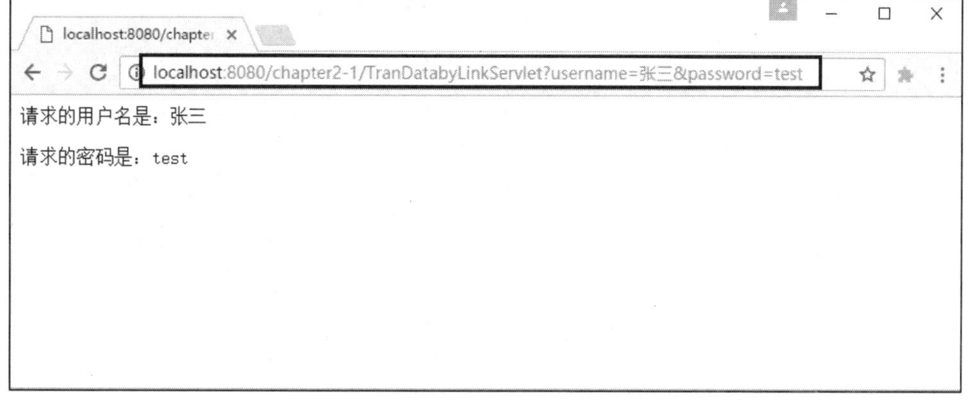

图 2-12　TranDatabyLinkServlet.java 的运行结果

从图 2-12 的结果可以看到，用户的请求数据是以明文形式在地址栏中显示的，这样不利于数据的保密，另外，由于浏览器对请求地址长度有限制，也不适合进行大数据的传递。为了解决这些问题，下面利用 Form 表单的 POST 方法进行数据的传递。

2.通过表单向 servlet 提交数据

通过 Form 表单进行数据请求的语法格式如下：

【语法】

```
<form action="URL" method="post/get">
    …
    <input type="submit">
</form>
```

【代码 2-6】 tranDatabyForm.jsp

```
<%@ page language="java" contentType="text/html; charset=UTF-8"
    pageEncoding="UTF-8"%>
<!DOCTYPE html PUBLIC "-//W3C//DTD HTML 4.01 Transitional//EN" "http://www.w3.org/TR/html4/loose.dtd">
<html>
<head>
<meta http-equiv="Content-Type" content="text/html; charset=UTF-8">
<title>Transfer data by form</title>
</head>
<body>
    <form action="TranDatabyFormServlet" method="post">
        <table border="1" align="center">
            <tr>
                <td>用户名：</td>
                <td><input name="username" type="text"></td>
            </tr>
            <tr>
                <td>密码：</td>
                <td><input name="password" type="password"></td>
            </tr>
            <tr>
                <td>爱好</td>
                <td><input name="hobby" type="checkbox" value="网球">网球<br>
                <input name="hobby" type="checkbox" value="跑步">跑步
```

```
<br>
                    <input name="hobby" type="checkbox" value="游泳">游泳
</td>
                </tr>
                <tr>
                    <td colspan="2" align="center">
    <input type="submit" value="提交">
                    <input type="reset" value="取消"></td>
                </tr>
            </table>
        </form>
    </body>
    </html>
```

【代码 2-6】中，TranDatabyFormServlet 为请求地址，post 为请求类型，username、password、hobby 为请求参数，submit 为表单的提交按钮。

启动服务器，在浏览器中输入 http://localhost:8080/chapter2-1/tranDatabyForm.jsp，其运行效果如图 2-13 所示。

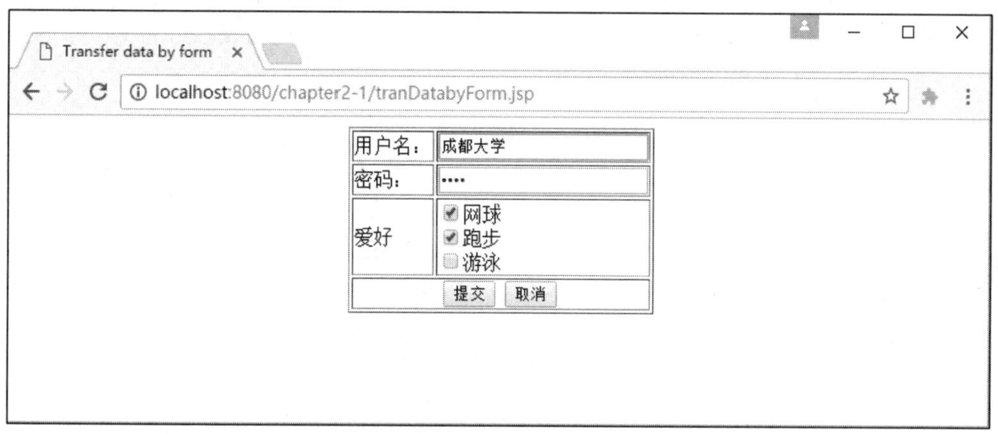

图 2-13　TranDatabyForm.jsp 的运行效果

提示：

> Form 表单的 method 属性可以指明请求类型，取值为 get 和 post 两种。其具体区别见前文“2.1.2 HTTP 请求”。

对【代码 2-6】的 servlet 程序代码如下：

【代码 2-7】TranDatabyFormServlet.java

```
package cn.edu.cdu.servlet;

```

```
import java.io.IOException;
import java.io.PrintWriter;

import javax.servlet.ServletException;
import javax.servlet.annotation.WebServlet;
import javax.servlet.http.HttpServlet;
import javax.servlet.http.HttpServletRequest;
import javax.servlet.http.HttpServletResponse;

@WebServlet("/TranDatabyFormServlet")
public class TranDatabyFormServlet extends HttpServlet {
    private static final long serialVersionUID = 1L;

    public TranDatabyFormServlet() {
        super();
    }

    protected void service(HttpServletRequest request, HttpServletResponse response) throws ServletException, IOException {
        //设置请求的字符编码为 UTF-8，以保证中文字符的正常显示
        request.setCharacterEncoding("UTF-8");
        //设置响应的文本类型为 html，字符编码为 UTF-8，以保证中文字符的正常显示
        response.setContentType("text/html;charset=UTF-8");
        PrintWriter out = response.getWriter();
        String username = request.getParameter("username");
        String password = request.getParameter("password");
        String [] hobbys = request.getParameterValues("hobby");
        //响应输出用户请求的数据
        out.println("<p>请求的用户名是："+username+"</p>");
        out.println("<p>请求的密码是："+password+"</p>");
        out.println("<p>请求的爱好是：");
        for(String hobby:hobbys){
            out.println(hobby+" ");
        }
        out.println("</p>");
        out.flush();
        out.close();
```

```
        }
    }
```

对应图 2-13 的用户输入，**【代码 2-7】**的运行效果如图 2-14 所示。

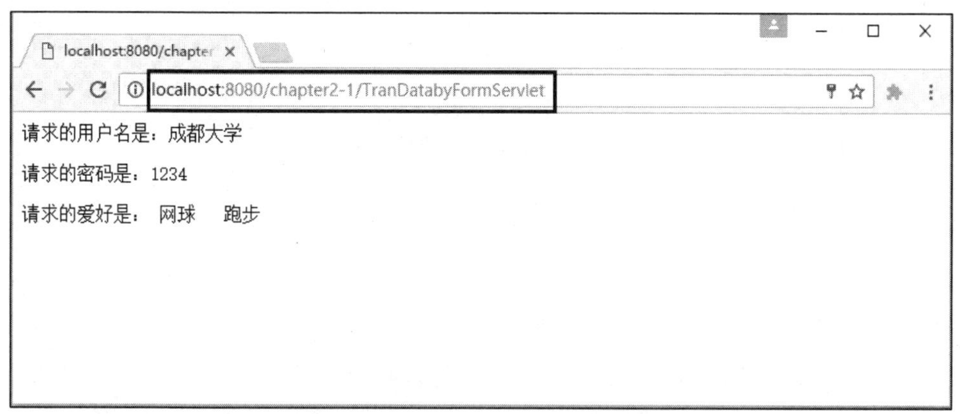

图 2-14　TranDatabyFormServlet.java 的运行结果

从图 2-14 的结果可以看到，用户的请求数据不再以明文形式在地址栏中显示，这样在一定程度上保证了数据在传递中的安全性。同时，利用 Form 表单的 POST 方法也能比 GET 方法进行更大数据的传递。

2.6.2　请求转发与重定向

从 Servlet 的数据处理过程中可见，Servlet 在服务器端处理完用户的请求后，会向客户端返回相应的响应结果，响应结果是由当前 Servlet 对象的 PrintWriter 输出流直接输出到页面的信息。在实际应用中，也常出现经过 Servlet 处理后，需要跳转到另一个 URL 地址进行处理，该地址可以是 HTML、JSP、Servlet 或其他形式的 HTTP 地址。在 Servlet 中，可以通过请求转发和重定向两种方式完成对新 URL 地址的转向。

1.请求转发

请求转发是服务器行为，通过 request.getRequsetDispatcher().forward(requset,response)进行实现。它本身是一次请求，转发后请求对象会保存，地址栏的 URL 地址不会改变(服务器内部转发，所有客户端看不到地址栏的改变)。

请求转发的过程是：客户首先发送一个请求到服务器端，服务器端发现匹配的 servlet，并指定它去执行，当这个 servlet 执行完后，它要调用 getRequestDispacther()方法，把请求转发到一个指定的 URL 中，整个流程都在服务器端完成，而且是在同一个请求里面完成的，因此 servlet 和新的 URL 共享的是同一个 request，在 servlet 里面放的所有东西，在指定的 URL 中都能取出来。整个过程是一个请求、一个响应。其具体过程如图 2-15 所示。

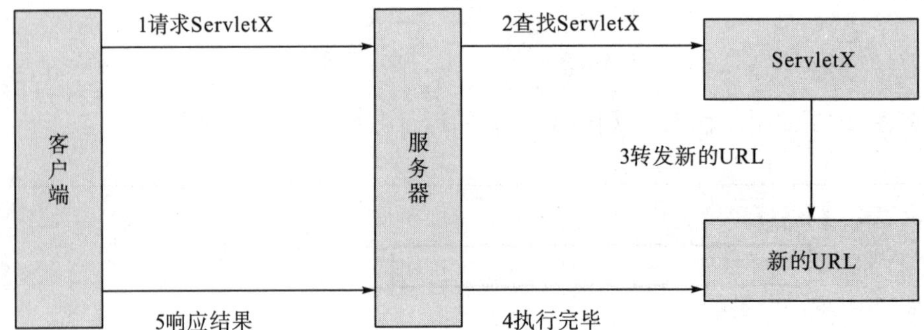

图 2-15 请求转发运行过程

请求转发到新页面

【示例 2-1】forwardindex.jsp

```
<%@ page language="java" contentType="text/html; charset=UTF-8"
    pageEncoding="UTF-8"%>
<!DOCTYPE html PUBLIC "-//W3C//DTD HTML 4.01 Transitional//EN"
"http://www.w3.org/TR/html4/loose.dtd">
<html>
<head>
<meta http-equiv="Content-Type" content="text/html; charset=UTF-8">
</head>
<body>
    <%
    request.getRequestDispatcher("/forwardResult.jsp").Forward(request,
response);
    %>
</body>
</html>
```

此页面将请求转发到当前站点根目录下的 forwardResult.jsp 页面。

【示例 2-2】forwardResult.jsp

```
<%@ page language="java" contentType="text/html; charset=UTF-8"
    pageEncoding="UTF-8"%>
<!DOCTYPE html PUBLIC "-//W3C//DTD HTML 4.01 Transitional//EN"
"http://www.w3.org/TR/html4/loose.dtd">
<html>
<head>
<meta http-equiv="Content-Type" content="text/html; charset=UTF-8">
</head>
<body>
```

```
请求转发结果页面
</body>
</html>
```

启动服务器，在客户端输入：http://localhost:8080/chapter2-1/forwardindex.jsp，程序运行结果如图 2-16 所示。

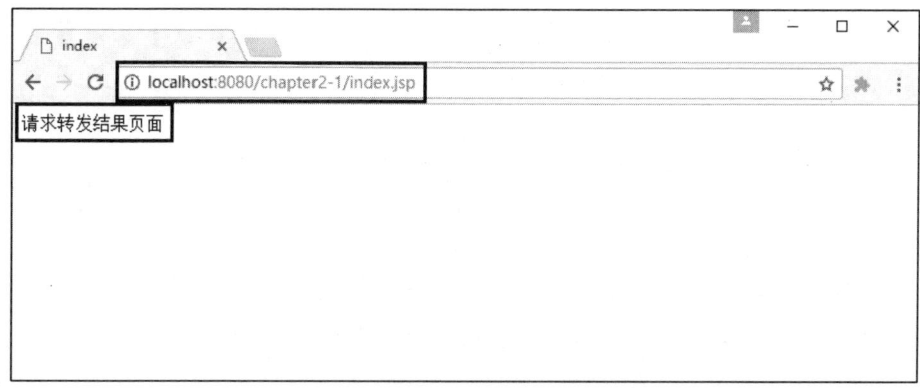

图 2-16　页面请求转发运行效果

请求转发到另一个 Servlet

【示例 2-3】 ForwardServlet.java

```
package cn.edu.cdu.servlet;
import java.io.IOException;
import javax.servlet.RequestDispatcher;
import javax.servlet.ServletException;
import javax.servlet.annotation.WebServlet;
import javax.servlet.http.HttpServlet;
import javax.servlet.http.HttpServletRequest;
import javax.servlet.http.HttpServletResponse;
@WebServlet("/ForwardServlet")
public class ForwardServlet extends HttpServlet {
    private static final long serialVersionUID = 1L;
    public ForwardServlet() {
        super();
    }
    protected void service(HttpServletRequest request, HttpServletResponse response) throws ServletException, IOException {
        System.out.println("请求前");
        RequestDispatcher rd = request.getRequestDispatcher
```

```
("/ResultServlet");
            rd.forward(request, response);
            System.out.println("请求后");
        }
    }
```

【示例 2-4】ResultSevlet.java

```
package cn.edu.cdu.servlet;
import java.io.IOException;
import java.io.PrintWriter;
import javax.servlet.ServletException;
import javax.servlet.annotation.WebServlet;
import javax.servlet.http.HttpServlet;
import javax.servlet.http.HttpServletRequest;
import javax.servlet.http.HttpServletResponse;
@WebServlet("/ResultServlet")
public class ResultServlet extends HttpServlet {
    private static final long serialVersionUID = 1L;
    public ResultServlet() {
        super();
    }
    protected void service(HttpServletRequest request,
HttpServletResponse response) throws ServletException, IOException {
        request.setCharacterEncoding("UTF-8");
        //设置响应的文本类型为html，字符编码为UTF-8，以保证中文字符的正常显示
        response.setContentType("text/html;charset=UTF-8");
        PrintWriter out = response.getWriter();
        out.println("新的URL结果页面");
        out.flush();
        out.close();
    }
}
```

启动服务器，在客户端输入：http://localhost:8080/chapter2-1/ForwardServlet，程序运行结果如图 2-17 所示。

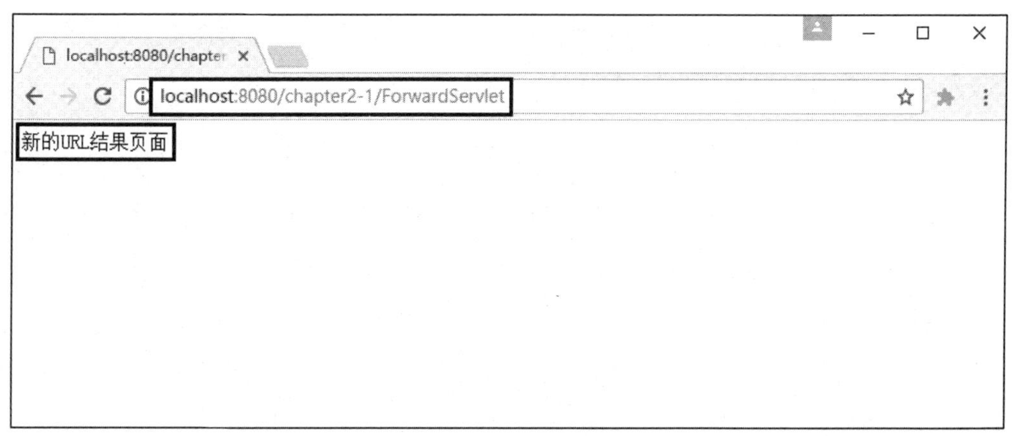

图 2-17　Servlet 请求转发结果页面

从图 2-16 和图 2-17 可见，浏览器地址栏中的地址仍然是初始请求地址，但响应结果为转发后的页面或 servlet 输出的结果。

2.重定向

重定向是客户端行为，通过 response.sendRedirect()进行实现。从本质上讲等同于两次请求，前一次的请求对象不会保持，地址栏中的 URL 地址会改变。

重定向的过程是：客户发送一个请求到服务器，服务器匹配 servlet，这都和请求转发一样。servlet 处理完后调用 response 的 sendRedirect()方法。所以，当这个 servlet 处理完后，看到 response.senRedirect()方法，立即向客户端返回这个响应，响应行就会告诉客户端再发送一个请求，去访问指定的 URL。客户端收到这个请求后，立刻发出一个新的请求，去请求那个指定的 URL。这里两个请求互不干扰、相互独立，在前面 request 里面 setAttribute()的任何东西，在后面的 request 里面都获得不了。可见，在 sendRedirect()里面是两个请求、两个响应。其具体过程如图 2-18 所示。

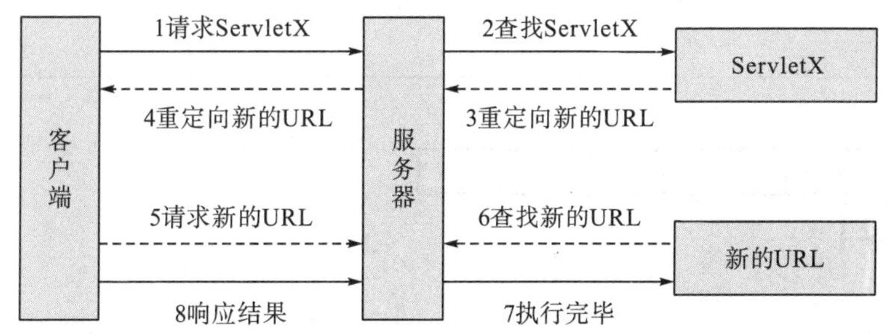

图 2-18　重定向运行过程

重定向到新页面

【示例 2-5】redirectindex.jsp

```
<%@ page language="java" contentType="text/html; charset=UTF-8"
    pageEncoding="UTF-8"%>
```

```
<!DOCTYPE html PUBLIC "-//W3C//DTD HTML 4.01 Transitional//EN"
"http://www.w3.org/TR/html4/loose.dtd">
<html>
<head>
<meta http-equiv="Content-Type" content="text/html; charset=UTF-8">
</head>
<body>
    <%
    response.sendRedirect("/chapter2-1/redirectResult.jsp");
    %>
</body>
</html>
```

【示例 2-6】redirectResult.jsp

```
<%@ page language="java" contentType="text/html; charset=UTF-8"
    pageEncoding="UTF-8"%>
<!DOCTYPE html PUBLIC "-//W3C//DTD HTML 4.01 Transitional//EN"
"http://www.w3.org/TR/html4/loose.dtd">
<html>
<head>
<meta http-equiv="Content-Type" content="text/html; charset=UTF-8">
</head>
<body>
重定向结果页面
</body>
</html>
```

在浏览器地址栏输入 http://localhost:8080/chapter2-1/redirectindex.jsp，其运行结果如图 2-19 所示。

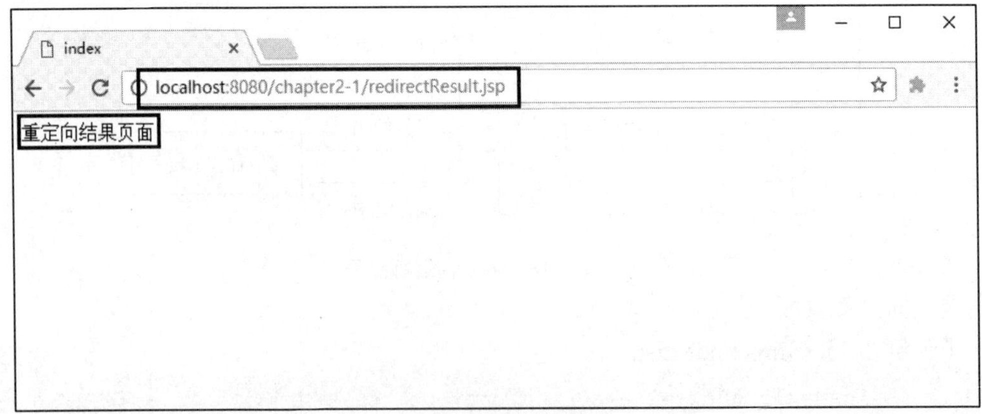

图 2-19 重定向到页面运行结果图

重定向到另一个 servlet

【示例 2-7】RedirectServlet.java

```java
package cn.edu.cdu.servlet;
import java.io.IOException;
import javax.servlet.RequestDispatcher;
import javax.servlet.ServletException;
import javax.servlet.annotation.WebServlet;
import javax.servlet.http.HttpServlet;
import javax.servlet.http.HttpServletRequest;
import javax.servlet.http.HttpServletResponse;
@WebServlet("/RedirectServlet")
public class RedirectServlet extends HttpServlet {
    private static final long serialVersionUID = 1L;
   public RedirectServlet() {
       super();
    }
    protected void service(HttpServletRequest request, HttpServletResponse response) throws ServletException, IOException {
        System.out.println("重定向前");
        response.sendRedirect(request.getContextPath()+"/ResultServlet");
        System.out.println("重定向后");
    }
}
```

在浏览器中输入 http://localhost:8080/chapter2-1/RedirectServlet，其运行结果如图 2-20 所示。

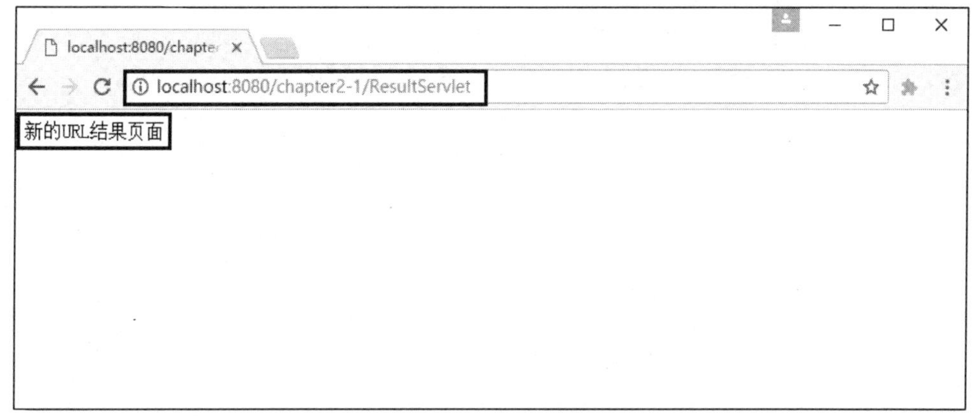

图 2-20　重定向到 servlet 运行结果页面

从图 2-19 和图 2-20 可见，浏览器地址栏中的地址在访问后会变成目标 URL，并输出与新 URL 对应的内容。

通过上述请求转发与重定向的运行结果，可以看到两者在访问一个 URL 后，请求转发的地址栏中信息不会发生改变，而重定向会在地址栏中出现新的 URL。此外，这两者最主要的区别是：请求转发前后共享同一个请求对象，而重定向前后会创建不同的请求对象。下面通过向 HttpServletRequest 对象中存取属性值来验证两者的不同之处。

【示例 2-8】ForwardAttributeServlet.java

```
package cn.edu.cdu.servlet;
import java.io.IOException;
import javax.servlet.RequestDispatcher;
import javax.servlet.ServletException;
import javax.servlet.annotation.WebServlet;
import javax.servlet.http.HttpServlet;
import javax.servlet.http.HttpServletRequest;
import javax.servlet.http.HttpServletResponse;
@WebServlet("/ForwardAttributeServlet")
public class ForwardAttributeServlet extends HttpServlet {
     private static final long serialVersionUID = 1L;
    public ForwardAttributeServlet() {
        super();
    }
     protected void service(HttpServletRequest request,
HttpServletResponse response) throws ServletException, IOException {
          //将属性 attribute 的值设置为 test 并存储到 request 对象中
          request.setAttribute("attribute", "test");
          System.out.println("请求前");
          RequestDispatcher rd =
 request.getRequestDispatcher("/ResultAttributeServlet");
          rd.forward(request, response);
          System.out.println("请求后");
     }
}
```

【示例 2-9】ResultAttributeServlet.java

```
package cn.edu.cdu.servlet;
import java.io.IOException;
import java.io.PrintWriter;
import javax.servlet.ServletException;
import javax.servlet.annotation.WebServlet;
```

```
import javax.servlet.http.HttpServlet;
import javax.servlet.http.HttpServletRequest;
import javax.servlet.http.HttpServletResponse;
@WebServlet("/ResultAttributeServlet")
public class ResultAttributeServlet extends HttpServlet {
    private static final long serialVersionUID = 1L;
   public ResultAttributeServlet() {
       super();
   }
    protected void service(HttpServletRequest request, HttpServletResponse response) throws ServletException, IOException {
        //设置请求的字符编码为 UTF-8，以保证中文字符的正常显示
        request.setCharacterEncoding("UTF-8");
        //设置响应的文本类型为 html，字符编码为 UTF-8，以保证中文字符的正常显示
        response.setContentType("text/html;charset=UTF-8");
        String attribute = (String) request.getAttribute("attribute");
        PrintWriter out = response.getWriter();
        out.println("新的 URL 结果页面");
        out.println("request 对象的 attribute 属性值是: "+attribute);
        out.flush();
        out.close();
    }
}
```

启动服务器，在浏览器中访问 http://localhost:8080/chapter2-1/ForwardAttributeServlet，运行结果如图 2-21 所示。

图 2-21　通过请求转发方式获取 request 对象属性值

【示例 2-10】RedirectAttributeServlet.java

```
package cn.edu.cdu.servlet;
import java.io.IOException;
import javax.servlet.RequestDispatcher;
import javax.servlet.ServletException;
import javax.servlet.annotation.WebServlet;
import javax.servlet.http.HttpServlet;
import javax.servlet.http.HttpServletRequest;
import javax.servlet.http.HttpServletResponse;
@WebServlet("/RedirectAttributeServlet")
public class RedirectAttributeServlet extends HttpServlet {
    private static final long serialVersionUID = 1L;
    public RedirectAttributeServlet() {
       super();
    }
    protected void service(HttpServletRequest request, HttpServletResponse response) throws ServletException, IOException {
        //将属性 attribute 的值设置为 test 并存储到 request 对象中
        request.setAttribute("attribute", "test");
        System.out.println("重定向前");
        //进行重定向
    response.sendRedirect(request.getContextPath()+"/ResultAttributeServlet");
        System.out.println("重定向后");
    }
}
```

启动服务器，在浏览器中访问 http://localhost:8080/chapter2-1/RedirectAttributeServlet，运行结果如图 2-22 所示。

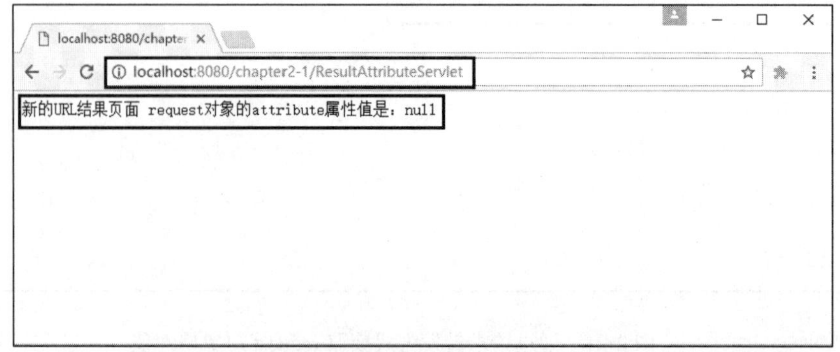

图 2-22　重定向方式获取请求对象属性值

可见，通过请求转发方式可以获取转发前请求对象中的属性值，而重定向方式无法获取重定向前请求对象中的属性值。

2.7　实 例 项 目

企业注册的功能是用于企业注册自己公司的信息，从而参与到系统中来。其具体的流程图如图 2-23 所示。

本小节通过页面核心代码、Servlet 核心代码和具体业务逻辑层核心代码对整个实现流程进行分析。完整的代码可以通过百度云网盘进行下载。

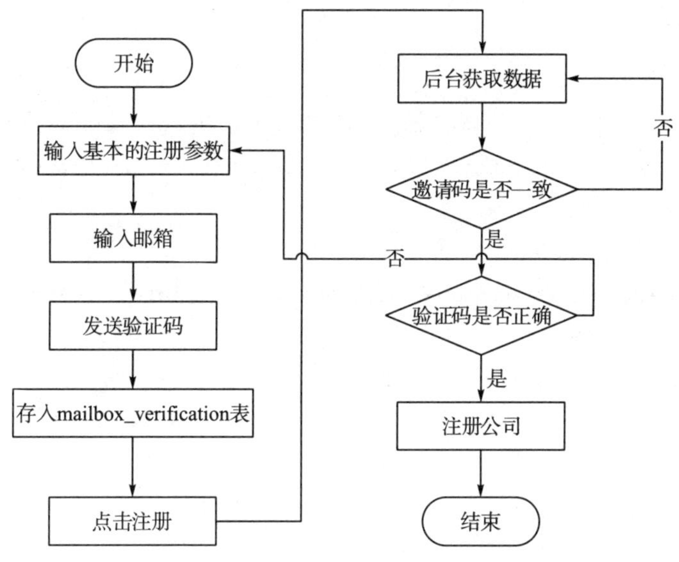

图 2-23　企业注册流程图

1.页面核心代码

```
…
<div class="register-card">
<div class="pmd-card-title card-header-border text-center">
<div class="loginlogo">
<a href="javascript:void(0);"><img src="../assets/images/logo-computer.jpg" alt="Logo"></a>
</div>
<h2><span><strong>实训企业注册</strong></span></h2>
</div>
<form id="defaultForm" method="post" action="${pageContext.request.contextPath }/EnterpriseManagement/RegistCompanyServlet">
```

```
<div class="pmd-card-body">
<div class="form-group pmd-textfield pmd-textfield-floating-label">
<label for="inputError1" class="control-label pmd-input-group-label">注册邀请码</label>
<div class="input-group">
<div class="input-group-addon"><i class="material-icons md-dark pmd-sm">code</i></div>
<input type="text" class="form-control" name="rscode" id="exampleInputAmount">

</div>
</div>
<div class="form-group pmd-textfield pmd-textfield-floating-label">
<label for="inputError1" class="control-label pmd-input-group-label">企业名称</label>
<div class="input-group">
<div class="input-group-addon"><i class="material-icons md-dark pmd-sm">domain</i></div>
<input type="text" class="form-control" name="qyname" id="exampleInputAmount">

</div>
</div>
<div class="form-group pmd-textfield pmd-textfield-floating-label">
<label for="inputError1" class="control-label pmd-input-group-label">企业帐号</label>
<div class="input-group">
<div class="input-group-addon"><i class="material-icons md-dark pmd-sm">perm_identity</i></div>
<input type="text" class="form-control" name="qyusername" id="exampleInputAmount">
</div>
</div>
<div class="form-group pmd-textfield pmd-textfield-floating-label">
<label for="inputError1" class="control-label pmd-input-group-label">用户密码</label>
<div class="input-group">
```

```
<div class="input-group-addon"><i class="material-icons md-dark pmd-sm">lock</i></div>
<input type="password" class="form-control" name="password" id="exampleInputAmount">
</div>
</div>

<div class="form-group pmd-textfield pmd-textfield-floating-label">
<label for="inputError1" class="control-label pmd-input-group-label">再次输入密码</label>
<div class="input-group">
<div class="input-group-addon"><i class="material-icons md-dark pmd-sm">lock_outline</i></div>
<input type="password" class="form-control" name="confirmPassword" id="exampleInputAmount">
</div>
</div>
<!--<div class="form-group pmd-textfield pmd-textfield-floating-label">
<label for="inputError1" class="control-label pmd-input-group-label">密保邮箱</label>
<div class="input-group">
<div class="input-group-addon"><i class="material-icons md-dark pmd-sm">email</i></div>
<input type="email" class="form-control" id="exampleInputAmount">
</div>
</div>-->
<div class="verification-body">
<div class="form-group pmd-textfield pmd-textfield-floating-label verification-code-width">
<label for="inputError1" class="control-label pmd-input-group-label">密保邮箱</label>
<div class="input-group">
<div class="input-group-addon"><i class="material-icons md-dark pmd-sm">email</i></div>
<input type="text" class="form-control" name="email" id="regist-email">

</div>
```

```
</div>
<div class="div-email">
<a href="javascript:;" class="send1" >发送验证码</a><!-- onclick="sends.send();" -->
</div>
</div>
<div class="form-group pmd-textfield pmd-textfield-floating-label">
<!-- <label for="inputError1" class="control-label pmd-input-group-label">验证码</label> -->
<div class="input-group">
<div class="input-group-addon"><i class="material-icons md-dark pmd-sm">comment</i></div>
<input type="text" class="form-control" id="MyYzm" name="yzm">
</div>
</div>
<!--数字加法验证-->
<div class="form-group pmd-textfield">
<label class="col-lg-3 control-label" id="captchaOperation"></label>
<div class="col-lg-2 input-group">
<input type="text" class="form-control captcha-input" name="captcha" style="font-size: 18px;padding-bottom: 0px;" />
</div>
</div>
</div>
<div class="pmd-card-footer card-footer-no-border card-footer-p16 text-center">
<input  type="submit" class="btn pmd-ripple-effect btn-primary btn-block" value="注册">
<p class="redirection-link">已经有账户了？<a href="javascript:void(0);" class="register-login">登录</a>. </p>
</div>
</form>
```

```
</div>
<script src="../assets/js/jquery-1.12.2.min.js"></script>
<script src="../assets/js/bootstrap.min.js"></script>
<script src="../assets/js/propeller.min.js"></script>
<script src="../assets/js/bootstrapValidator.js"></script>
<script>
        $(document).ready(function() {
            var sPath = window.location.pathname;
            var sPage = sPath.substring(sPath.lastIndexOf('/') + 1);
            $(".pmd-sidebar-nav").each(function() {
                $(this).find("a[href='" + sPage + "']").parents(".dropdown").addClass("open");
                $(this).find("a[href='" + sPage + "']").parents(".dropdown").find('.dropdown-menu').css("display", "block");
                $(this).find("a[href='" + sPage + "']").parents(".dropdown").find('a.dropdown-toggle').addClass("active");
                $(this).find("a[href='" + sPage + "']").addClass("active");
            });
        });
</script>
<!-- login page sections show hide -->
<script type="text/javascript">
        $(document).ready(function() {
            $('.app-list-icon li a').addClass("active");
            $(".login-for").click(function() {
                $('.login-card').hide()
                $('.forgot-password-card').show();
            });
            $(".signin").click(function() {
                $('.login-card').show()
                $('.forgot-password-card').hide();
            });
        });
</script>
<!--控制三个面板的显示和隐藏-->
```

```
<script type="text/javascript">
      $(document).ready(function() {
          $(".login-register").click(function() {
              $('.login-card').hide()
              $('.forgot-password-card').hide();
              $('.register-card').show();
          });
          $(".register-login").click(function() {
              $('.register-card').hide()
              $('.forgot-password-card').hide();
              $('.login-card').show();
          });
          $(".forgot-password").click(function() {
              $('.login-card').hide()
              $('.register-card').hide()
              $('.forgot-password-card').show();
          });
      });
</script>
    <script type="text/javascript">
        $(document).ready(function(){
htmlobj=$.ajax({url:"/practiceSystem/Login/IndetifyCodeServlet",async:false});
                $("#vcinAction").html(htmlobj.responseText);
                $("#vchidden").val(htmlobj.responseText);
        });
        $("#vcinAction").click(function(){
htmlobj=$.ajax({url:"/practiceSystem/Login/IndetifyCodeServlet",async:false});
                $("#vcinAction").html(htmlobj.responseText);
                $("#vchidden").val(htmlobj.responseText);
          })
    </script>
<script src="../assets/js/login.js"></script>
```

其运行效果如图 2-24 所示。

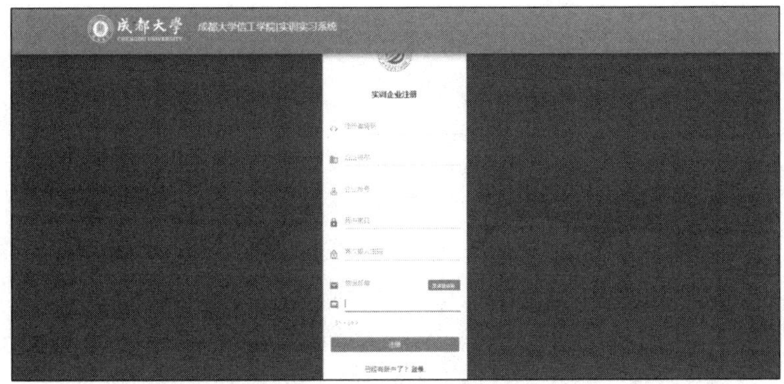

图 2-24　企业注册页面

2.Servlet 核心代码

此功能的实现调用了两个 servlet，一个为 SendEmailServlet，负责接收邮箱并发送验证码；另一个为 RegistCompanyServlet，负责重置密码。

SendEmailServlet

```
package cn.edu.cdu.practice.servlet;
import java.io.IOException;
import java.io.PrintWriter;
import java.util.List;
import javax.servlet.ServletException;
import javax.servlet.annotation.WebServlet;
import javax.servlet.http.HttpServlet;
import javax.servlet.http.HttpServletRequest;
import javax.servlet.http.HttpServletResponse;
import cn.edu.cdu.practice.model.MailboxVerification;
import cn.edu.cdu.practice.service.CompanyService;
import cn.edu.cdu.practice.service.impl.CompanyServiceImpl;
import cn.edu.cdu.practice.utils.EmailUtils;
import cn.edu.cdu.practice.utils.IdentifyCodeUtils;
@WebServlet("/Login/SendMailServlet")
public class SendMailServlet extends HttpServlet {
    private static final long serialVersionUID = 1L;
    public SendMailServlet() {
        super();
    }
    protected void service(HttpServletRequest request, HttpServletResponse response) throws ServletException, IOException {
```

```
        String mbemail = request.getParameter("mbemail");
        CompanyService companyService = new CompanyServiceImpl();
        PrintWriter out = response.getWriter();
            String emailFrom = "mailbox@mailbox";
            String pwd = "password";
            String identifyCode = IdentifyCodeUtils.getCode();
            System.out.println("验证码是:"+identifyCode);
            EmailUtils.sendMail(mbemail, 1, identifyCode);
            MailboxVerification mailboxVerification=new MailboxVerification(mbemail, 1, identifyCode);
            if (companyService.setMail_verification(mailboxVerification)) {
                out.write(identifyCode);
            }
            else
                out.write("error");
        }
    }
}
```

RegistCompanyServlet

```
package cn.edu.cdu.practice.servlet;
import java.io.IOException;
import javax.servlet.ServletException;
import javax.servlet.annotation.WebServlet;
import javax.servlet.http.HttpServlet;
import javax.servlet.http.HttpServletRequest;
import javax.servlet.http.HttpServletResponse;
import cn.edu.cdu.practice.service.CompanyService;
import cn.edu.cdu.practice.service.impl.CompanyServiceImpl;
import cn.edu.cdu.practice.utils.Log4jUtils;
@WebServlet("/EnterpriseManagement/RegistCompanyServlet")
public class RegistCompanyServlet extends HttpServlet {
    private static final long serialVersionUID = 1L;
   public RegistCompanyServlet() {
      super();
   }
    protected void service(HttpServletRequest request, HttpServletResponse response) throws ServletException, IOException {
```

```
        request.setCharacterEncoding("UTF-8");
        String rscode = request.getParameter("rscode");
        String qyname = request.getParameter("qyname");
        String qyusername = request.getParameter("qyusername");
        String password = request.getParameter("password");
        String email = request.getParameter("email");
        String yzm = request.getParameter("yzm");
        try {
            CompanyService companyService = new CompanyServiceImpl();
            if (companyService.registerCompanyInfo(qyusername, qyname, email, password, rscode, yzm)) {
CompanyService companyService = new CompanyServiceImpl();
            if (companyService.registerCompanyInfo(qyusername, qyname, email, password, rscode, yzm)) {
                response.sendRedirect("/practiceSystem/Login/login.jsp");
                return;
            }else {
                response.sendRedirect("http://202.115.82.8:8080/404.jsp");
                //request.getRequestDispatcher("/404.html").forward(request, response);
                return ;
            }
        } catch(Exception e) {
            Log4jUtils.info(e.getMessage());
            response.sendRedirect("http://202.115.82.8:8080/404.jsp");
            return ;
        }
    }

}
```

3.业务逻辑层核心代码

处理具体业务逻辑的代码在 companyServiceImpl 类中定义，实际的数据库操作在 CompanyDaoImpl 中定义。为了保证团队开发的效率，先在 companyService 和 CompanyDao 接口中进行了方法的申明。

companyService

```
package cn.edu.cdu.practice.service;
import java.util.List;
import cn.edu.cdu.practice.model.Company;
import cn.edu.cdu.practice.model.MailboxVerification;
public interface CompanyService {
    /**
     * <p>Title: registerCompanyInfo</p>
     * <p>Description: 该接口方法主要处理公司注册</p>
     * @param company Company 实体类的对象引用
     * @return 返回注册成功与否的标志，成功返回 true，失败返回 false
     */
    boolean registerCompanyInfo(String username,String companyName,String mailbox,String password,
            String invideCode,String yzm);
…
}
```

companyServiceImpl

```
import cn.edu.cdu.practice.utils.MdPwdUtil;
import cn.edu.cdu.practice.utils.ValidateUtils;
public class CompanyServiceImpl implements CompanyService{
    private CompanyDao companyDao = new CompanyDaoImpl();
    /**
     * 处理公司注册的业务逻辑
     */
    public boolean registerCompanyInfo(String username,StringcompanyName,String mailbox,String password,
            String invideCode,String yzm) {
        try {
            //获取 MailboxVerification 和 SystemParameter，查看验证码以及邀请码是否正确
            SystemParameter systemParameter = this.companyDao.systemParameter(invideCode);
```

```
            //数据库中没有这两个对象，直接返回 false
            if (systemParameter == null) {
                System.out.println("没有邀请码");
                return false;
            }
            else {
                //得到的 MailboxVerification 的验证码和页面验证码不一致，返回 false
                    String mdPwd = MdPwdUtil.MD5Password(password);
                    Company company = new Company();
                    company.setUsername(username);
                    company.setCompanyName(companyName);
                    company.setMailbox(mailbox);
                    company.setPassword(mdPwd);
                    company.setContacts("");
                    company.setPhone("");
                    return this.companyDao.registerCompanyInfo(company);
            }
        }catch(Exception e) {
            Log4jUtils.info(e.getMessage());
            return false;
        }
…
    }
```

CompanyDao

```
package cn.edu.cdu.practice.dao;
import java.util.List;
import cn.edu.cdu.practice.model.Company;
import cn.edu.cdu.practice.model.MailboxVerification;
import cn.edu.cdu.practice.model.SystemParameter;
public interface CompanyDao {
    /**
     * <p>Title: registerCompanyInfo</p>
     * <p>Description: 该接口方法主要处理公司注册</p>
     * @param company Company 实体类的对象引用
     * @return 返回注册成功与否的标志，成功返回 true，失败返回 false
```

```
    */
    boolean registerCompanyInfo(Company company);
…
}
```

CompanyDaoImpl

```
package cn.edu.cdu.practice.dao.impl;
import java.sql.Connection;
import java.sql.Date;
import java.sql.PreparedStatement;
import java.sql.ResultSet;
import java.sql.SQLException;
import java.sql.Statement;
import java.util.ArrayList;
import java.util.List;
import cn.edu.cdu.practice.dao.CompanyDao;
import cn.edu.cdu.practice.model.Company;
import cn.edu.cdu.practice.model.MailboxVerification;
import cn.edu.cdu.practice.model.SystemParameter;
import cn.edu.cdu.practice.utils.DbUtils;
public class CompanyDaoImpl implements CompanyDao{
    /**
     * 企业注册
     */
    public boolean registerCompanyInfo(Company company) {
        //获取数据库连接
        Connection connection = DbUtils.getConnection();
        String registSql = "insert into company(username,company_name,
mailbox,password,contacts,phone) values(?,?,?,?,?,?)";
        PreparedStatement ps = null ;
        try {
            connection.setAutoCommit(false);//设置手动提交事务
            ps = connection.prepareStatement(registSql);
            ps.setString(1, company.getUsername());
            ps.setString(2, company.getCompanyName());
            ps.setString(3, company.getMailbox());
            ps.setString(4, company.getPassword());
            ps.setString(5, company.getContacts());
            ps.setString(6, company.getPhone());
```

```
            ps.execute();
            connection.commit();//提交事务
            return true ;
        } catch (Exception e) {
            e.printStackTrace();
            if (connection != null) {
                try {
                    connection.rollback();
                } catch (Exception e1) {
                    e1.printStackTrace();
                }
            }
            return false ;
        } finally {
            //每次操作之后必须关闭连接
            DbUtils.closeConnection(connection, ps);
        }
    }
…
}
```

2.8　课 后 练 习

1.服务方法（如 doPost()）的 servlet 代码如何从请求获得“User-Agent”首部的值____

A. String　userAgent=request.getParameter（“User-Agent”）;

B. String userAgent=request.getHeader（“User-Agent”）;

C. String userAgent=request.getRequestHeader（“Mozilla”）;

D. String userAgent=getServletContext.getInitParameter（“User-Agent”）;

2.HttpServletResponse 的哪些方法用于将一个 HTTP 请求重定向到另一个 URL?____

A. sendURL()　　B. redirectHttp()

C. sendRedirect()　　D. getRequestDispatcher()

3.以下哪个代码会得到一个二进制流，用于向 HttpServletResponse 写一个图像或其他二进制类型的内容_____

A. PrintWriter　out=response.getWriter();

B. ServletOutputStream　out=response.getOutputSream();

C. PrintWriter　out=new PrintWriter(response.getWriter());

D. ServletOutputStream　out=response.getBinarySream();

4.下列关于 Servlet 生命周期的说法正确的是_____

A. 构造方法只会调用一次，在容器启动时调用

B. init()方法只会调用一次

C. service()方法在每次请求此 Servlet 时都会被调用

D. destroy()方法在每次请求完毕时会被调用

5.下列 servlet 开发人员在扩展 HttpServlet 时如何处理 HttpServlet 的 service()方法______

A. 大多数情况下都应当覆盖 service()方法

B. 应当从 doGet()或 doPost()调用 service()方法

C. 应当从 init()方法调用 service()方法

D. 至少应当覆盖一个 doXXX()方法(如 doPost())

6.针对下述 JSP 页面，在 Servlet 中需要得到用户选择的爱好的数量，最合适的代码是______

```
<input type="checkbox" name="channel" value="网络"/>网络；
<input type="checkbox" name="channel" value="朋友推荐"/>朋友推荐；
<input type="checkbox" name="channel" value="报纸"/>报纸；
<input type="checkbox" name="channel" value="其他"/>其他；
```

A. request.getParameter(“aihao”).length

B. request.getParameter(“aihao”).size

C. request.getParameterValues(“aihao”).length

D. request.getParameterValues(“aihao”).size

7.用户使用 POST 方式提交的数据中存在汉字(使用 GBK 字符集)，在 Servlet 中需要使用下面_____个语句处理。

A. request.setCharcterEncoding(“GBK”);

B. request.setContentType(“text/html;charset=GBK”);

C. reponse.setCharcterEncoding(“GBK”);

D. response.setContentType(“text/html;charset=GBK”);

8.下列关于 Cookie 的说法正确的是________

A. Cookie 保存在客户端

B. Cookie 可以被服务器修改

C. Cookie 中可以保存任意长度的文本

D. 浏览器可以关闭 Cookie 功能

9.写入和读取 Cookie 的代码分别是_B______

A. request.addCookies()和 response.getCookies();

B. response.addCookie()和 request.getCookie();

C. response.addCookies()和 request.getCookies();

D. response.addCookie()和 request.getCookies();

10.HttpServletRequest 的_______方法可以得到会话。

A. getSession()　　　　B. getSession(Boolean)

C. getRequestSession();　　　　D. getHttpSession();

11.下列选项中可以关闭会话的是_______

A. 调用 HttpSession 的 close 方法

B. 调用 HttpSession 的 invalidate() 方法

C. 等待 HttpSession 超时

D. 调用 HttpServletRequest 的 getSession(false) 方法

12.在 HttpSession 中写入和读取数据的方法是_____

A. setParameter() 和 getParameter()

B. setAttributer() 和 getAttribute()

C. addAttributer() 和 getAttribute()

D. set() 个 get()

13.下列关于 ServletContext 的说法正确的是______

A. 一个应用对应一个 ServletContext

B. ServletContext 的范围比 Session 的范围要大

C. 第一个会话在 ServletContext 中保存了数据，第二个会话读取不到这些数据

D. ServletContext 使用 setAttributer() 和 getAttribute() 方法操作数据

14.关于 HttpSession 的 getAttibute() 和 setAttribute() 方法，正确的说法是______

A. getAttributer() 方法返回类型是 String

B. getAttributer() 方法返回类型是 Object

C. setAttributer() 方法保存数据时如果名字重复会抛出异常

D. setAttributer() 方法保存数据时如果名字重复会覆盖以前的数据

2.9　实践练习

1.训练目标：熟练创建及配置 Servlet

培养能力	工程能力、设计/开发解决方案		
掌握程度	★★★★	难度	中
结束条件	独立编写，运行出结果		

训练内容：

(1) 创建一个 Servlet，在里面利用 GET 请求获取并输出系统当前日期和时间

(2) 使用@WebServlet 对 Servlet 进行声明配置

2.训练目标：利用 Servlet 进行数据转发

培养能力	工程能力、设计/开发解决方案		
掌握程度	★★★★★	难度	中
结束条件	独立编写，运行出结果		

训练内容：

(1) 创建一个带 Form 的页面，接受用户的信息输入，然后用 post 方法传递给后台 Servlet

(2) 创建一个 Servlet，接受前台的用户信息，然后在页面中进行呈现

3.训练目标：区分请求转发与重定向

培养能力	工程能力、设计/开发解决方案		
掌握程度	★★★★	难度	中
结束条件	独立编写，运行出结果		

训练内容：

(1) 创建两个 Servlet，一个使用请求转发方式，一个使用重定向方式向 request 对象放入一个有值的属性

(2) 创建一个 Servlet，获取 request 对象中该属性的值，并显示出来

第 3 章　Servlet 核心接口

本章目标

知识点	理解	掌握	应用
1.ServletConfig 接口	✓	✓	✓
2.ServletContext 接口	✓	✓	✓
3.HttpServletRequest 接口	✓	✓	✓
4. HttpServletResponse 接口	✓	✓	
5.中文乱码的解决	✓	✓	✓

项目任务

完成成都大学信息科学与工程学院实训系统项目的忘记密码的设计任务：

- 项目任务 3-1 忘记密码

知识能力点

知识点能力点	知识点 1	知识点 2	知识点 3	知识点 4	知识点 5
工程知识	✓	✓	✓	✓	✓
问题分析					
设计/开发解决方案	✓	✓	✓	✓	✓
研究					✓
使用现代工具					
工程与社会					
环境和可持续发展					
职业规范					
个人和团队					
沟通					
项目管理					
终身学习	✓	✓	✓	✓	

在 Servlet 体系结构中，有一些辅助 Servlet 获取相关资源信息的重要接口，这些接口是进行 Web 应用开发的基础。常用的接口主要有如下几种。

ServletConfig 接口：用于获取 Servlet 初始化参数和 ServletContext 对象。

ServletContext 接口：代表当前 Servlet 运行环境，通过此对象可以访问 Servlet 容器中的各种资源。

HttpServletRequest 接口：用于封装 HTTP 请求信息。

HttpServletResponse 接口：用于封装 HTTP 响应信息。

提示：

- 这些接口中的方法会在 Servlet 容器中进行实现，读者如果感兴趣，可以下载自己所用 Servlet 容器的源代码，分析里面对这些接口的实现。

3.1 ServletConfig 接口

ServletConfig 接口位于 javax.servlet 包中，其定义为：

Public interface ServletConfig

当Servlet容器初始化一个Servlet对象时，会为这个Servlet对象创建一个ServletConfig对象。在 ServletConfig 对象中包含了 Servlet 的初始化参数信息，此外，ServletConfig 对象还与当前 Web 应用的 ServletContext 对象关联。Servlet 容器在调用 Servlet 对象的 init(ServletConfig config)方法时，会把 ServletConfig 对象作为参数传给 Servlet 对象，init(ServletConfig config)方法会使得当前 Servlet 对象与ServletConfig对象之间建立关联关系。

ServletConfig 接口中的主要方法如表 3-1 所示。

表 3-1 ServletConfig 接口的主要方法

方法	方法描述
getInitParameter(String name)	根据给定的初始化参数名，返回匹配的初始化参数值
getInitParameterNames()	返回一个 Enumeration 对象，里面包含了所有的初始化参数名
getServletContext()	返回一个 ServletContext 对象
getServletName()	返回 Servlet 的名字，即@WebServlet 的 name 属性值或 web.xml 文件中相应<servlet>元素的<servlet-name>子元素的值。如果没有配置这个属性，则返回 Servlet 类的全限定名

使用 ServletConfig 接口中的方法主要可以访问两项内容：Servlet 初始化参数和ServletContext 对象。前者通常从 Servlet 的配置属性中读取，后者为 Servlet 提供有关容器的信息。

在实际应用中，经常会遇到一些随需求不断变更的信息。例如数据库的连接地址、账号和密码等。如果将这些信息写入 Servlet 类中，那么当用户修改了这些信息时，就需要将 Servlet 重新编译，从而大大降低系统的可维护性。这时，可以采用 Servlet 初始化参数配置来解决这个问题。

【示例 3-1】web.xml

```
<?xml version="1.0" encoding="UTF-8"?>
```

```
<web-app xmlns:xsi="http://www.w3.org/2001/XMLSchema-instance"
xmlns="http://xmlns.jcp.org/xml/ns/javaee"
xsi:schemaLocation="http://xmlns.jcp.org/xml/ns/javaee
http://xmlns.jcp.org/xml/ns/javaee/web-app_3_1.
xsd" id="WebApp_ID" version="3.1">

<display-name>chapter3</display-name>
<servlet>
<servlet-name>DBConnectionServlet</servlet-name>
<servlet-class>cn.edu.cdu.servlet.DBConnectionServlet</servlet-
class>
<init-param>
    <param-name>url</param-name>
    <param-value>jdbc:mysql://lacalhost:3306/testDB</param-value>
</init-param>
<init-param>
    <param-name>username</param-name>
    <param-value>admin</param-value>
</init-param>
<init-param>
    <param-name>password</param-name>
    <param-value>test</param-value>
</init-param>
</servlet>
<servlet-mapping>
    <servlet-name>DBConnectionServlet</servlet-name>
    <url-pattern>/DBConnectionServlet</url-pattern>
</servlet-mapping>
</web-app>
```

【示例 3-2】DBConnectionServlet.java

```
package cn.edu.cdu.servlet;
import java.io.IOException;
import javax.servlet.ServletConfig;
import javax.servlet.ServletException;
import javax.servlet.annotation.WebInitParam;
import javax.servlet.annotation.WebServlet;
import javax.servlet.http.HttpServlet;
import javax.servlet.http.HttpServletRequest;
```

```java
import javax.servlet.http.HttpServletResponse;
public class DBConnectionServlet extends HttpServlet {
     private static final long serialVersionUID = 1L;
    private String url;
    private String username;
    private String password;
    public DBConnectionServlet() {
        super();
    }
     public void init(ServletConfig config) throws ServletException {
         url = config.getInitParameter("url");
         username = config.getInitParameter("username");
         password = config.getInitParameter("password");
     }
     protected void service(HttpServletRequest req, HttpServletResponse resp) throws ServletException, IOException {
         System.out.println(url+username+password);
     }
}
```

通过在 web.xml 的 initParam 节点设置数据库连接所需的值，DBConnectionServlet 可以在 init()方法中利用 ServletConfig 对象获取这些值，从而便于后面对数据库的操作。今后一旦用户修改了数据库连接所需的值，维护人员可以直接在 web.xml 中进行更改，不需要再对 DBConnectionServlet 进行修改和编译，从而降低了代码的维护工作量。

3.2 ServletContext 接 口

ServletContext 位于 javax.servlet 包中，其定义为：

```java
public interface ServletContext
```

ServletContext(Servlet 上下文)是一个全局的储存信息的空间。服务器开始运行，它就存在，服务器关闭，它才释放。一个用户可有多个 request，一个 session。而 servletContext 则是所有用户共用一个。所以，为了节省空间，提高效率，ServletContext 中最好只放必需的、重要的、所有用户需要共享的一些信息。例如，做一个购物类的网站，要从数据库中提取物品信息，如果用 session 保存这些物品信息，每个用户都访问一遍数据库，效率就太低了，所以要用 Servlet 上下文来保存。在服务器开始时，就访问数据库，将物品信息存入 Servlet 上下文中，这样，每个用户只用从上下文中读入物品信息就行了。

获取 ServletContext 对象可以通过以下两种方式：

- 通过 ServletConfig 接口的 getServletContext()方法获得 ServletContext 对象。

- 通过 GenericServlet 抽象类的 getServletContext() 方法获得 ServletContext 对象，实质上该方法也调用了 ServletConfig 的 getServletContext() 方法。

ServletContext 接口提供了以下几种类型的方法：

- 获取 Web 应用范围的初始化参数；
- 获取应用域属性的方法；
- 获取当前 Web 应用信息的方法；
- 获取当前容器信息和输出日志的方法；
- 获取服务器端文件资源的方法。

3.2.1 获取 Web 应用范围的初始化参数

利用 ServletContext 获取初始化参数与 ServletConfig 获取初始化参数类似，但 ServletContext 初始化参数是对整个 web 应用，而 ServletConfig 初始化参数只对应一个 servlet。在 web 应用的整个生命周期中上下文初始化参数都存在，任意的 servlet 和 jsp 都可以随时随地访问它。

ServletContext 接口提供的获取初始化参数的方法如表 3-2 所示。

表 3-2 ServletContext 接口获取 Web 应用范围的初始化参数的方法

方法	方法描述
StringgetInitParameter(String name)	返回 Web 应用范围内指定的初始化参数值。在 web.xml 中使用 <context-param>元素表示应用范围内的初始化参数
EnumerationgetInitParameterNames(String name)	返回一个包含所有初始化参数名称的 Enumeration 对象

下面通过一个实例演示如何通过 ServletContext 获取整个 Web 应用的公司名称和地址信息。

【示例 3-3】web.xml

```
<?xml version="1.0" encoding="UTF-8"?>
<web-app xmlns:xsi=http://www.w3.org/2001/XMLSchema-instance
 xmlns="http://xmlns.jcp.org/xml/ns/javaee"
xsi:schemaLocation="http://xmlns.jcp.org/xml/ns/javaee
http://xmlns.jcp.org/xml/ns/javaee/web-app_3_1.xsd" id="WebApp_ID"
version="3.1">
<display-name>chapter3</display-name>
<context-param>
<param-name>companyName</param-name>
<param-value>Chengdu University</param-value>
</context-param>
<context-param>
```

```
<param-name>address</param-name>
<param-value>chengdu shilin town</param-value>
</context-param>
<servlet>
<servlet-name>ContextInitParamServlet</servlet-name>
<servlet-class>cn.edu.cdu.servlet.ContextInitParamServlet</servlet-class>
</servlet>
<servlet-mapping>
<servlet-name>ContextInitParamServlet</servlet-name>
<url-pattern>/ContextInitParamServlet</url-pattern>
</servlet-mapping>
</web-app>
```

【示例 3-4】 ContextInitParamServlet.java

```
package cn.edu.cdu.servlet;
import java.io.IOException;
import java.io.PrintWriter;
import java.util.Enumeration;
import javax.servlet.ServletException;
import javax.servlet.annotation.WebServlet;
import javax.servlet.http.HttpServlet;
import javax.servlet.http.HttpServletRequest;
import javax.servlet.http.HttpServletResponse;
//@WebServlet("/ContextInitParamServlet")
public class ContextInitParamServlet extends HttpServlet {
    private static final long serialVersionUID = 1L;
    public ContextInitParamServlet() {
        super();
    }
    protected void service(HttpServletRequest request, HttpServletResponse response) throws ServletException, IOException {
        response.setContentType("text/html;charset=UTF-8");
        Enumeration<String> paramNames =
         super.getServletContext().getInitParameterNames();
        String companyName =
         super.getServletContext().getInitParameter("companyName");
        String address = super.getServletContext().getInitParameter("address");
```

```
        PrintWriter out = response.getWriter();
        out.println("当前 Web 应用的所有初始化参数");
        while(paramNames.hasMoreElements()){
            String name = paramNames.nextElement();
            out.println(name+" ");
        }
        out.println("<p>companyName="+companyName+"</p>");
        out.println("<p>address="+address+"</p>");
    }
}
```

启动服务器，在浏览器中输入 http://localhost:8080/chapter3/ContextInitParamServlet，其运行结果如图 3-1 所示。

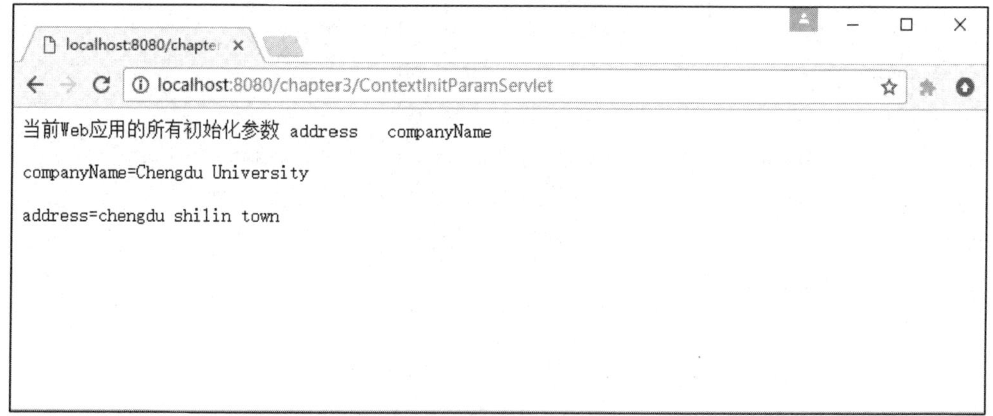

图 3-1　ContextInitParamServlet 运行结果

3.2.2　获取应用域属性

由于一个 Web 应用中的所有 Servlet 共享同一个 ServletContext 对象，因此 ServletContext 对象的域属性可以被该 Web 应用中的所有 Servlet 访问。在 ServletContext 接口中定义了分别用于增加、删除、设置 ServletContext 域属性的四种方法，如表 3-3 所示。

表 3-3　ServletContext 接口中定义的四种方法

方法	方法描述
EnumerationgetAttributeNames()	返回一个 Enumeration 对象，该对象包含所有存放在 ServletContext 中的所有域属性名
Object getAttribute(String name)	根据参数指定的属性名返回一个与之匹配的域属性值
void removeAttribute(String name)	根据参数指定的域属性名，从 ServletContext 中删除匹配的域属性
void setAttribute(String name, Object obj)	设置 ServletContext 的域属性，其中 name 是域属性名，obj 是域属性值

提示：

- 应用域具有以下两层含义：一是表示由 Web 应用的生命周期构成的时间段；二是表示在 Web 应用范围内的可访问性。

下面通过一个例子演示应用域属性的存取方法。

【示例 3-5】ContextAttributeServlet.java

```
package cn.edu.cdu.servlet;
import java.io.IOException;
import java.io.PrintWriter;
import javax.servlet.ServletContext;
import javax.servlet.ServletException;
import javax.servlet.annotation.WebServlet;
import javax.servlet.http.HttpServlet;
import javax.servlet.http.HttpServletRequest;
import javax.servlet.http.HttpServletResponse;
@WebServlet("/ContextAttributeServlet")
public class ContextAttributeServlet extends HttpServlet {
    private static final long serialVersionUID = 1L;
    public ContextAttributeServlet() {
        super();
    }
    protected void service(HttpServletRequest request, HttpServletResponse response) throws ServletException, IOException {
        response.setContentType("text/html;charset=UTF-8");
        ServletContext con = this.getServletContext();
        con.setAttribute("data", "ContextAttributeServlet 中的共享数据在此");
        PrintWriter out = response.getWriter();
        out.println("<p>在此 servlet 中给域属性 data 赋值"+"</p>");
    }
}
```

【示例 3-6】ContextAttributeServlet1.java

```
package cn.edu.cdu.servlet;
import java.io.IOException;
import java.io.PrintWriter;
import javax.servlet.ServletContext;
import javax.servlet.ServletException;
```

```
import javax.servlet.annotation.WebServlet;
import javax.servlet.http.HttpServlet;
import javax.servlet.http.HttpServletRequest;
import javax.servlet.http.HttpServletResponse;
@WebServlet("/ContextAttributeServlet1")
public class ContextAttributeServlet1 extends HttpServlet {
    private static final long serialVersionUID = 1L;
   public ContextAttributeServlet1() {
       super();
    }
    protected void service(HttpServletRequest request,
HttpServletResponse response) throws ServletException, IOException {
        response.setContentType("text/html;charset=UTF-8");
        ServletContext con = this.getServletContext();
        String data = (String) con.getAttribute("data");
        PrintWriter out = response.getWriter();
        out.println("<p>域属性为：" + data + "</p>");
    }
}
```

启动服务器后，先在浏览器中输入 http://localhost:8080/chapter3/ContextAttributeServlet，然后输入 http://localhost:8080/chapter3/ContextAttributeServlet1，其运行效果如图 3-2 所示。

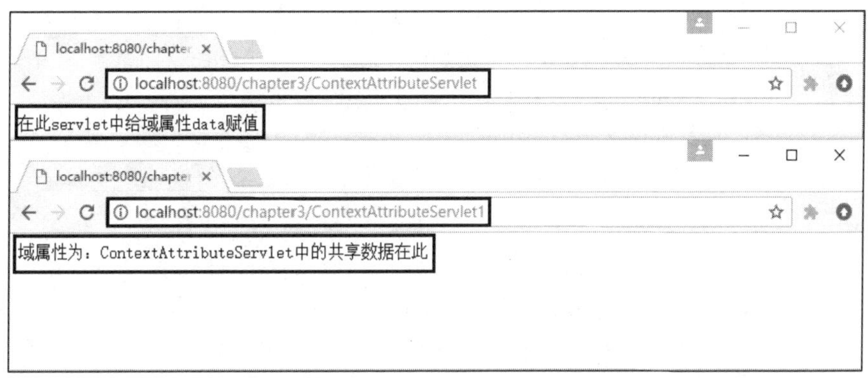

图 3-2　ContextAttributeServlet 与 ContextAttributeServlet1 运行效果

3.2.3　获取当前 Web 应用信息

ServletContext 对象还包含有关 Web 应用的信息，例如：当前 Web 应用的根路径、应用的名称、应用组件的转发以及容器下其他 Web 应用的 ServletContext 对象等，其主要方法如表 3-4 所示。

表 3-4 访问当前 Web 应用信息的方法

方法	方法描述
String getContextPath()	返回当前 Web 应用的根路径
String getServletContextName()	返回 Web 应用的名字。即<web-app>元素中<display-name>元素的值
RequestDispatcherget RequestDispatcher(String path)	返回一个用于和其他 Web 组件转发请求的 RequestDispatcher 对象
ServletContextgetContext(String uripath)	根据参数指定的 URL 返回当前 Servlet 容器中其他 Web 应用的 ServletContext 对象，URL 必须是以“/”开头的绝对路径

【示例 3-7】ContextAppInfoServlet.java

```
package cn.edu.cdu.servlet;
import java.io.IOException;
import java.io.PrintWriter;
import javax.servlet.RequestDispatcher;
import javax.servlet.ServletContext;
import javax.servlet.ServletException;
import javax.servlet.annotation.WebServlet;
import javax.servlet.http.HttpServlet;
import javax.servlet.http.HttpServletRequest;
import javax.servlet.http.HttpServletResponse;
@WebServlet("/ContextAppInfoServlet")
public class ContextAppInfoServlet extends HttpServlet {
    private static final long serialVersionUID = 1L;

    public ContextAppInfoServlet() {
        super();
    }
protected void service(HttpServletRequest request, HttpServletResponse response) throws ServletException, IOException {
        response.setContentType("text/html;charset=UTF-8");
        ServletContext con = super.getServletContext();
        //获取当前Web应用的上下文根路径
        String contextPath = con.getContextPath();
        //获取当前Web应用的名称
        String contextName = con.getServletContextName();
        PrintWriter out = response.getWriter();
        out.println("<p>当前Web应用的上下文根路径是: " + contextPath + "</p>");
        out.println("<p>当前Web应用的名称是: " + contextName + "</p>");
```

```
            out.flush();
            out.close();
        }
}
```

启动服务器，在浏览器中输入：http://localhost:8080/chapter3/ContextAppInfoServlet，运行结果如 3-3 所示。

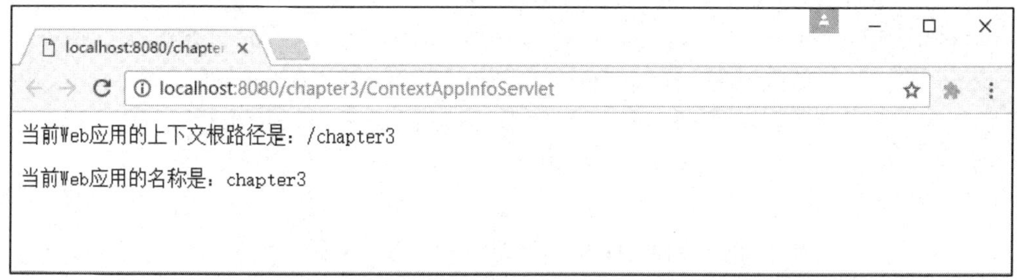

图 3-3 ContextAppInfoServlet 运行结果

3.2.4 获取当前容器信息

ServletContext 接口还提供了获取有关容器信息和想容器输出日志的方法，如表 3-5 所示。

表 3-5 ServletContext 接口获取容器信息和输出日志的方法

方法	方法描述
String getServerInfo()	返回 Web 容器的名字和版本
Int getMajorVersion ()	返回 Web 容器支持的 Servlet API 主版本号
Int getMinorVersion()	返回 Web 容器支持的 Servlet API 次版本号
void log(String msg)	用于记录一般的日志
void log(String message, Throwable throw)	用于记录异常的堆栈日志

【示例 3-8】ContextLogInfoServlet.java

```
package cn.edu.cdu.servlet;
import java.io.IOException;
import java.io.PrintWriter;
import javax.servlet.ServletContext;
import javax.servlet.ServletException;
import javax.servlet.annotation.WebServlet;
import javax.servlet.http.HttpServlet;
import javax.servlet.http.HttpServletRequest;
import javax.servlet.http.HttpServletResponse;
```

```
@WebServlet("/ContextLogInfoServlet")
public class ContextLogInfoServlet extends HttpServlet {
    private static final long serialVersionUID = 1L;
    public ContextLogInfoServlet() {
        super();
    }
    protected void service(HttpServletRequest request,
HttpServletResponse response) throws ServletException, IOException {
        response.setContentType("text/html;charset=UTF-8");
        ServletContext con = super.getServletContext();
        //获取 Web 容器的名称和版本号
        String serverInfo = con.getServerInfo();
        //获取 Web 容器支持的 Servlet API 主版本号
        int majorVersion = con.getMajorVersion();
        //获取 Web 容器支持的 Servlet API 次版本号
        int minorVersion = con.getMinorVersion();
        con.log("自定义日志信息");
        con.log("自定义错误日志信息", new Exception("异常堆栈信息"));
        PrintWriter out = response.getWriter();
        out.println("<p>Web 容器的名称和版本号：" + serverInfo + "</p>");
        out.println("<p>Web 容器支持的 Servlet API 主版本号：" +
majorVersion + "</p>");
        out.println("<p>Web 容器支持的 Servlet API 次版本号：" +
minorVersion + "</p>");
        out.flush();
        out.close();
    }
}
```

启动服务器，在浏览器中输入 http://localhost:8080/chapter3/ContextLogInfoServlet，其运行效果如图 3-4 所示。

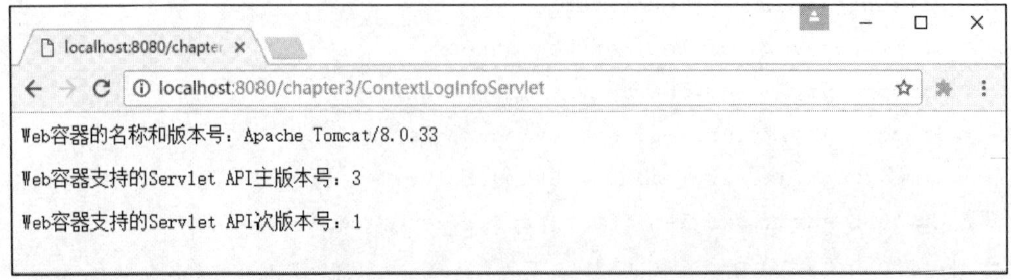

图 3-4 ContextLogInfoServlet 运行效果

ContextLogInfoServlet 中记录的日志信息在 Tomcat 服务器控制台的显示效果如图 3-5 所示。

```
Markers  Properties  Servers  Data Source Explorer  Snippets  Console
Tomcat v8.0 Server at localhost [Apache Tomcat] C:\Program Files\Java\jre1.8.0_102\bin\javaw.exe (2017年2月9日 上午11:10:08)
二月 09, 2017 11:22:09 上午 org.apache.catalina.core.ApplicationContext log
信息: 自定义日志信息
二月 09, 2017 11:22:09 上午 org.apache.catalina.core.ApplicationContext log
严重: 自定义错误日志信息
java.lang.Exception: 异常堆栈信息
	at cn.edu.cdu.servlet.ContextLogInfoServlet.service(ContextLogInfoServlet.java:29)
	at javax.servlet.http.HttpServlet.service(HttpServlet.java:729)
	at org.apache.catalina.core.ApplicationFilterChain.internalDoFilter(ApplicationFilterChain.java:292)
	at org.apache.catalina.core.ApplicationFilterChain.doFilter(ApplicationFilterChain.java:207)
	at org.apache.tomcat.websocket.server.WsFilter.doFilter(WsFilter.java:52)
	at org.apache.catalina.core.ApplicationFilterChain.internalDoFilter(ApplicationFilterChain.java:240)
	at org.apache.catalina.core.ApplicationFilterChain.doFilter(ApplicationFilterChain.java:207)
	at org.apache.catalina.core.StandardWrapperValve.invoke(StandardWrapperValve.java:212)
	at org.apache.catalina.core.StandardContextValve.invoke(StandardContextValve.java:106)
	at org.apache.catalina.authenticator.AuthenticatorBase.invoke(AuthenticatorBase.java:502)
	at org.apache.catalina.core.StandardHostValve.invoke(StandardHostValve.java:141)
	at org.apache.catalina.valves.ErrorReportValve.invoke(ErrorReportValve.java:79)
	at org.apache.catalina.valves.AbstractAccessLogValve.invoke(AbstractAccessLogValve.java:616)
	at org.apache.catalina.core.StandardEngineValve.invoke(StandardEngineValve.java:88)
	at org.apache.catalina.connector.CoyoteAdapter.service(CoyoteAdapter.java:522)
	at org.apache.coyote.http11.AbstractHttp11Processor.process(AbstractHttp11Processor.java:1095)
	at org.apache.coyote.AbstractProtocol$AbstractConnectionHandler.process(AbstractProtocol.java:672)
	at org.apache.tomcat.util.net.NioEndpoint$SocketProcessor.doRun(NioEndpoint.java:1502)
```

图 3-5　日志信息在 Tomcat 服务器控制台的显示效果

3.2.5　获取服务器端文件资源

ServletContext 接口中定义了一些读取 Web 资源的方法，这些方法是依靠 Servlet 容器来实现的。Servlet 容器根据资源文件相对于 Web 应用的路径，返回关联资源文件的 IO 流，资源文件在文件系统的绝对路径等。其主要方法如表 3-6 所示。

表 3-6　ServletContext 接口访问服务器端文件资源的方法

方法	方法描述
Set getResourcePaths(String path)	返回一个 Set 集合，集合中包含资源目录中子目录和文件的路径名称。参数 path 必须以“/”开始，指定匹配资源的部分路径
String getRealPath(String path)	返回资源文件在服务器文件系统上的真实路径(文件的绝对路径)。参数 path 代表资源文件的虚拟路径，它应该以“/”开始，“/”表示当前 Web 应用的根目录，如果 Servlet 容器不能将虚拟路径转换为文件系统的真实路径，则返回 null
URL getResource(String path)	返回映射到某个资源文件的 URL 对象。参数 path 必须以“/”开始
InputStream getResourceAsStream(String path)	返回映射到某个资源文件的 InputStream 对象。参数 path 传递规则和 getResource()方法一致

下面通过一个读取 properties 文件的实例演示这些方法的使用。

首先，在项目的 src 目录下创建一个名为 companyInfo.properties 的文件，其内容如下：

```
companyName = Chengdu University
Address = sichuan province Shilin town
```

然后创建一个 Servlet 对该文件进行读取。

【示例 3-9】ContextResourceServlet.java

```
package cn.edu.cdu.servlet;
```

```
import java.io.IOException;
import java.io.InputStream;
import java.io.PrintWriter;
import java.util.Properties;
import javax.servlet.ServletContext;
import javax.servlet.ServletException;
import javax.servlet.annotation.WebServlet;
import javax.servlet.http.HttpServlet;
import javax.servlet.http.HttpServletRequest;
import javax.servlet.http.HttpServletResponse;
@WebServlet("/ContextResourceServlet")
public class ContextResourceServlet extends HttpServlet {
     private static final long serialVersionUID = 1L;
    public ContextResourceServlet() {
        super();
    }
     protected void service(HttpServletRequest request, HttpServletResponse response) throws ServletException, IOException {
            response.setContentType("text/html;charset=UTF-8");
            ServletContext con = super.getServletContext();
            //获取 companyInfo.properties 文件
            InputStream in = 
              con.getResourceAsStream("/WEB-INF/classes/companyInfo.properties");
            Properties pros = new Properties();
            //将 companyInfo.properties 文件载入到 Properties 对象
            pros.load(in);
            PrintWriter out = response.getWriter();
            //读取和显示 companyInfo.properties 的内容
            out.println("<p>company Name=" + pros.getProperty("companyName") + "</p>");
            out.println("<p>company Address=" + pros.getProperty("address") + "</p>");

            out.flush();
            out.close();
     }
}
```

启动服务器，在浏览器中输入：http://localhost:8080/chapter3/ContextResourceServlet，其运行效果如图 3-6 所示。

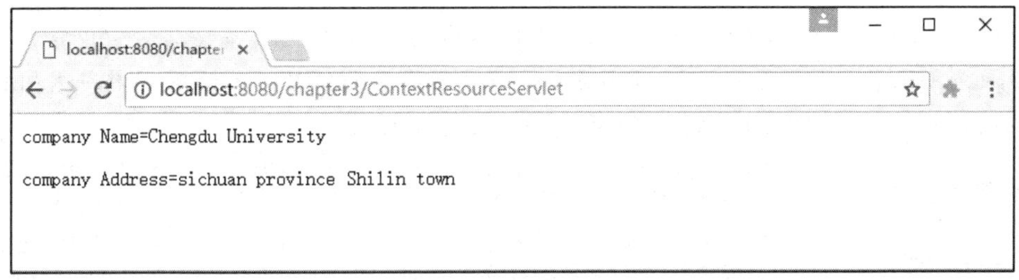

图 3-6　ContextResourceServlet 的运行效果

3.3　HttpServletRequest　接　口

Servlet API 中定义了 HttpServletRequest 接口，它继承自 ServletRequest，专门用于封装 HTTP 请求消息。由于 HTTP 请求消息分为请求行、请求消息头和请求消息体三个部分，因此，在 HttpServletRequest 接口中定义了获取请求行、请求头和请求消息体的方法。

3.3.1　获取请求行信息的相关方法

当访问 Servlet 时，会在请求消息的请求行中包含请求方法、请求资源名、请求路径等信息，例如，一个如图 3-7 所示的 POST 请求：

图 3-7　POST 请求报文信息示例

其请求行各部分的信息获取方法如表 3-7 所示。

表 3-7 获取请求行信息的相关方法

方法	方法描述
String getMethod()	获取请求使用的 HTTP 方法(如 GET、POST 等)
String getRequestURI()	获取请求行中的资源名部分，即位于 URL 的主机和端口之后、参数部分之前的内容
String getQueryString()	获取请求 URL 之后的查询字符串，即资源路径后面的问号(?)以后的所有内容。只对 GET 有效
String getProtocol()	获取使用的协议及版本号，如 HTTP1.0 或 HTTP1.1
String getContextPath()	获取请求资源所属的 Web 应用的路径，这个路径以“/”开头，表示相对于整个 Web 站点的根目录，路径结尾不含“/”。如果请求 URL 属于 Web 站点的根目录，则返回空字符串” “
String getPathInfo()	获取请求 URL 中的额外路径信息。额外路径信息是请求 URL 中的位于 Servlet 路径之后和查询参数之前的内容，它以“/”开头。如果请求 URL 中没有额外路径信息部分，则返回 null
String getServletPath()	获取 Servlet 的名称或 Servlet 所映射的路径

下面通过代码演示这些方法的使用：

【示例 3-10】RequestLineServlet.java

```
package cn.edu.cdu.servlet;
import java.io.IOException;
import java.io.PrintWriter;
import javax.servlet.ServletException;
import javax.servlet.annotation.WebServlet;
import javax.servlet.http.HttpServlet;
import javax.servlet.http.HttpServletRequest;
import javax.servlet.http.HttpServletResponse;
@WebServlet("/RequestLineServlet")
public class RequestLineServlet extends HttpServlet {
     private static final long serialVersionUID = 1L;
    public RequestLineServlet() {
        super();
    }
protected void service(HttpServletRequest request, HttpServletResponse response) throws ServletException, IOException {
         response.setContentType("text/html;charset=utf-8");
         PrintWriter out = response.getWriter();
         //获取请求行的相关信息
         out.println("getMethod:"+request.getMethod()+"<br>");
         out.println("getRequestURI:"+request.getRequestURI()+"<br>");
         out.println("getQueryString:"+request.getQueryString()+"<br>");
```

```
        out.println("getProtocol:"+request.getProtocol()+"<br>");
        out.println("getContextPath:"+request.getContextPath()+"<br>");
        out.println("getPathInfo:"+request.getPathInfo()+"<br>");
        out.println("getServletPath:"+request.getServletPath()+"<br>");
        out.flush();
        out.close();
    }
}
```

启动服务器，在浏览器中输入：http://localhost:8080/chapter3/RequestLineServlet，其运行结果如图 3-8 所示。

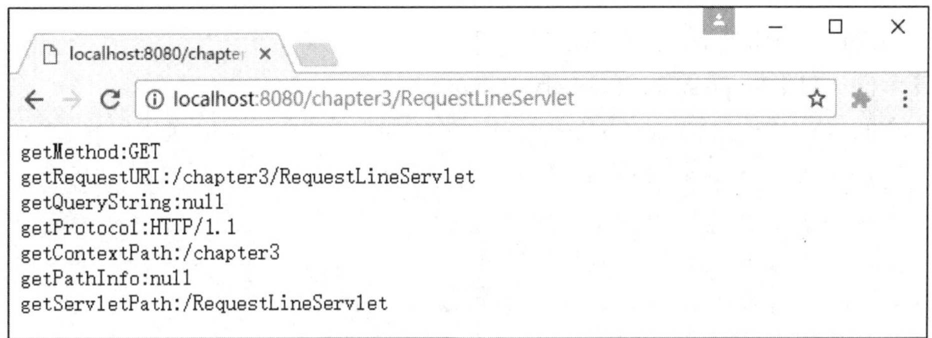

图 3-8　GET 请求行信息的获取

3.3.2　获取请求消息头的相关方法

当请求 Servlet 时，需要通过请求头向服务器传递附加信息，例如：客户端可以接受的数据类型、压缩方式、语言等。常见的 HTTP 协议请求头如表 3-8 所示。

表 3-8　常见的 HTTP 请求头

请求头名称	说明
Host	初始化 URL 中的主机和端口，可以通过这个信息获得提出请求的主机名称和端口号
Connection	表示是否需要持久连接。如果值是 Keep-Alive 或者该请求使用的是 HTTP1.1，它就可以利用持久连接的优点，当页面包含多个元素时，可以显著减少下载所需要的时间
Content-Length	消息正文的长度
Accept	浏览器可接受的 MIME 类型
accept-encoding	浏览器能够进行解码的数据编码方式，例如 gzip，服务器能够向支持 gzip 的浏览器返回经 gzip 编码的 HTML 页面，许多情况下可以减少 5～10 倍的下载时间
accept-language	浏览器所希望的语言种类。当服务器能够提供一种以上的语言版本时要用到，开发人员通过这个信息确定可以向客户端显示何种语言的界面
user-agent	浏览器相关信息，例如浏览器类型及版本、浏览器语言、客户所使用的操作系统及版本号等

为此，HttpServletRequest 接口中定义了一系列用于获取 HTTP 请求头字段的方法，如表 3-9 所示。

表 3-9 获取请求消息头的方法

方法	方法描述
intgetIntHeader(String name)	获取整数类型参数名为 name 的 http 头部
long getDateHeader(String name)	获取长整型参数名为 name 的 http 头部
String getContentType()	获取请求的文档类型和编码
int getContentLength()	获取请求内容的长度，结果为 int 类型
Locale getLocale()	获取用户浏览器的 Locale 信息
Cookie[] getCookies()	获取一个 Cookie[]数组，该数组包含这个请求中当前的所有 cookie，如果没有，则返回一个空数组

下面通过一个实例演示这些方法的使用。

【示例 3-11】RequestHeadInfoServlet.java

```
package cn.edu.cdu.servlet;
import java.io.IOException;
import java.io.PrintWriter;
import java.util.Enumeration;
import javax.servlet.ServletException;
import javax.servlet.annotation.WebServlet;
import javax.servlet.http.HttpServlet;
import javax.servlet.http.HttpServletRequest;
import javax.servlet.http.HttpServletResponse;
@WebServlet("/RequestHeadInfoServlet")
public class RequestHeadInfoServlet extends HttpServlet {
    private static final long serialVersionUID = 1L;
    public RequestHeadInfoServlet() {
        super();
    }
    protected void service(HttpServletRequest request,
HttpServletResponse response) throws ServletException, IOException {
        response.setContentType("text/html;charset=utf-8");
        PrintWriter out = response.getWriter();
        Enumeration<String> headerNames = request.getHeaderNames();
        while(headerNames.hasMoreElements()){
            String headerName = (String) headerNames.nextElement();
        out.println("<p>"+headerName+":"+request.getHeader
```

```
(headerName)+"</p>");
            }
            out.println("<p>获取请求头'Host'的信息"+request.getHeader("Host")+"</p>");
            out.println("<p>获取请求头'Content-Length'的信息"+request.getIntHeader("Content-Length")+"</p>");
            out.println("<p>请求内容的长度"+request.getContentLength()+"</p>");
            out.println("<p>请求的文档类型定义"+request.getContentType()+"</p>");
            out.println("<p>用户浏览器设置的 locale 信息"+request.getLocale()+"</p>");
            out.println("<p>获取的 Cookie[]数组对象"+request.getCookies()+"</p>");
            out.flush();
            out.close();
        }
    }
```

启动服务器，在浏览器中输入：http://localhost:8080/chapter3/RequestHeadInfoServlet，运行结果如图 3-9 所示。

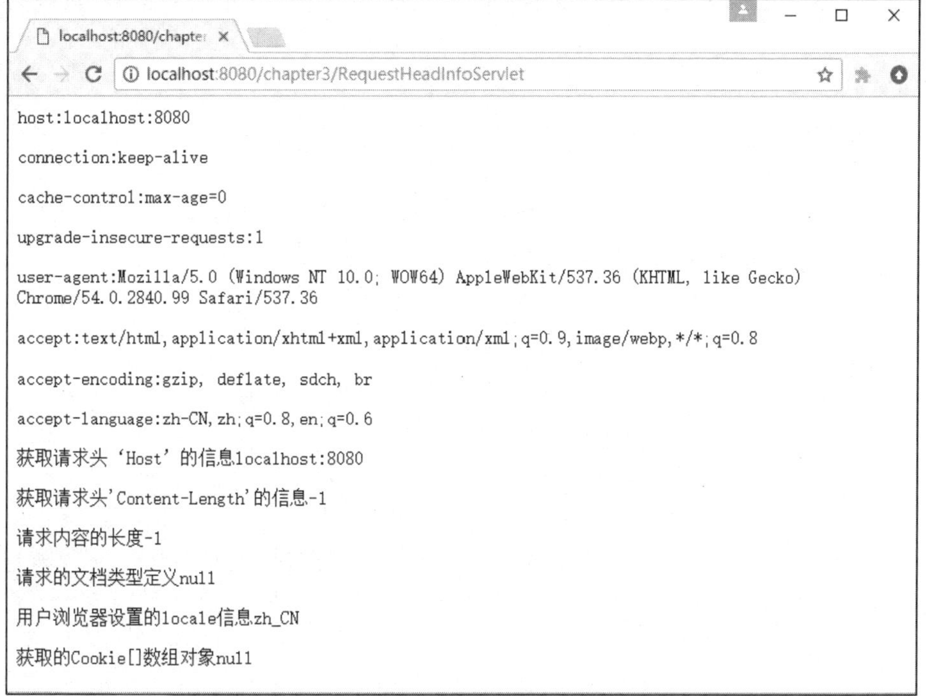

图 3-9　GET 请求时请求头信息

3.3.3 获取请求消息体的相关方法

在 HTTP 请求消息中，用户提交的大量表单数据都是通过消息体发送给服务器的，为此，HttpServletRequest 接口中遵循以 IO 流传递大量数据的设计理念，定义了两个与输入流相关的方法，如表 3-10 所示。

表 3-10 请求消息体的方法

方法	方法描述
ServletInputStream getInputStream()	获取表示实体内容的二进制输入流
BufferReader getReader()	获取表示实体内容的字符缓冲输入流

下面实例演示使用 requst 对象获取请求消息体。

【示例 3-12】login.jsp 用于获取用户输入数据

```
<%@ page language="java" contentType="text/html; charset=UTF-8"
    pageEncoding="UTF-8"%>
<!DOCTYPE html PUBLIC "-//W3C//DTD HTML 4.01 Transitional//EN" "http://www.w3.org/TR/html4/loose.dtd">
<html>
<head>
<meta http-equiv="Content-Type" content="text/html; charset=UTF-8">

<title>Transfer data by form</title>
</head>
<body>
    <form action="RequestBodyServlet" method="post">
        <table border="1" align="center">
            <tr>
                <td>用户名：</td>
                <td><input name="username" type="text"></td>
            </tr>
            <tr>
                <td>密码：</td>
                <td><input name="password" type="password"></td>
            </tr>
            <tr>
                <td colspan="2" align="center"><input type="submit" value="提交">
```

```
                    <input type="reset" value="取消"></td>
                </tr>
            </table>
        </form>
    </body>
</html>
```

【示例 3-13】RequestBodyServlet.java 用于接受消息体

```
package cn.edu.cdu.servlet;
import java.io.IOException;
import java.io.InputStream;
import java.io.PrintWriter;
import javax.servlet.ServletException;
import javax.servlet.annotation.WebServlet;
import javax.servlet.http.HttpServlet;
import javax.servlet.http.HttpServletRequest;
import javax.servlet.http.HttpServletResponse;
@WebServlet("/RequestBodyServlet")
public class RequestBodyServlet extends HttpServlet {
    private static final long serialVersionUID = 1L;
    public RequestBodyServlet() {
        super();
    }
    protected void service(HttpServletRequest request,
HttpServletResponse response) throws ServletException, IOException {
        //获取输入流对象
        InputStream in = request.getInputStream();
        //定义一个 1024 字节的数组
        byte[] buffer = new byte[1024];
        //创建 StringBuilder 对象
        StringBuilder sb = new StringBuilder();
        int len;
        //循环读取数组中的数据
        while((len=in.read(buffer))!= -1){
            sb.append(new String(buffer,0,len));
        }
        out.println(sb);
        out.flush();
        out.close();
```

```
        }
}
```

启动服务器，在浏览器中输入：http://localhost:8080/chapter3/login.jsp，其运行效果如图 3-10 所示。

图 3-10　使用 requst 对象获取请求消息体的运行效果

可见上述方法在获取表单中的请求参数时，并不方便，为此，在 HttpServletRequest 接口中，还定义了一系列获取请求参数的方法，如表 3-11 所示。

表 3-11　获取请求参数的方法

方法	方法描述
String getParameter (String name)	返回由 name 指定的用户请求参数的值
String[] getParameterValues (String name)	返回由 name 指定的用户请求参数对应的一组值
Enumeration getParameterNames ()	返回所有用户请求的参数名
Map getParameterMap ()	返回一个请求参数的 Map 对象，Map 中的键为参数的名称，值为参数名对应的参数值

下面通过一个具体实例进行验收：

【示例 3-14】Hobbylogin.jsp

```
<%@ page language="java" contentType="text/html; charset=UTF-8"
```

```
    pageEncoding="UTF-8"%>
<!DOCTYPE html PUBLIC "-//W3C//DTD HTML 4.01 Transitional//EN" "http://www.w3.org/TR/html4/loose.dtd">
<html>
<head>
<meta http-equiv="Content-Type" content="text/html; charset=UTF-8">
<title>Transfer data by form</title>
</head>
<body>
    <form action="RequestParamsServlet" method="post">
        <table border="1" align="center">
            <tr>
                <td>用户名：</td>
                <td><input name="username" type="text"></td>
            </tr>
            <tr>
                <td>密码：</td>
                <td><input name="password" type="password"></td>
            </tr>
            <tr>
                <td>爱好</td>
                <td><input name="hobby" type="checkbox" value="网球">网球<br>
                <input name="hobby" type="checkbox" value="跑步">跑步<br>
                <input name="hobby" type="checkbox" value="游泳">游泳</td>
            </tr>
            <tr>
                <td colspan="2" align="center"><input type="submit" value="提交">
                <input type="reset" value="取消"></td>
            </tr>
        </table>
    </form>
</body>
</html>
```

【示例 3-15】RequestParamsServlet.java

```
package cn.edu.cdu.servlet;
import java.io.IOException;
import java.io.PrintWriter;
import javax.servlet.ServletException;
import javax.servlet.annotation.WebServlet;
import javax.servlet.http.HttpServlet;
import javax.servlet.http.HttpServletRequest;
import javax.servlet.http.HttpServletResponse;
@WebServlet("/RequestParamsServlet")
public class RequestParamsServlet extends HttpServlet {
    private static final long serialVersionUID = 1L;
    public RequestParamsServlet() {
        super();
    }
    protected void service(HttpServletRequest request, HttpServletResponse response) throws ServletException, IOException {
        PrintWriter out = response.getWriter();
        String username = request.getParameter("username");
        String password = request.getParameter("password");
        String[] hobbys = request.getParameterValues("hobby");
        out.println("<p>用户名："+username+"</p>");
        out.println("<p>密码："+password+"</p>");
        out.println("<p>爱好：");
        for(int i = 0; i < hobbys.length; i++){
            out.println(hobbys[i]+" ");
        }
        out.println("</p>");
        out.flush();
        out.close();
    }
}
```

启动服务器，在浏览器中输入：http://localhost:8080/chapter3/Hobbylogin.jsp，然后在表单中填写信息，图 3-11 为 Hobbylogin.jsp 的运行效果图。

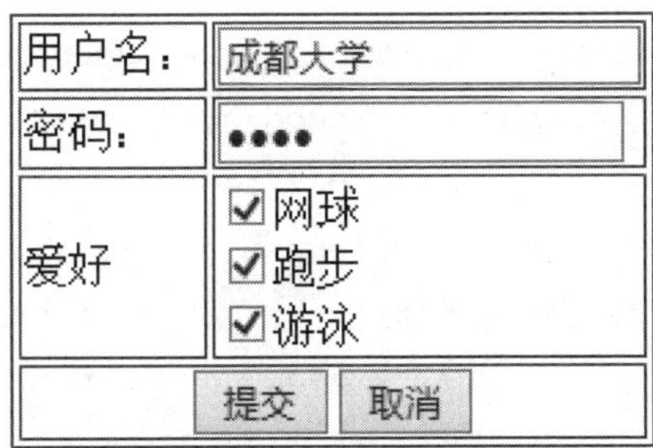

图 3-11 Hobbylogin.jsp 运行效果

点击“提交”后，可以得到如图 3-12 所示的结果。

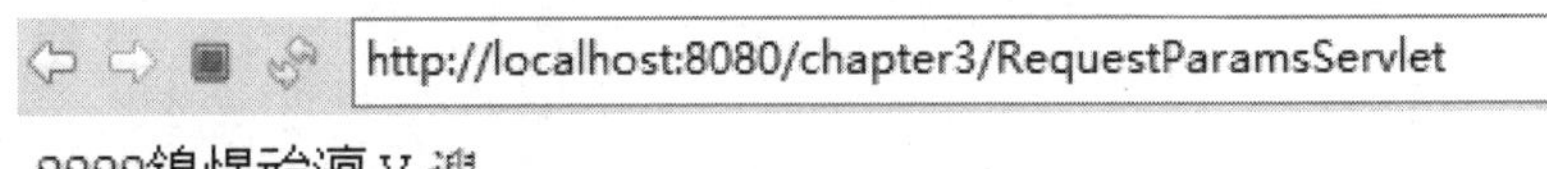

????鎴愰兘澶у 瀛

???1111

??? 缃戠悆 璺戞 娓告吵

图 3-12 RequestParamsServlet.java 运行结果

通过运行结果可以看到，在后台接受前台的中文时，出现乱码，为了能正常显示中文字符，修改 RequestParamsServlet.java 如下：

【图 3-12】修改后的 RequestParamsServlet.java

```
package cn.edu.cdu.servlet;
import java.io.IOException;
import java.io.PrintWriter;
import javax.servlet.ServletException;
import javax.servlet.annotation.WebServlet;
import javax.servlet.http.HttpServlet;
import javax.servlet.http.HttpServletRequest;
import javax.servlet.http.HttpServletResponse;
@WebServlet("/RequestParamsServlet")
public class RequestParamsServlet extends HttpServlet {
     private static final long serialVersionUID = 1L;
    public RequestParamsServlet() {
        super();
     }
     protected void service(HttpServletRequest request,
```

```
HttpServletResponse response) throws ServletException, IOException {
        request.setCharacterEncoding("utf-8");
        response.setContentType("text/html;charset=UTF-8");
        PrintWriter out = response.getWriter();
        String username = request.getParameter("username");
        String password = request.getParameter("password");
        String[] hobbys = request.getParameterValues("hobby");
        out.println("<p>用户名："+username+"</p>");
        out.println("<p>密码："+password+"</p>");
        out.println("<p>爱好：");
        for(int i = 0; i < hobbys.length; i++){
            out.println(hobbys[i]+" ");
        }
        out.println("</p>");
        out.flush();
        out.close();
    }
}
```

其运行效果如图 3-13 所示。

用户名：成都大学

密码：111

爱好：网球 跑步 游泳

图 3-13　修改后的 RequestParamsServlet.java 运行结果

由图 3-13 可见中文显示正常。前面出现乱码的原因是浏览器在传递请求参数时，默认采用的编码方式是 GBK，但在解码时采用的是默认的 ISO8859-1，因此导致在页面输出时出现乱码。为解决 request 对象的编码问题，使用了：

```
request.setCharacterEncoding("utf-8");
```

为了能在页面正常显示中文，使用了：

```
response.setContentType("text/html;charset=UTF-8");
```

3.4　HttpServletRequest 接口的应用

3.4.1　获取网络连接信息

在 Web 服务器与客户端进行通信时，经常需要获取客户端的一些网络连接信息，这些信息的获取可以通过 HttpServletRequest 接口中的相应方法获取。

由于 HTTP 响应消息分为状态行、响应消息头、消息体三个部分，因此，在 HttpServletRequest 接口中定义了向客户端发送响应状态码、响应消息头和响应消息体的方法，如表 3-12 所示。

表 3-12　获取网络连接信息的相关方法

方法	方法描述
String getRemoteAddr()	获取请求用户的 IP 地址
String getRemoteHost()	获取请求用户的主机名称
int getRemotePort()	获取请求用户的主机所使用的网络端口号
String getLocalAddr()	获取 Web 服务器的 IP 地址
String getLocalName()	获取 Web 服务器的主机名
int getLocalPort()	获取 Web 服务器所使用的网络端口号
String getServerName()	获取网站的域名
int getServerPort()	获取 URL 请求的端口号
String getScheme()	获取请求使用的协议，例如 http、https 或 ftp
StringBuffer getRequestURL()	获取请求的 URL 地址

下面通过一个实例演示这些方法的使用。

【示例 3-16】RequestNetInfoServlet.java

```
package cn.edu.cdu.servlet;
import java.io.IOException;
import java.io.PrintWriter;
import javax.servlet.ServletException;
import javax.servlet.annotation.WebServlet;
import javax.servlet.http.HttpServlet;
import javax.servlet.http.HttpServletRequest;
import javax.servlet.http.HttpServletResponse;
@WebServlet("/RequestNetInfoServlet")
public class RequestNetInfoServlet extends HttpServlet {
    private static final long serialVersionUID = 1L;
```

```
    public RequestNetInfoServlet() {
        super();
    }
    protected void service(HttpServletRequest request, HttpServletResponse response) throws ServletException, IOException {
        response.setContentType("text/html;charset=UTF-8");
        PrintWriter out = response.getWriter();
        out.println("<p>请求用户的 IP 地址："+request.getRemoteAddr()+"</p>");
        out.println("<p>请求用户的主机名称："+request.getRemoteHost()+"</p>");
        out.println("<p>请求用户的主机使用的网络端口号："+request.getRemotePort()+"</p>");
        out.println("<p>Web 服务器的 IP 地址："+request.getLocalAddr()+"</p>");
        out.println("<p>Web 服务器的主机名："+request.getLocalName()+"</p>");
        out.println("<p>Web 服务器所使用的网络端口号："+request.getLocalPort()+"</p>");
        out.println("<p>网址的域名："+request.getServerName()+"</p>");
        out.println("<p>URL 请求的端口号："+request.getRemoteAddr()+"</p>");
        out.println("<p>请求使用的协议："+request.getScheme()+"</p>");
        out.println("<p>请求的 URL 地址："+request.getRequestURL()+"</p>");
        out.flush();
        out.close();
    }
}
```

启动服务器，在浏览器中输入：http://127.0.0.1:8080/chapter3/RequestNetInfoServlet，其运行效果如图 3-14 所示。

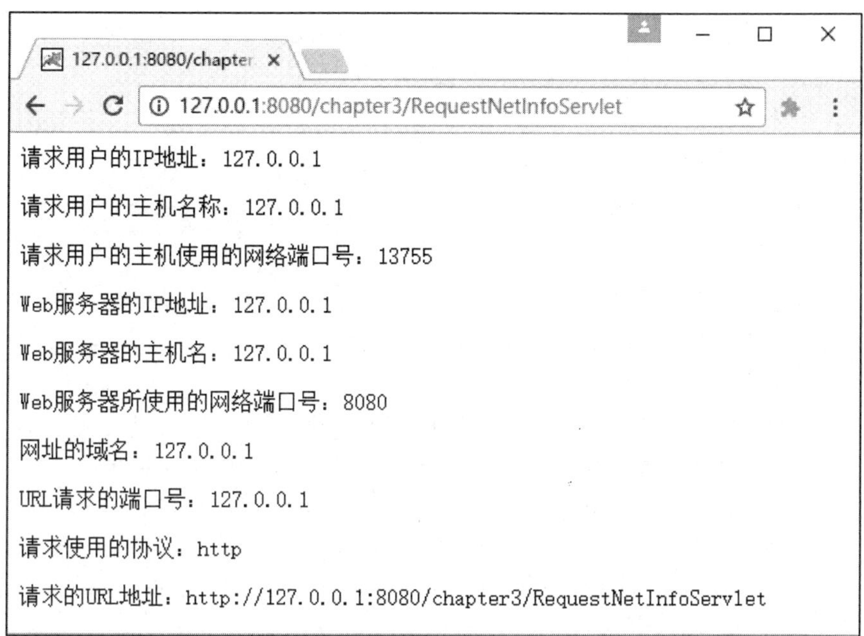

图 3-14　RequestNetInfoServlet 的运行效果

3.4.2　存取请求域属性

存储在 HttpServletRequest 对象中的对象称为请求域属性，属于同一个请求的多个处理组件之间可以通过请求域属性来传递对象数据。在 HttpServletRequest 接口与请求域属性相关的方法如表 3-13 所示。

表 3-13　存取请求域属性的方法介绍

方法	方法描述
Void setAttribute(String name, Object value)	设定 name 属性的值为 value，保存在 request 范围内
Object getAttribute(String name)	从 request 范围内获取 name 属性的值
void removeAttribute(String name)	从 request 范围内移除 name 属性的值
Enumeration getAttributeNames()	获取所有 request 范围内的属性名

下面通过实例进行演示。

【示例 3-17】RequestScopeAttrServlet.java

```
package cn.edu.cdu.servlet;
import java.io.IOException;
import java.io.PrintWriter;
import java.util.Enumeration;
import javax.servlet.ServletException;
import javax.servlet.annotation.WebServlet;
import javax.servlet.http.HttpServlet;
```

```
import javax.servlet.http.HttpServletRequest;
import javax.servlet.http.HttpServletResponse;

@WebServlet("/RequestScopeAttrServlet")
public class RequestScopeAttrServlet extends HttpServlet {
    private static final long serialVersionUID = 1L;
    public RequestScopeAttrServlet() {
        super();
    }
    protected void service(HttpServletRequest request, HttpServletResponse response) throws ServletException, IOException {
        response.setContentType("text/html;charset=UTF-8");
        request.setAttribute("username", "chengdu university");
        request.setAttribute("address", "chengdu shiling town");
        String username = (String) request.getAttribute("username");
        String address = (String) request.getAttribute("address");
        PrintWriter out = response.getWriter();
        out.println("<p>从 request 中获取的 username 值："+username+"</p>");
        out.println("<p>从 request 中获取的 address 值："+address+"</p>");
        Enumeration<String> names = request.getAttributeNames();
        out.println("<p>request 请求域中的属性有：");
        while(names.hasMoreElements()){
            out.println(names.nextElement()+" ");
        }
        out.println("</p>");
        request.removeAttribute("username");
        out.println("<p>移除 username 后，请求域中的属性有：");
        names = request.getAttributeNames();
        while(names.hasMoreElements()){
            out.println(names.nextElement()+" ");
        }
        out.println("</p>");
        out.flush();
        out.close();
    }
}
```

启动服务器，在浏览器中输入：http://localhost:8080/chapter3/RequestScopeAttrServlet，其运行效果如图 3-15 所示。

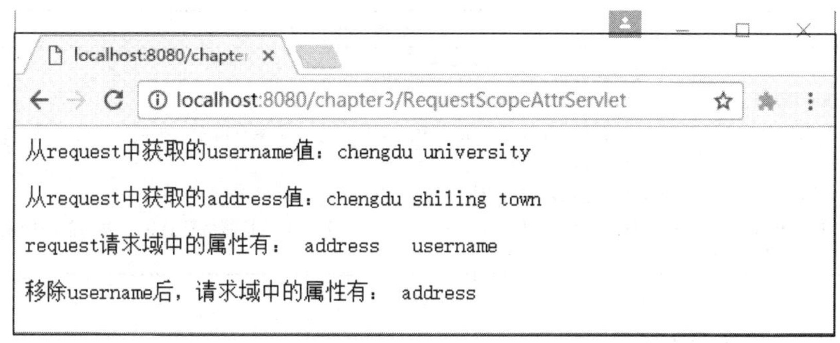

图 3-15　RequestScopeAttrServlet 的运行效果

3.5　HttpServletResponse　接　口

在 Servlet API 中，定义了一个 HttpServletResponse 接口，它继承自 ServletResponse，专门用来封装 HTTP 响应消息。由于 HTTP 响应消息分为状态行、响应消息头和消息体三个部分，因此，在 HttpServletResponse 接口中定义了向客户端发送响应状态码、响应消息头、响应消息体的方法。

3.5.1　发送状态行的相关方法

一个完整的 HTTP 响应报文包含响应行、响应头和响应正文，如图 3-16 所示。

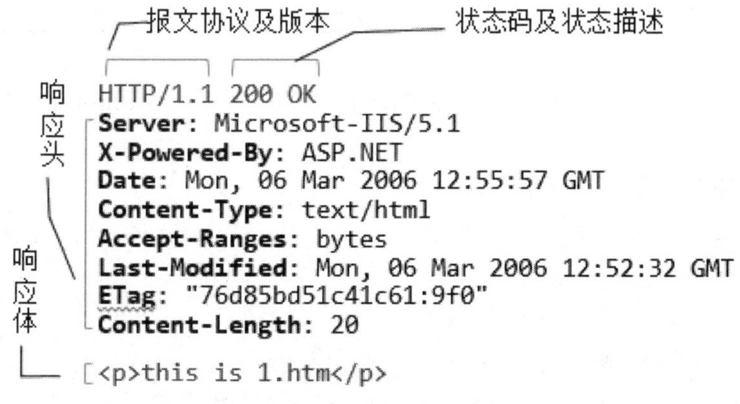

图 3-16　响应报文信息样例

HTTP 协议响应报文的响应行由报文协议和版本以及状态码和状态描述构成。状态码由 3 个十进制数字组成，第一个十进制数字定义了状态码的类型，后两个数字没有分类的作用。所有状态码可以分为 5 种类型，如表 3-14 所示。

表 3-14 HTTP 状态码分类

分类	分类描述
1**	表示服务器收到请求，需要请求者继续执行操作
2**	表示请求已经成功被服务器接收、理解并接受
3**	表示需要客户端采取进一步的操作才能完成请求。通常，这些状态码用来重定向，后续的请求地址(重定向目标)在本次响应的 Location 域中指明
4**	表示客户端错误，请求包含语法错误或无法完成请求
5**	表示服务器在处理请求的过程中有错误或异常状态发生，也有可能是服务器意识到以当前的软硬件资源无法完成对请求的处理

常见的响应状态码如表 3-15 所示。

表 3-15 常见响应状态码

状态码	状态描述
200	表示请求成功
403	表示服务器接受到请求，但拒绝对请求进行处理
404	宝石请求的资源(网页等)不存在
302	表示资源(网页等)暂时转移到其他 URL
500	表示服务器内部错误

HttpServletRequest 接口提供的关于状态码和状态行操作的方法如表 3-16 所示：

表 3-16 HttpServletRequest 接口设定状态码的方法及描述

方法	方法描述
void setStatus(int sc)	以指定的状态码将响应返回给客户端
void sendError(int sc, String msg)	使用指定的状态码和状态描述向客户端返回一个错误响应
void sendRedirect(String location)	请求的重定向，会设定响应 Location 报头及改变状态码

下面通过一个实例演示如何设置资源暂时转移状态码，并用 Chrome 进行响应报文信息的获取。

【示例 3-18】SetStatusServlet.java

```
package cn.edu.cdu.servlet;
import java.io.IOException;
import java.io.PrintWriter;
import javax.servlet.ServletException;
import javax.servlet.annotation.WebServlet;
import javax.servlet.http.HttpServlet;
import javax.servlet.http.HttpServletRequest;
import javax.servlet.http.HttpServletResponse;
```

```java
@WebServlet("/SetStatusServlet")
public class SetStatusServlet extends HttpServlet {
     private static final long serialVersionUID = 1L;
    public SetStatusServlet() {
        super();
    }
    protected void service(HttpServletRequest request, HttpServletResponse response) throws ServletException, IOException {
         response.setStatus(302);
    }
}
```

启动服务器，在浏览器中输入 http://localhost:8080/chapter3/SetStatusServlet，在 Chrome 中选择开发者工具对程序运行状态进行监控，如图 3-17 所示。

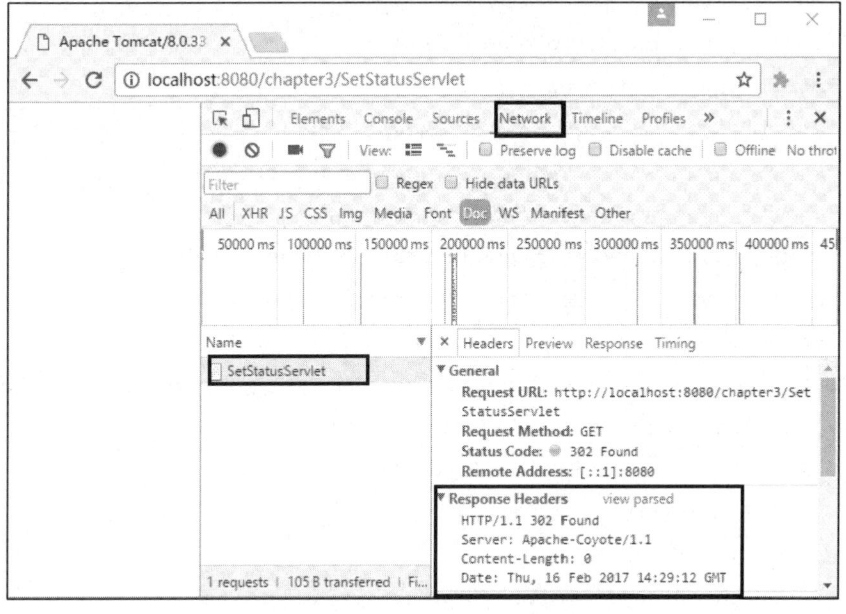

图 3-17 SetStatusServlet 的运行效果

提示：

- 在实际开发中，一般不需要人为地修改设置状态码，容器会根据程序的运行状态自动响应发送响应的状态码。

3.5.2 发送响应消息头的相关方法

当 Servlet 向客户端会送响应消息时，由于 HTTP 的响应字段有很多种，为此在 HttpServlet 接口中，定义了一系列设置 HTTP 响应头字段的方法，如表 3-17 所示。

表 3-17　响应消息头字段的方法

方法	方法描述
setContentType(String mime)	设定 Content-Type 消息头
setContentLength(int length)	设定 Content-Length 消息头
addHeader(String name, String value)	新增 String 类型的值到名为 name 的 http 头部
addIntHeader(String name, int value)	新增 int 类型的值到名为 name 的 http 头部
addDateHeader(String name, long date)	新增 long 类型的值到名为 name 的 http 头部
addCookie(Cookie c)	为 Set-Cookie 消息头增加一个值

下面通过一个实例演示通过使用 setHeader() 设置消息头 Refresh，实现一个页面动态时钟效果。

【示例 3-19】ResponseRefreshHeaderServlet.java

```
package cn.edu.cdu.servlet;
import java.io.IOException;
import java.io.PrintWriter;
import java.text.SimpleDateFormat;
import java.util.Date;
import javax.servlet.ServletException;
import javax.servlet.annotation.WebServlet;
import javax.servlet.http.HttpServlet;
import javax.servlet.http.HttpServletRequest;
import javax.servlet.http.HttpServletResponse;
@WebServlet("/ResponseRefreshHeaderServlet")
public class ResponseRefreshHeaderServlet extends HttpServlet {
    private static final long serialVersionUID = 1L;
    public ResponseRefreshHeaderServlet() {
        super();
    }
    protected void service(HttpServletRequest request, HttpServletResponse response) throws ServletException, IOException {
     response.setContentType("text/html;charset=UTF-8");
         //设置响应消息头 refresh 的值为 1 秒
     response.setHeader("refresh", "1");
         PrintWriter out = response.getWriter();
         out.println("当前时间为：");
         SimpleDateFormat sdf = new SimpleDateFormat("yyyy-MM-dd hh:mm:ss");
         out.println(sdf.format(new Date()));
         out.flush();
```

```
        out.close();
    }
}
```

启动服务器，在浏览器中输入：http://localhost:8080/chapter3/ResponseRefreshHeaderServlet，其运行效果如图 3-18 所示，其时间每隔 1 秒会刷新一次。

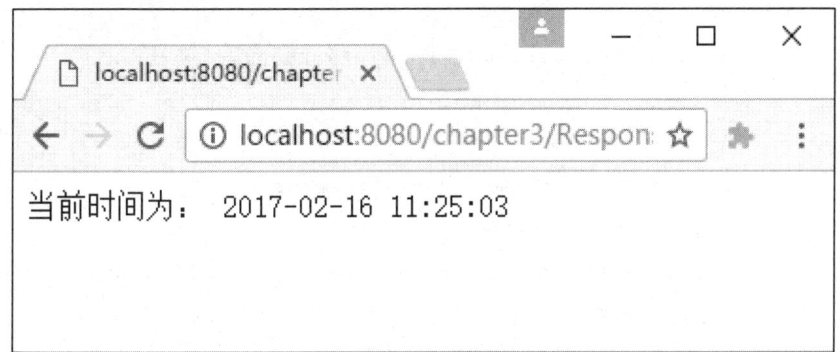

图 3-18 ResponseRefreshHeaderServlet 的运行效果

3.5.3 发送响应消息体的相关方法

由于在 HTTP 响应消息中，大量的数据都是通过响应消息体传递的，因此，HttpServletResponse 定义了两个与输出流相关的方法，如表 3-18 所示。

表 3-18 HttpServletResponse 接口获取输出流对象的方法

方法	方法描述
getOutputStream()	返回字节输出流对象 ServletOutputStream
getWriter()	返回字符输出流对象 PrintWriter

下面通过一个实例来演示使用 ServletOutputStream 对象响应输出一个服务器端的图像。

【示例 3-20】OutputStreamServlet.java

```
package cn.edu.cdu.servlet;
import java.io.IOException;
import java.io.InputStream;
import java.io.PrintWriter;
import javax.servlet.ServletContext;
import javax.servlet.ServletException;
import javax.servlet.ServletOutputStream;
import javax.servlet.annotation.WebServlet;
import javax.servlet.http.HttpServlet;
import javax.servlet.http.HttpServletRequest;
import javax.servlet.http.HttpServletResponse;
```

```
@WebServlet("/OutputStreamServlet")
public class OutputStreamServlet extends HttpServlet {
    private static final long serialVersionUID = 1L;
   public OutputStreamServlet() {
       super();
   }
    protected void service(HttpServletRequest request, HttpServletResponse response) throws ServletException, IOException {
        //设置响应消息头 Content-Type
        response.setContentType("image/jpeg");
        //获取 ServletContext 对象
        ServletContext context = super.getServletContext();
        //获取服务器端文件的输入流
        InputStream is = context.getResourceAsStream("/images/cdulogo.jpg");
        //获取 ServletOutputStream 输出流
        ServletOutputStream os = response.getOutputStream();
        int i = 0;
        while((i = is.read()) != -1){
            os.write(i);
        }
        is.close();
        os.close();
    }
}
```

启动服务器，在浏览器中输入：http://localhost:8080/chapter3/OutputStreamServlet，运行效果如图 3-19 所示。

图 3-19 OutputStreamServlet 运行效果

3.6 实 例 项 目

忘记密码的功能是用于帮助用户通过自己的密保邮箱，对密码进行重新设置。其具体的流程图如图 3-20 所示。

本小节通过页面核心代码、Servlet 核心代码和具体业务逻辑层核心代码对整个实现流程进行分析。完整的代码可以通过百度云网盘进行下载。

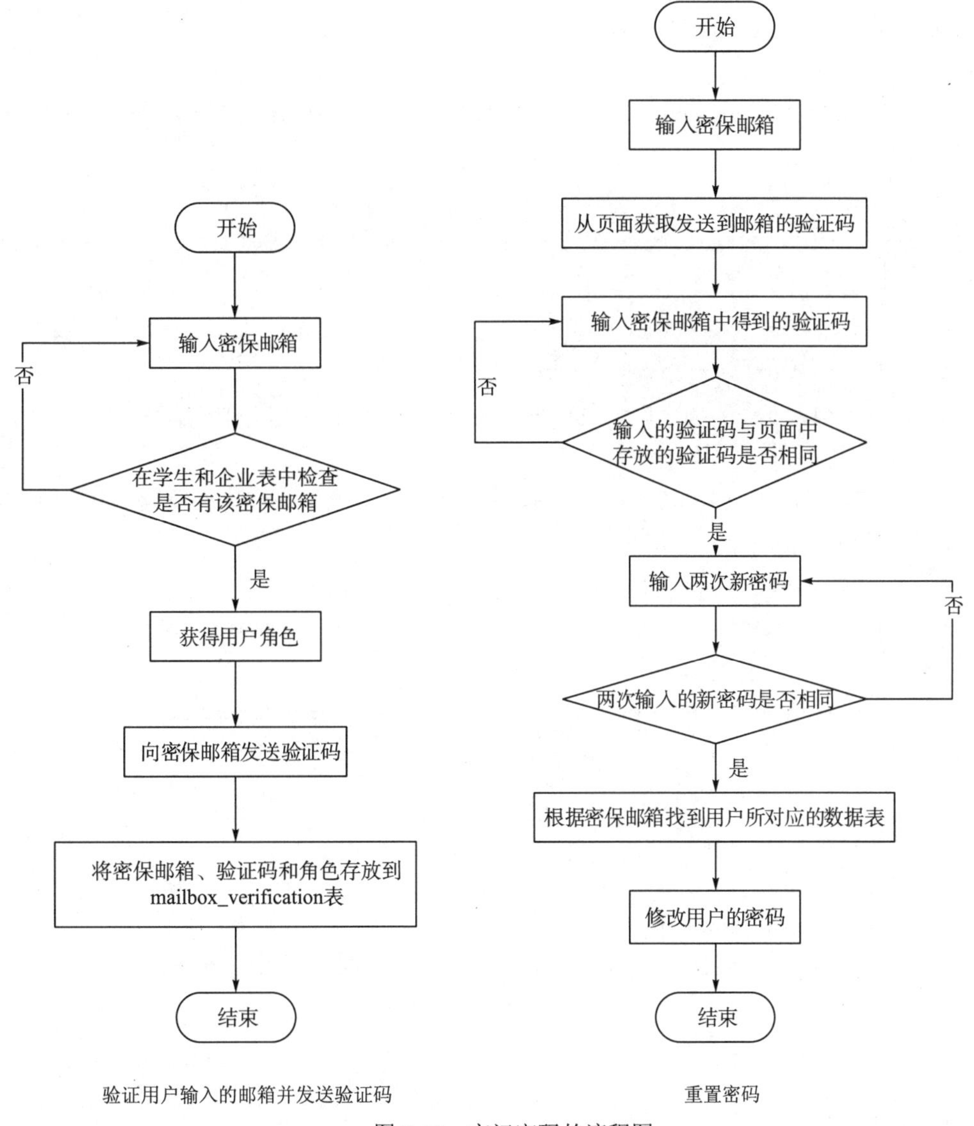

图 3-20　忘记密码的流程图

1.页面核心代码:

```
…
<!--忘记密码-->
<div class="forgot-password-card">
<div class="pmd-card-title card-header-border text-center">
<div class="loginlogo">
<a href="javascript:void(0);"><img src="../assets/images/logo-computer.jpg" alt="Logo"></a>
</div>
<h3>找回密码<br><span>请提交您的电子邮件地址，我们会向您发送一个链接来重置密码.</span></h3>
</div>
<form id="defaultFormm" action = "ResetPassServlet" method="post" >
<div class="pmd-card-body">
<div class="verification-body">
<div class="form-group pmd-textfield pmd-textfield-floating-label verification-code-width">
<label for="inputError1" class="control-label pmd-input-group-label">密保邮箱地址</label>
<div class="input-group">
<div class="input-group-addon"><i class="material-icons md-dark pmd-sm">email</i></div>
<input type="text" class="form-control" name="mbemail" id="forgot-email">
</div>
</div>
<div class="div-email">
<a href="javascript:void(0);" class="send2" >发送验证码</a>
</div>
</div>
<div class="form-group pmd-textfield pmd-textfield-floating-label">
<label for="inputError1" class="control-label pmd-input-group-label"
```

```
>验证码</label>
<input type="hidden" id="rvchidden" name="rvchidden">

<div class="input-group">
<div class="input-group-addon"><i class="material-icons md-dark pmd-sm">comment</i></div>
<input type="text" class="form-control" id="exampleInputAmount" name="rvcinAction">
</div>
</div>

<div class="form-group pmd-textfield pmd-textfield-floating-label">

<label for="inputError1" class="control-label pmd-input-group-label">用户密码</label>
<div class="input-group">
<div class="input-group-addon"><i class="material-icons md-dark pmd-sm">lock</i></div>
<input type="password" class="form-control" name="newpassword" id="exampleInputAmount">
</div>
</div>

<div class="form-group pmd-textfield pmd-textfield-floating-label">
<label for="inputError1" class="control-label pmd-input-group-label">再次输入密码</label>
<div class="input-group">
<div class="input-group-addon"><i class="material-icons md-dark pmd-sm">lock_outline</i></div>
<input type="password" class="form-control" name="newconfirmPassword" id="exampleInputAmount">
</div>
</div>
</div>
<div class="pmd-card-footer card-footer-no-border card-footer-p16 text-center">

<button type="submit" class="btn pmd-ripple-effect btn-primary
```

```
btn-block">提交</button>
<p class="redirection-link">已经找回密码? <a href="javascript:void(0);" class="register-login">返回登录</a></p>
</div>
</form>
</div>
</div>
</div>
<footer class="footer">
<div class="container-fluid">
<ul class="list-unstyled list-inline">
<li>
<span class="pmd-card-subtitle-text">信息科学与工程学院&copy; 2017. 版权所有.</span>
<h3 class="pmd-card-subtitle-text"> 技术支持 BY <a href="http://computer.cdu.edu.cn/" target="_blank">信工学院.</a></h3>

</li>
<li class="pull-right download-now">
<a onClick="downloadPMDadmintemplate()" href="javascript: void(0);">

<div>
<i class="material-icons media-left pmd-sm">settings</i>
</div>
<div>
<span class="pmd-card-subtitle-text">Version- 1.0.0</span>

<h3 class="pmd-card-title-text">By 信工学院同创工作室</h3>
</div>
</a>
</li>
<li class="pull-right for-support">
<a href="mailto:support@propeller.in">
<div>
<i class="material-icons media-left pmd-sm">email</i>
</div>
<div>
<span class="pmd-card-subtitle-text">For Support</span>
```

```
<h3 class="pmd-card-title-text">450311265@qq.com</h3>
</div>
</a>
</li>
</ul>
</div>
</footer>
<!-- Scripts Starts -->
<script src="../assets/js/jquery-1.12.2.min.js"></script>
<script src="../assets/js/bootstrap.min.js"></script>
<script src="../assets/js/propeller.min.js"></script>
<script src="../assets/js/bootstrapValidator.js"></script>
    <script type="text/javascript">
        $(document).ready(function(){
htmlobj=$.ajax({url:"/practiceSystem/Login/IndetifyCodeServlet",async:false});
              $("#vcinAction").html(htmlobj.responseText);
              $("#vchidden").val(htmlobj.responseText);
        });
        $("#vcinAction").click(function(){
htmlobj=$.ajax({url:"/practiceSystem/Login/IndetifyCodeServlet",async:false});
              $("#vcinAction").html(htmlobj.responseText);
              $("#vchidden").val(htmlobj.responseText);
          })
    </script>
        <script type="text/javascript">
        $(document).ready(function(){
            $(".send2").click(function(){
//                获取页面输入的 email，将其作为参数传递到后台 servlet 中进行处理，得到的验证码在页面存放起来。
                var mbemail = $("#forgot-email").val();
```

```
                    alert(mbemail);

htmlobj=$.ajax({url:"/practiceSystem/Login/IdentifyCodeByEmailServlet?mbemail="+mbemail,async:false});
                     $("#rvchidden").val(htmlobj.responseText);
                });
            });
        </script>

        <script type="text/javascript">
            $(document).ready(function(){
                $(".send1").click(function(){
//                  获取页面输入的 email，将其作为参数传递到后台 servlet 中进行处理，得到的验证码在页面存放起来。
                    var mbemail = $("#regist-email").val();
                    alert(mbemail);

htmlobj=$.ajax({url:"/practiceSystem/Login/SendMailServlet?mbemail="+mbemail,async:false});
                });
            });
        </script>
    <script src="../assets/js/login.js"></script>
    </body>
    </html>
```

其运行效果如图 3-21 所示。

图 3-21　忘记密码的页面运行效果

2.Servlet 核心代码

此功能的实现调用了两个 servlet，一个为 IdentifyCodeByEmailServlet，负责验证用户输入的邮箱并发送验证码；另一个为 ResetPassServlet，负责重置密码。

IdentifyCodeByEmailServlet

```
package cn.edu.cdu.practice.servlet;

import java.io.IOException;
import java.io.PrintWriter;
import java.sql.Connection;
import java.sql.PreparedStatement;
import java.sql.ResultSet;
import java.sql.SQLException;
import java.util.List;

import javax.servlet.ServletException;
import javax.servlet.annotation.WebServlet;
import javax.servlet.http.HttpServlet;
import javax.servlet.http.HttpServletRequest;
import javax.servlet.http.HttpServletResponse;
import javax.servlet.http.HttpSession;

import cn.edu.cdu.practice.service.impl.UserServiceImpl;
import cn.edu.cdu.practice.utils.DbUtils;
import cn.edu.cdu.practice.utils.EmailUtils;
import cn.edu.cdu.practice.utils.IdentifyCodeUtils;
import cn.edu.cdu.practice.utils.Log4jUtils;

@WebServlet("/Login/IdentifyCodeByEmailServlet")
public class IdentifyCodeByEmailServlet extends HttpServlet {
    public IdentifyCodeByEmailServlet() {
        super();
        // TODO Auto-generated constructor stub
    }
     /**
      * 先检查保密邮箱是否在学生和企业表里存在，从而得到用户的角色，并放入到
session 中。如果有，则向保密邮箱发送验证码，同时把保密邮箱、验证码、用户类型保存
到 mailbox_verification 表中
```

```
    */
    protected void service(HttpServletRequest request, HttpServletResponse response) throws ServletException, IOException {
        //获得保密邮箱
        String mbemail = request.getParameter("mbemail");
        UserServiceImpl usi = new UserServiceImpl();
        PrintWriter out = response.getWriter();
        HttpSession session = request.getSession();
        List<String> userinfo = usi.searchbyEmail(mbemail);

        int role = Integer.parseInt(userinfo.get(1));
        session.setAttribute("role", userinfo.get(1));
        //如果没有找到该保密邮箱，则提示用户输入错误；如果找到，则发送验证码，同时把信息存入mailbox_verification表
        if(userinfo.get(1).equals("")) {
            out.println("用户表中没有该邮箱，请重新输入！");
        }else{

            //发送验证码到保密邮箱
            String identifyCode = IdentifyCodeUtils.getCode();
            EmailUtils.sendMail(mbemail, role,identifyCode);
            System.out.println("验证码？"+identifyCode);
            out.write(identifyCode);
            //将验证码保存到数据表中
            usi.getPassBack(mbemail,role,identifyCode);
        }
    }

}
```

ResetPassServlet 、

```
package cn.edu.cdu.practice.servlet;
import java.io.IOException;
import java.io.PrintWriter;
import java.util.List;

import javax.servlet.ServletException;
import javax.servlet.annotation.WebServlet;
import javax.servlet.http.HttpServlet;
```

```
import javax.servlet.http.HttpServletRequest;
import javax.servlet.http.HttpServletResponse;

import cn.edu.cdu.practice.service.impl.UserServiceImpl;
import cn.edu.cdu.practice.utils.EmailUtils;
@WebServlet("/Login/ResetPassServlet")
public class ResetPassServlet extends HttpServlet {
    private static final long serialVersionUID = 1L;
    public ResetPassServlet() {
        super();
        // TODO Auto-generated constructor stub
    }
    /**
     * 重置密码：
     * 1.获得用户输入的保密邮箱中的验证码；
     * 2.根据用户类型找到对应的表，修改里面的密码；
     */
    protected void service(HttpServletRequest request, HttpServletResponse response) throws ServletException, IOException {
        //获得保密邮箱
        String mbemail = request.getParameter("mbemail");
        //获得用户输入的验证码
        String rvcinAction = request.getParameter("rvcinAction").toUpperCase();
        //获得隐藏控件中得到的验证码，该验证码是发到保密邮箱的。
        String rvchidden = request.getParameter("rvchidden").toUpperCase();
        //获得用户的新密码
        String newpassword = request.getParameter("newpassword");
        //获得用户输入的确认密码
        String newconfirmPassword = request.getParameter("newconfirmPassword");
        System.out.println("mbemail+rvchidden"+mbemail + "   " + "rvchidden");
        if(rvcinAction != null && rvchidden != null && newpassword != null && newconfirmPassword != null) {
            if(!rvchidden.equals(rvcinAction)){
                //如果输入的验证码和发送到邮箱的不一致，跳转到 404 页面
```

```
                    //跳转到 404 页面,并打印错误信息
                    String errorMessage = "验证码输入错误！";
                    request.getSession().setAttribute("ErrorMessage", errorMessage);
                    response.sendRedirect(request.getContextPath() + "/404.jsp");
                }
                if(newpassword.equals(newconfirmPassword)){
                    UserServiceImpl usi = new UserServiceImpl();
                    List<String> userinfo = usi.searchbyEmail(mbemail);
                    String account = userinfo.get(0);
                    String role = userinfo.get(1);
                    usi.resetPass(newpassword,mbemail,role,account);
                    //如果修改密码成功，跳转到登录页面
            request.getRequestDispatcher("/Login/index.jsp").forward(request,response);
                }
            }
        }
    }
```

3.业务逻辑层核心代码

处理具体业务逻辑的代码在 UserServiceImpl 类中定义，为了保证团队开发的效率，先在 UserService 接口中进行了方法的申明。

UserService

```
package cn.edu.cdu.practice.service;

import java.util.List;

/**
public interface UserService {
    //用户登录时，在页面选择角色，然后输入需要的参数，如果验证码和 session 中的一致，则进行下一步验证
    //如果 role=1，进企业表；如果 role=2，进学生表；如果 role=9，进系统参数表
    public boolean login(String account, String password, String Verification_Code, String role,String vchidden);
    //用户输入密保邮箱后，将生成的动态验证码插入到 mailbox_verification 表中
    public Boolean getPassBack(String mailbox, int type, String
```

```
identifyCode);
    //通过邮箱，在 student 和 company 表中遍历，返回用户的类型
    public List<String> searchbyEmail(String mailbox);
    //对指定密码邮箱的用户重设密码,type 为用户类型
    public boolean resetPass(String password,String mailbox,String role,String account);
}
```

UserServiceImpl

```
package cn.edu.cdu.practice.service.impl;
import java.io.PrintWriter;
import java.sql.*;
import javax.servlet.http.HttpSession;
import cn.edu.cdu.practice.service.UserService;
import cn.edu.cdu.practice.utils.*;
import java.util.ArrayList;
import java.util.List;
public class UserServiceImpl implements UserService{
    @Override
    //用户登录时，在页面选择角色，然后输入需要的参数，如果验证码和 session 中的一致，则进行下一步验证
    //如果 role=1，进企业表；如果 role=2，进学生表；如果 role=9，进系统参数表

    public boolean login(String account, String password, String Verification_Code,String role,String vchidden) {
        Connection con = (Connection) DbUtils.getConnection();
        String sql = "";
        ResultSet rs = null;
        PreparedStatement ps = null;
        String account_type = "";
        System.out.println(Verification_Code + " "+ vchidden.toUpperCase());
        //如果验证码不正确或没有得到验证码，返回 false
        if(Verification_Code == null || !vchidden.equals(Verification_Code.toUpperCase())){
            Log4jUtils.info("用户验证码输入错误");
            return false;
        }

```

```
        //如果用户角色没有选中，则直接返回 false
        if(role == null){
            Log4jUtils.info("没有选中用户角色");
            return false;
        }else{
            //根据不同的角色，生成不同的 sql 语句
            switch(role){
            case "1":
                account_type = "企业";
                sql = "select * from company where username=? and password = ?";
                break;
            case "2":
                account_type = "学生";
                sql = "select * from student where No=? and password = ?";
                break;
            case "9":
                account_type = "管理员";
                sql = "select * from system_parameter where admin_username=? and admin_password = ?";
            }
        }
        try {
            ps = (PreparedStatement) con.prepareStatement(sql);
            ps.setString(1, account);
            System.out.println("加密的密码："+MdPwdUtil.MD5Password(password));
            ps.setString(2, MdPwdUtil.MD5Password(password));
            System.out.println(ps.toString());
            rs = ps.executeQuery();
            if(rs.next()){
                Log4jUtils.info(account_type+ "用户" + account + "登录成功");
                return true;
            }
        } catch (SQLException e) {
            e.printStackTrace();
```

```
        }finally{
            DbUtils.closeConnection(con, ps, rs);
        }
        Log4jUtils.info(account_type+ "用户" + account + "登录不成功");
        return false;
    }
    //用户输入密保邮箱后，将生成的验证码插入到 mailbox_verification 表中，如果 mailbox_verification 表中已经有这个邮箱了，
    //就不要进行插入操作，而是将新生成的验证码更新到指定的记录。
    @Override
    public Boolean getPassBack(String mailbox,int type, String identifyCode) {
        Connection con = (Connection) DbUtils.getConnection();
        String sql = "";
        int num = 0;
        PreparedStatement ps = null;
        ResultSet rs = null;
        try{
            sql = "select * from mailbox_verification where mailbox = ?";
            ps = (PreparedStatement) con.prepareStatement(sql);
            ps.setString(1, mailbox);
            rs = ps.executeQuery();
            //如果没有密保邮箱的记录，就进行插入
            if(!rs.next()){
                sql = "insert into mailbox_verification values(?,?,?)";
                ps.close();
                rs.close();
                ps = (PreparedStatement) con.prepareStatement(sql);
                ps.setString(1, mailbox);
                ps.setInt(2, type);
                ps.setString(3, identifyCode);
                num = ps.executeUpdate();
                if(num == 1){
                    Log4jUtils.info(mailbox + "验证码设置成功");
                    return true;
                }else{
```

```
                    Log4jUtils.info(mailbox + "验证码设置不成功");
                    return false;
                }
            }
            //如果有，就更新验证码
            sql = "update mailbox_verification set verification_code = ? where mailbox = ?";
            ps.close();
            rs.close();
            ps = (PreparedStatement) con.prepareStatement(sql);
            ps.setString(1, identifyCode);
            ps.setString(2, mailbox);
            System.out.println(ps.toString());
            num = ps.executeUpdate();
            if(num == 1){
                Log4jUtils.info(mailbox + "验证码修改成功");
                return true;
            }else{
                Log4jUtils.info(mailbox + "验证码修改不成功");
                return false;
            }
        } catch (SQLException e) {
            // TODO Auto-generated catch block
            e.printStackTrace();
        }finally{
            DbUtils.closeConnection(con, ps,rs);
        }
        Log4jUtils.info(mailbox + "验证码设置不成功");
        return false;
    }
    //将新密码进行 MD5 加密后存入指定数据表
    @Override
    public boolean resetPass(String password,String mbemail,String role,String account) {
        Connection con = (Connection) DbUtils.getConnection();
        String sql = "";
        int num = 0;
        PreparedStatement ps = null;
```

```
        sql = "UPDATE student set password=? where mailbox=?";
        String MDpass = MdPwdUtil.MD5Password(password);
        try {
            ps = (PreparedStatement) con.prepareStatement(sql);
            ps.setString(1, MDpass);
            ps.setString(2, mbemail);
            num = ps.executeUpdate();
            if(num == 1){
                Log4jUtils.info(account + "重设密码成功");
                return true;
            }
        } catch (SQLException e) {
            // TODO Auto-generated catch block
            e.printStackTrace();
        }finally{
            DbUtils.closeConnection(con, ps);
        }
        Log4jUtils.info(account + "重设密码不成功");
        return false;
    }
    @Override
    public List<String> searchbyEmail(String mailbox) {
        Connection con = (Connection) DbUtils.getConnection();
        String sql = "";
        ResultSet rs = null;
        PreparedStatement ps = null;
        List<String> list = new ArrayList<String>();
        String role = "";
        String account = "";
        try {
            sql = "select * from student where mailbox=?";
            ps = (PreparedStatement) con.prepareStatement(sql);
            ps.setString(1, mailbox);
            rs = ps.executeQuery();
            //如果在 student 表里找到，就将 flag 设置为 true，同时将 type 设置为 2
            if(rs.next()){
                role = "2";
```

```
                account = rs.getString("No");
            }else{
                sql = "select * from company where mailbox=?";
                ps.close();
                rs.close();
                ps = (PreparedStatement) con.prepareStatement(sql);
                ps.setString(1, mailbox);
                rs = ps.executeQuery();
                //如果在 company 表里找到，就将 flag 设置为 true，同时将 type 设置为 1
                if(rs.next()){
                    role = "1";
                    account = rs.getString("company_name");
                }
            }
        } catch (SQLException e) {
            // TODO Auto-generated catch block
            e.printStackTrace();
        }finally{
            DbUtils.closeConnection(con, ps, rs);
        }
        list.add(account);
        list.add(role);
        return list;
    }
}
```

3.7 课后练习

1. Servlet 使用____接口 forward 和 include 方法进行通信。

A. ServletContext; B. ServletConfig;

C. RequestDispatcher; D. HttpSession;

2. ServletContext 接口的方法用于将对象保存在 Servlet 上下文中。

A. getSerletContext(); B. getContext();

C. getAttribute(); D. setAttribute();

3. HttpServletResponse 的哪些方法用于将一个 HTTP 请求重定向到另一个 URL____

A. sendURL() B. redirectHttp()

C. sendRedirect()　　D. getRequestDispatcher()

4.不同的客户端要共享的信息应存储到____中。

A. Servlet 上下文;　　B. 会话对象;

C. Http 请求对象;　　D. Http 响应对象;

5. HttpServletRequest 的_______方法可以得到会话。

A. getSession()　　B. getSession(Boolean)

C. getRequestSession();　　D. getHttpSession();

6.下列选项中可以关闭会话的是_______

A. 调用 HttpSession 的 close 方法

B. 调用 HttpSession 的 invalidate()方法

C. 等待 HttpSession 超时

D. 调用 HttpServletRequest 的 getSession(false)方法

7.在 HttpSession 中写入和读取数据的方法是_____

A. setParameter()和 getParameter()

B. setAttributer()和 getAttribute()

C. addAttributer()和 getAttribute()

D. set()个 get()

8.下列关于 ServletContext 的说法正确的是______

A. 一个应用对应一个 ServletContext

B. ServletContext 的范围比 Session 的范围要大。

C. 第一个会话在 ServletContext 中保存了数据，第二个会话读取不到这些数据

D. ServletContext 使用 setAttributer()和 getAttribute()方法操作数据。

9.关于 HttpSession 的 getAttibute()和 setAttribute()方法，正确的说法是______

A. getAttributer()方法返回类型是 String

B. getAttributer()方法返回类型是 Object

C. setAttributer()方法保存数据时如果名字重复会抛出异常

D. setAttributer()方法保存数据时如果名字重复会覆盖以前的数据

3.8 实践练习

1.训练目标：ServletConfig 对象的使用

培养能力	工程能力、设计/开发解决方案		
掌握程度	★★★★★	难度	中
结束条件	独立编写，运行出结果		

训练内容：

(1)分别使用@WebServlet 和 web.xml 配置方式创建一个 Servlet

(2)分别为上述 Servlet 配置三个初始化参数：上传文件路径、上传文件大小和上传文件类型

(3)在上述两个 Servlet 钟使用 ServletConfig 对象获取各自的初始化参数

2.训练目标：ServletContext 对象的使用

培养能力	工程能力、设计/开发解决方案		
掌握程度	★★★★★	难度	中
结束条件	独立编写，运行出结果		

训练内容：

(1)将数据库连接信息(连接地址、用户名、密码和驱动类)作为项目公共信息配置在 web.xml 中

(2)创建一个 Servlet 来获取所配置的数据库连接信息

3.训练目标：HttpServletRequest、HttpServletResponse 对象方法的使用

培养能力	工程能力、设计/开发解决方案		
掌握程度	★★★★★	难度	中
结束条件	独立编写，运行出结果		

训练内容：

(1)创建一个 JSP 注册表单页面，内容包括单位名称、单位性质(下拉菜单实现)和产品名称(多选控件实现)，使用中文测试数据提交到一个 Servlet

(2)在 Servlet 中获取并输出请求数据，保证无乱码问题

第 4 章　会话跟踪技术

本章目标

知识点	理解	掌握	应用
1.Cookie 对象的相关 API	✓	✓	✓
2.Session 对象的相关 API	✓	✓	✓
3.URL 重写技术的使用	✓	✓	✓
4. 隐藏表单域的使用	✓	✓	✓

项目任务

完成成都大学信息科学与工程学院实训系统项目的用户登录的设计任务：

- 项目任务 4-1 用户登录

知识能力点

知识点能力点	知识点 1	知识点 2	知识点 3	知识点 4
工程知识	✓	✓	✓	✓
问题分析	✓	✓	✓	✓
设计/开发解决方案				✓
研究				
使用现代工具				
工程与社会				
环境和可持续发展				
职业规范				
个人和团队				
沟通				
项目管理				
终身学习	✓	✓		

每当客户端发出请求时，服务器就会做出响应，客户端与服务器之间的联系是离散的、非连续的。当客户端发出请求时，服务器会建立连接。但一旦客户端的请求结束，服务器就会中断连接，而不是一直保持与客户端的联机状态。当下一次请求发起时，服务器会把这个请求看成是一个新的连接，与之前的请求无关。然而，由于 Web 应用中进行数据传输的协议是 HTTP 协议，它是一种无状态协议，这就使得客户端两次请求中需要共享的数

据无法保存。例如：在网上商城系统中，一些页面(如发表评价页面、购买商品页面)需要用户登录后才能浏览。但在打开这些页面时，系统并不能保存用户上次登录的信息，于是可能出现要求用户重复登录的情况。

会话跟踪就是用于解决这个问题的技术。它是一种灵活、轻便的机制，使得 Web 上的状态编程变为可能。

4.1 会话跟踪技术

会话跟踪技术是一种可以在客户端与服务器间保持 HTTP 状态的解决方案。从开发角度考虑，就是使上一次请求所传递的数据能够维持状态到下一次请求，并辨认出是否是相同的客户端所发送出来的。前面所介绍的 HttpServletRequest 和 ServletContext 对象也可以对数据进行保存，但它们不能进行会话跟踪，例如在网上商城中处理购买和结账时：

(1) 客户端请求 Web 服务器时，针对每次 HTTP 请求，Web 服务器都会创建一个 HttpServletRequest 对象，该对象只能保存本次请求所传递的数据。由于购买和结账是两个不同的请求，在发送结账请求时，之前购买请求中的数据将会丢失。

(2) 使用 ServletContext 对象保存数据时，由于同一个 Web 应用共享的同一个 ServletContext 对象。因此，当用户在发送结账请求时，由于无法区分哪些商品是哪个用户所购买的，而会将该商城中所有用户购买的商品进行结算。

为保存会话过程中产生的数据，Servlet 技术中提供了四个解决方案：Cookie 技术、Session 技术、URL 重写技术、隐藏表单域技术。

http://blog.csdn.net/fengzijia/article/details/47448241

4.1.1 Cookie 技术

Cookie 是在 HTTP 协议下，服务器或脚本可以维护客户工作站上信息的一种方式。Cookie 是由 Web 服务器保存在用户浏览器(客户端)上的小文本文件(通常经加密)，它可以包含有关用户的信息。无论何时用户链接到服务器，Web 站点都可以访问 Cookie 信息。

简单而言，Cookie 就是服务器端为了保存某些数据，或实现某些必要的功能，当用户访问服务器时，从服务器回传到客户端的一个或多个数据，这些数据因设置的保存时间不同，故保存在浏览器内存中或写入用户 PC 的硬盘当中，当下次用户再次访问服务器端时，则带着这些文件去与服务器端进行联系，这些数据或写入硬盘当中的数据文件就是 cookie。

其工作流程如图 4-1 所示。

图 4-1 Cookie 在浏览器与服务器之间的传输过程

1.Cookie API

为封装 Cookie 信息，在 Servlet API 中提供了一个 javax.servlet.http.Cookie 类，该类包含生成 Cookie 信息和提取 Cookie 信息各个属性的方法，具体如表 4-1 所示。

表 4-1 Cookie 类的常用方法

方法	方法描述
String getName()	用于返回 Cookie 的名称
void setVaule(String newValue)	用于设置 Cookie 的值
String getValue()	用于获取 Cookie 的值
void setMaxAge(int expiry)	用于设置 Cookie 在浏览器客户机上保持有效的秒数
intgetMaxAge()	用于获取 Cookie 在浏览器客户机上保持有效的秒数
voidsetPath(String uri)	用于设置该 Cookie 项的有效目录路径
String getPath()	用于返回该 Cookie 项的有效目录路径
voidsetDomain(String pattern)	用于设置该 Cookie 项的有效域
String getDomain()	用于返回该 Cookie 项的有效域
voidsetVersion(int v)	用于设置该 Cookie 项采用的协议版本
intgetVersion()	用于返回该 Cookie 项采用的协议版本
void setComment(String purpose)	用于设置该 Cookie 项的注解部分
String getComment()	用于返回该 Cookie 项的注解部分
void setSecure(Boolean flag)	用于设置该 Cookie 项是否只能使用安全的协议传送
booleangetSecure()	用于返回该 Cookie 项是否只能使用安全的协议传送

提示：

- Cookie 保存的时间通过设置 setMaxAge 来设置(默认值为-1)
- 如果大于 0，就表示在客户机的硬盘上保存 N 秒。
- 如果小于 0，就表示不将 Cookie 保存到客户机的硬盘上，当浏览器关闭时，Cookie 当即消失。
- 如果等于 0，就表示删除保存在客户机上的 Cookie。
- cookie.setMaxAge(60);在客户端保存的有效时间，以秒为单位。
- cookie.setPath(“/”);设置 Cookie 的有效使用域。默认为当前 Servlet 所在的目录。

- 设置为/则整个 tomcat 有效。
- 设置为/myProj 即，整个 myProj 项目有效。
- setDomain（“.hncu.cn”）;//设置对使用了 hncu.cn 一级域名的所有二级域名有效。应该配合 setPath（“/”）;共同使用。
- setSecure(true|false);默认值为 false，是否只支持 https。

2.Cookie 的使用

下面通过一个简单的例子来演示通过 Cookie 显示用户上次访问的时间。

【示例 4-1】 LastAccessServlet.java

```
package cn.edu.cdu.servlet;
import java.io.IOException;
import java.io.PrintWriter;
import java.text.SimpleDateFormat;
import java.util.Date;
import javax.servlet.ServletException;
import javax.servlet.annotation.WebServlet;
import javax.servlet.http.Cookie;
import javax.servlet.http.HttpServlet;
import javax.servlet.http.HttpServletRequest;
import javax.servlet.http.HttpServletResponse;
@WebServlet("/LastAccessServlet")
public class LastAccessServlet extends HttpServlet {
     private static final long serialVersionUID = 1L;
    public LastAccessServlet() {
        super();
    }
     protected void service(HttpServletRequest request, HttpServletResponse response) throws ServletException, IOException {
         response.setContentType("text/html;charset=UTF-8");
         PrintWriter out = response.getWriter();
         //定义 lastAccessTime 来读取客户端发送 cookie 获取用户上次访问时间
         String lastAccessTime = null;
         //获取所有的 cookie
         Cookie[] cookies = request.getCookies();
         for(int i = 0; cookies != null && i < cookies.length; i++){
             //如果 cookie 名为 lastAccess，则获取该 cookie 的值
             if("lastAccess".equals(cookies[i].getName())){
                 lastAccessTime = cookies[i].getValue();
```

```
                    break;
                }
            }
            //判断是否存在名为 lastAccess 的 cookie，没有则为首次访问，有则打印出来
            if(lastAccessTime == null){
                out.println("您是首次访问本站！");
            }else{
                out.println("您上次访问的时间是：" + lastAccessTime);
            }
            //创建 cookie，将当前时间作为 cookie 的值发送给客户端
            String currentTime = new SimpleDateFormat("yyyy-MM-dd hh:mm:ss").format(new Date());
            Cookie cookie = new Cookie("lastAccess",currentTime);
            //cookie.setMaxAge(3600);
            response.addCookie(cookie);
            out.flush();
            out.close();
        }
    }
```

该程序第一次运行时，会在页面显示“您是首次访问本站”，而以后再访问时，就会显示用户上次访问的时间，其运行效果如图 4-2 所示。

图 4-2　LastAccessServlet 的运行效果

在完成上面的测试后，用户可以尝试关闭浏览器，然后再访问该 Servlet，但会发现页面又出现“您是首次访问本站”。这说明之前浏览器端存放的 Cookie 信息被删除了。因为默认情况下，Cookie 对象的 Max-Age 属性值为-1，即浏览器关闭时就删除这个 Cookie 对象。为此，可以将 LastAccessServlet.java 代码中用斜体注释掉的语句

```
cookie.setMaxAge(3600);
```

解除注释，表示将 Cookie 的有效时间设置为 1 个小时，然后再进行关闭浏览器的测试。这时，只要 Cookie 设置的有效时间没有结束，用户就可以一直看到上次访问的时间。

4.1.2 Session 技术

Session 在计算机中，尤其是在网络应用中，称为“会话控制”。Session 对象存储特定用户会话所需的属性及配置信息。这样，当用户在应用程序的 Web 页之间跳转时，存储在 Session 对象中的变量将不会丢失，而是一直存在于整个用户会话中。当用户请求来自应用程序的 Web 页时，如果该用户还没有会话，则 Web 服务器将自动创建一个 Session 对象。当会话过期或被放弃后，服务器将终止该会话。

1.Session 的原理

Session 的底层是基于 Cookie 技术来实现的，当用户打开浏览器，去访问服务器的时候，服务器会为每个用户的浏览器创建一个会话对象(Session 对象)，并且为每个 Session 对象创建一个 Jsessionid 号。当 Session 对象创建成功后，会以 Cookie 的方式将这个 Jsessionid 号回写给浏览器，当用户再次进行访问服务器时，及带了具有 Jsessionid 号的 Cookie 数据来一起访问服务器，服务器通过不同 Session 的 Jsessionid 号来找出与其相关联的 Session 对象，通过不同的 Session 对象来为不同的用户服务。其过程如图 4-3 所示。

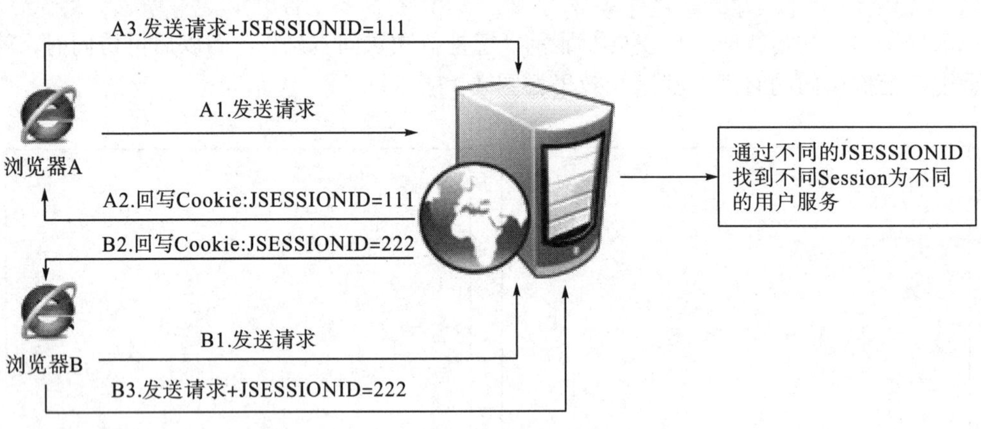

图 4-3 Session 保存用户信息的过程

2.HttpSession API

Session 在 Web 应用中大量使用，它与每个请求消息紧密相关，为此，HttpServletRequest 中有专门的 getSession() 方法来获取 HttpSession 对象。在获取了 HttpSession 对象后，可以使用如表 4-2 所示的方法对会话数据进行操作。

表 4-2　HttpSession 类的常用方法

方法	方法描述
String getId()	返回与当前 HttpSession 对象关联的会话标识号
long getCreationTime()	返回 Session 创建的时间
long getLastAccessedTime()	返回客户端最后一次发送与 Session 相关请求的时间
void setMaxInactiveInterval(int interval)	用于设置当前会话的默认超时间间隔，以秒为单位
booleanisNew ()	判断当前 HttpSession 对象是否是新创建的
voidinvalidate()	用于强制使 Session 对象无效
ServletContext getServletContext()	用于返回当前 HttpSession 对象所属于的 Web 应用程序对象，即代表当前 Web 应用程序的 ServletContext 对象
voidsetAttribute(String name, Object value)	用于将一个对象与一个名称关联后存储到当前的 HttpSession 对象中
String getAttribute(String name)	用于从当前 HttpSession 对象中返回指定名称的属性对象值
voidremoveAttribute(String name)	用于从当前 HttpSession 对象中删除指定名称的属性

3.Session 的使用

下面通过一个案例演示 HttpSession 提供的方法的使用。

【示例 4-2】 PutValueSessionServlet.java 将数据放入到 Session 中

```
package cn.edu.cdu.servlet;
import java.io.IOException;
import java.io.PrintWriter;
import java.text.SimpleDateFormat;
import java.util.Date;
import javax.servlet.ServletException;
import javax.servlet.annotation.WebServlet;
import javax.servlet.http.Cookie;
import javax.servlet.http.HttpServlet;
import javax.servlet.http.HttpServletRequest;
import javax.servlet.http.HttpServletResponse;
import javax.servlet.http.HttpSession;
@WebServlet("/PutValueSessionServlet")
public class PutValueSessionServlet extends HttpServlet {
    private static final long serialVersionUID = 1L;
    public PutValueSessionServlet() {
        super();
    }
    protected void service(HttpServletRequest request,
HttpServletResponse response) throws ServletException, IOException {
```

```
        response.setContentType("text/html;charset=UTF-8");
        PrintWriter out = response.getWriter();
        HttpSession session = request.getSession();
        session.setAttribute("name", "成都大学");
        String url = "GetValueURLServlet";
        out.println("已经将名称保存到 session 中:<a href='"+url+"'>跳转到取值页面</a>");
        out.flush();
        out.close();
    }
}
```

【示例 4-3】GetValueSessionServlet.java 从 Session 中获取指定的属性的值

```
package cn.edu.cdu.servlet;
import java.io.IOException;
import java.io.PrintWriter;
import javax.servlet.ServletException;
import javax.servlet.annotation.WebServlet;
import javax.servlet.http.HttpServlet;
import javax.servlet.http.HttpServletRequest;
import javax.servlet.http.HttpServletResponse;
import javax.servlet.http.HttpSession;
@WebServlet("/GetValueSessionServlet")
public class GetValueSessionServlet extends HttpServlet {
    private static final long serialVersionUID = 1L;
    public GetValueSessionServlet() {
        super();
    }
    protected void service(HttpServletRequest request, HttpServletResponse response) throws ServletException, IOException {
        response.setContentType("text/html;charset=UTF-8");
        PrintWriter out = response.getWriter();
        HttpSession session = request.getSession();
        String name = (String) session.getAttribute("name");
        out.println("保存在 session 中的 name 的值为: "+name);
        out.flush();
        out.close();
    }
}
```

运行【示例 4-2】PutValueSessionServlet.java 将数据放入 Session 中和【示例 4-3】GetValueSessionServlet.java 从 Session 中获取指定属性的值的效果如图 4-4 所示。

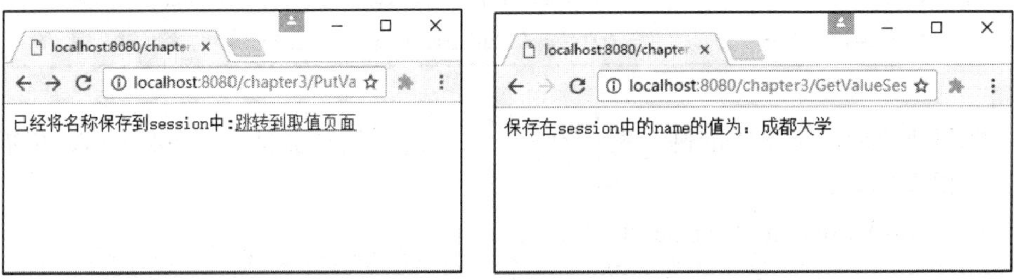

图 4-4　PutValueSessionServlet.java 和 GetValueSessionServlet.java 的运行效果

4.1.3　URL 重写技术

当服务器在使用 Session 对象传值时，是以 Cookie 的形式传递给浏览器的。那么，当浏览器的 Cookie 功能禁用后，服务器端将无法通过 Session 保存用户会话信息。【示例 4-2】PutValueSessionServlet.java 将数据放入到 Session 中和【示例 4-3】GetValueSessionServlet.java 从 session 中获取指定属性的值的效果如图 4-5 所示。

图 4-5　禁用 Cookie 后 PutValueSessionServlet.java 和 GetValueSessionServlet.java 的运行效果

由图 4-5 可见设置在 name 中的属性无法正常取出。这是因为浏览器禁用 Cookie 后，服务器无法获得 Session 对象的 ID 属性，即无法获取到保存用户信息的 Session 对象。此时，Web 服务器把本次会话当成一个新的会话，从而无法获取前面设置在 Session 对象中的属性值。

为了保证当浏览器不知道 Cookie 时也能正常通过 Session 进行传值，Servlet 引入了 URL 重写机制来保存用户的会话信息。

1.URL API

HttpServletResponse 接口中定义了两个用于完成 URL 重写的方法，如表 4-3 所示。

表 4-3 URL 重写的方法

方法	方法描述
String encodeURL（String url）	用于对超链接和 form 表单的 action 属性中设置的 URL 进行重写
String encodeRedirectURL（String url）	用于对要传递给 HttpServletResponse.sendRedirect 方法的 URL 进行重写

下面将 Session 技术中的例子进行改写，以达到在浏览器禁用 Cookie 后，仍能保持 session 值的跟踪。

【示例 4-4】PutValueURLServlet.java

```
package cn.edu.cdu.servlet;
import java.io.IOException;
import java.io.PrintWriter;
import javax.servlet.ServletException;
import javax.servlet.annotation.WebServlet;
import javax.servlet.http.HttpServlet;
import javax.servlet.http.HttpServletRequest;
import javax.servlet.http.HttpServletResponse;
import javax.servlet.http.HttpSession;
@WebServlet("/PutValueURLServlet")
public class PutValueURLServlet extends HttpServlet {
     private static final long serialVersionUID = 1L;
    public PutValueURLServlet() {
        super();
    }
    protected void service(HttpServletRequest request,
HttpServletResponse response) throws ServletException, IOException {
     response.setContentType("text/html;charset=UTF-8");
          PrintWriter out = response.getWriter();
          HttpSession session = request.getSession();
          session.setAttribute("name", "成都大学");
          out.println("已经将名称保存到 session 中");
          String url = " GetValueSessionServlet ";
          String newUrl = response.encodeRedirectURL(url);
          out.println("<a href='"+newUrl+"'>跳转到取值页面</a>");
          out.flush();
          out.close();
     }
}
```

启动服务器，在已经禁用 cookie 的浏览器中输入：http://localhost:8080/chapter3/PutValueURLServlet，可以看到 session 中存放的值可以正常取出，其运行效果如图 4-6 所示。

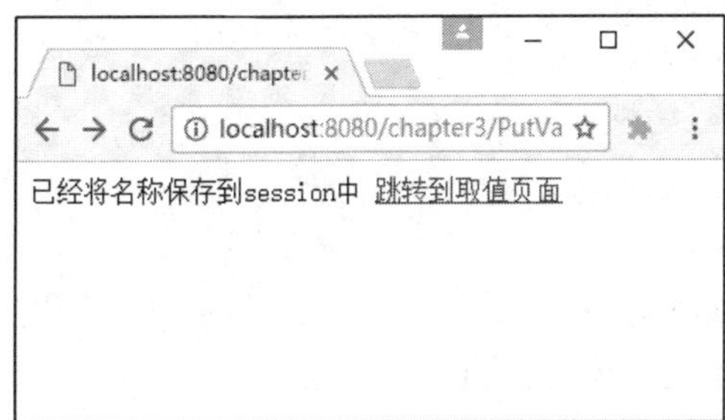

图 4-6　PutValueURLServlet.java 的运行效果

4.1.4　隐藏表单域技术

使用 Form 表单的隐藏表单域，可以在完全脱离浏览器对 Cookie 的使用限制以及在用户无法从页面显示看到隐藏标识的情况下，将标识随同请求一起传送给服务器处理，从而实现会话的跟踪。

设置隐藏表单域的示例代码如下：

【示例 4-5】login.jsp 在 Form 表单中定义隐藏域

```
<%@ page language="java" contentType="text/html; charset=utf-8"
    pageEncoding="utf-8"%>
<!DOCTYPE html PUBLIC "-//W3C//DTD HTML 4.01 Transitional//EN"
"http://www.w3.org/TR/html4/loose.dtd">
<html>
<head>
<meta http-equiv="Content-Type" content="text/html; charset=utf-8">
<title>登录</title>
</head>
<body>
    <form action="Login" method="post">
        <input type="hidden" name="userid" value="001">
        <input type="submit" value="提交">
        <input type="reset" value="取消">
    </form>
</body>
</html>
```

【示例 4-6】Login.java 接受页面隐藏表单域的值

```
package cn.edu.cdu.servlet;
```

```
import java.io.IOException;
import javax.servlet.ServletException;
import javax.servlet.annotation.WebServlet;
import javax.servlet.http.HttpServlet;
import javax.servlet.http.HttpServletRequest;
import javax.servlet.http.HttpServletResponse;
@WebServlet("/Login")
public class Login extends HttpServlet {
    private static final long serialVersionUID = 1L;
   public Login() {
      super();
   }
    protected void service(HttpServletRequest request, HttpServletResponse response) throws ServletException, IOException {
        System.out.println(request.getParameter("userid"));
    }
}
```

程序运行的效果如图 4-7 所示。

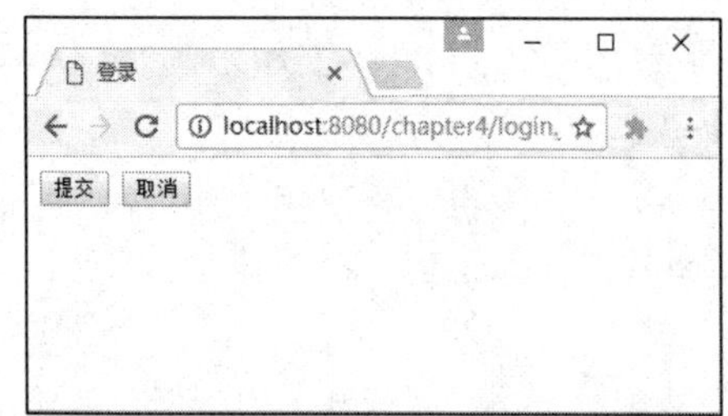

Markers Properties Servers Data Source Explorer Snippets Problems Console
Tomcat v8.0 Server at localhost [Apache Tomcat] C:\Program Files\Java\jre1.8.0_102\bin\javaw.exe (2017年2月2
001

图 4-7 隐藏表单域的运行效果

4.2 实 例 项 目

4.2.1 项目任务 4-1 用户登录

用户登录功能根据用户输入的信息，跳转到指定的页面，并根据用户角色不同，显示不同的功能链接。其详细的业务流程如图 4-8 所示。

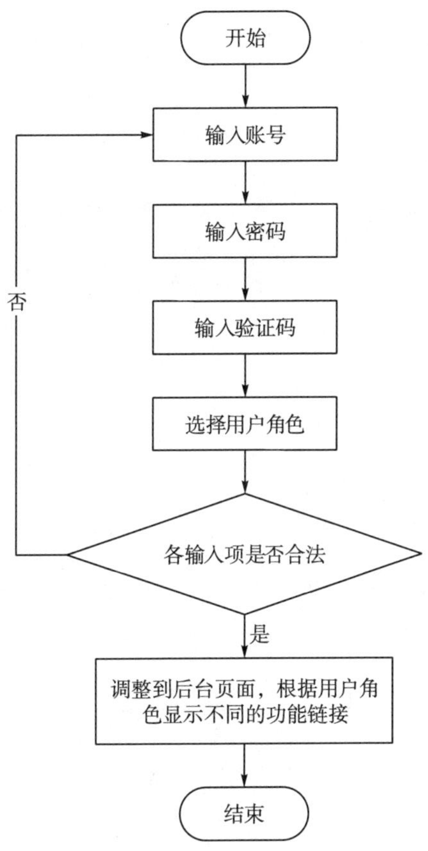

图 4-8　用户登录流程图

1.页面核心代码

```
…
<div class="login-card">
<form action = "LoginServlet" method = "post">
<div class="pmd-card-title card-header-border text-center">
<div class="loginlogo">
<a href="javascript:void(0);"><img src="../assets/images/logo-computer.jpg" alt="Logo"></a>
</div>
<h3>成都大学|信工学院<span><strong>实训实习系统</strong></span></h3>
</div>
<div class="pmd-card-body">
<div class="alert alert-success" role="alert">用户名或密码错误！</div>
```

```
<div class="form-group pmd-textfield pmd-textfield-floating-label">
<label for="inputError1" class="control-label pmd-input-group-label">账户名</label>
<div class="input-group">
<div class="input-group-addon"><i class="material-icons md-dark pmd-sm">perm_identity</i></div>
<input type="text" class="form-control" id="exampleInputAmount" name = "account">
</div>
</div>
<div class="form-group pmd-textfield pmd-textfield-floating-label">
<label for="inputError1" class="control-label pmd-input-group-label">密码</label>
<div class="input-group">
<div class="input-group-addon"><i class="material-icons md-dark pmd-sm">lock_outline</i></div>
<input type="password" class="form-control" id="exampleInputAmount" name = "password">
</div>
</div>
<!--验证码-->
<div class="verification-body">
<div class="form-group pmd-textfield pmd-textfield-floating-label verification-code-width">
<label for="inputError1" class="control-label pmd-input-group-label">验证码</label>
<div class="input-group">
<div class="input-group-addon"><i class="material-icons md-dark pmd-sm">comment</i></div>
<input type="text" class="form-control" id="exampleInputAmount" name = "verificationCode">
</div>

</div>
<div class="verification-code" id="vcinAction">验证码</div>
```

```
<input type="hidden" id="vchidden" name="vchidden">
</div>
<!--用户角色-->
<div class="form-group  login_select">
<label class="control-label select_role">用户角色 : </label>

<!--Inline Radio button-->
<label class="radio-inline pmd-radio pmd-radio-ripple-effect">
<input type="radio" name="role"  checked="1" id="inlineRadio1" value="1">

<span for="inlineRadio1">企业</span></label>
<label class="radio-inline pmd-radio pmd-radio-ripple-effect">

<input type="radio" name="role" id="inlineRadio2" value="2">

<span for="inlineRadio2">学生</span></label>
<label class="radio-inline pmd-radio pmd-radio-ripple-effect">

<input type="radio" name="role" id="inlineRadio3" value="9">

<span for="inlineRadio3">管理员</span></label>
</div>
</div>
<!--底部-->
<div class="pmd-card-footer card-footer-no-border card-footer-p16 text-center">

<div class="form-group clearfix">
<div class="checkbox pull-left">
<label class="pmd-checkbox pmd-checkbox-ripple-effect">

                    <input type="checkbox"  value="">
                    <span class="pmd-checkbox">记住密码</span>
                </label>
</div>
```

```
<span class="pull-right forgot-password">
                <a href="javascript:void(0);">忘记密码?</a>
            </span>
</div>
<button type="submit" class="btn pmd-ripple-effect btn-primary btn-block">登录</button>
<p class="redirection-link">还没有企业账户? <a href="javascript:void(0);" class="login-register">注册</a>. </p>
</div>
</form>
</div>
</div>
<!-- Scripts Starts -->
<script src="../assets/js/jquery-1.12.2.min.js"></script>
<script src="../assets/js/bootstrap.min.js"></script>
<script src="../assets/js/propeller.min.js"></script>
<script src="../assets/js/bootstrapValidator.js"></script>
<script>
    $(document).ready(function() {
        var sPath = window.location.pathname;
        var sPage = sPath.substring(sPath.lastIndexOf('/') + 1);
        $(".pmd-sidebar-nav").each(function() {
                $(this).find("a[href='" + sPage + "']").parents(".dropdown").addClass("open");
                $(this).find("a[href='" + sPage + "']").parents(".dropdown").find('.dropdown-menu').css("display", "block");
                $(this).find("a[href='" + sPage + "']").parents(".dropdown").find('a.dropdown-toggle').addClass("active");
            $(this).find("a[href='" + sPage + "']").addClass("active");
        });
    });
```

```
</script>
<!-- login page sections show hide -->
<script type="text/javascript">
        $(document).ready(function() {
            $('.app-list-icon li a').addClass("active");
            $(".login-for").click(function() {
                $('.login-card').hide()
                $('.forgot-password-card').show();
            });
            $(".signin").click(function() {
                $('.login-card').show()
                $('.forgot-password-card').hide();
            });
        });
</script>
<!--控制三个面板的显示和隐藏-->
<script type="text/javascript">
        $(document).ready(function() {
            $(".login-register").click(function() {
                $('.login-card').hide()
                $('.forgot-password-card').hide();
                $('.register-card').show();
            });
            $(".register-login").click(function() {
                $('.register-card').hide()
                $('.forgot-password-card').hide();
                $('.login-card').show();
            });
            $(".forgot-password").click(function() {
                $('.login-card').hide()
                $('.register-card').hide()
                $('.forgot-password-card').show();
            });
        });
</script>
    <script type="text/javascript">
        $(document).ready(function(){
                htmlobj=$.ajax({url:"/practiceSystem/Login/
```

```
IndetifyCodeServlet",async:false});

                $("#vcinAction").html(htmlobj.responseText);
                $("#vchidden").val(htmlobj.responseText);
            });
            $("#vcinAction").click(function(){
                htmlobj=$.ajax({url:"/practiceSystem/Login/
IndetifyCodeServlet",async:false});

                $("#vcinAction").html(htmlobj.responseText);
                $("#vchidden").val(htmlobj.responseText);
             })
        </script>
<script src="../assets/js/login.js"></script>
</body>
</html>
```

其运行效果如图 4-9～图 4-11 所示。

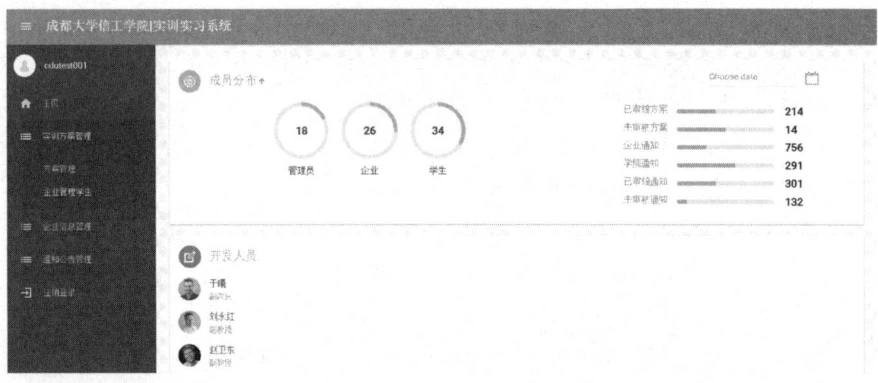

图 4-9　企业登录后的页面

图 4-10　学生登录后的页面

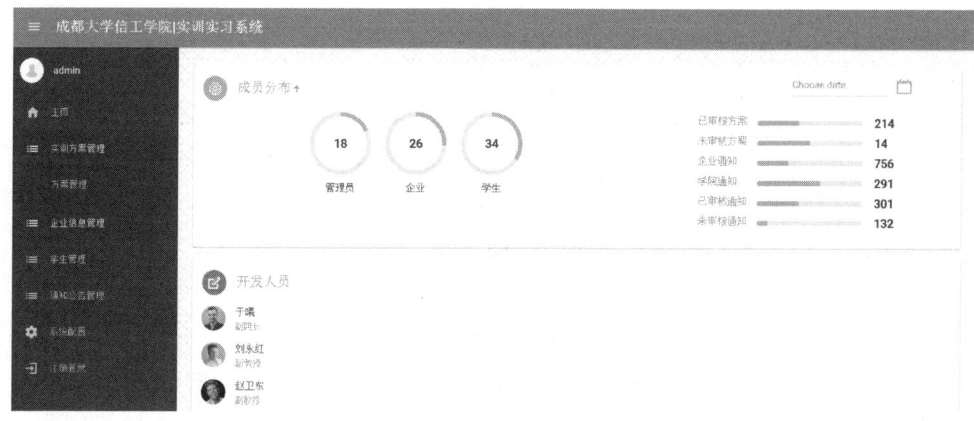

图 4-11　管理员登录后的页面

2.Servlet 核心代码

```java
package cn.edu.cdu.practice.servlet;
import java.io.IOException;
import javax.servlet.ServletException;
import javax.servlet.annotation.WebServlet;
import javax.servlet.http.HttpServlet;
import javax.servlet.http.HttpServletRequest;
import javax.servlet.http.HttpServletResponse;
import javax.servlet.http.HttpSession;
import javax.servlet.jsp.PageContext;
import cn.edu.cdu.practice.service.impl.UserServiceImpl;
@WebServlet("/Login/LoginServlet")
public class LoginServlet extends HttpServlet {
    private static final long serialVersionUID = 1L;
    public LoginServlet() {
        super();
    }
    protected void service(HttpServletRequest request, HttpServletResponse response)
            throws ServletException, IOException {
        request.setCharacterEncoding("utf-8");
        response.setContentType("text/html;charset=UTF-8");
        // 获取页面传入的各种值
        HttpSession session = request.getSession();
        // 页面获得的用户输入的账号信息
        String account = request.getParameter("account");
```

```
        String password = request.getParameter("password");
        String Verification_Code = request.getParameter("verificationCode");
        String role = request.getParameter("role");
        System.out.println(account);
        // 页面获得的由后台产生的验证码
        String vchidden = request.getParameter("vchidden");
        UserServiceImpl usi = new UserServiceImpl();
        if (usi.login(account, password, Verification_Code, role, vchidden)) {
            // 将role放入到session中
            session.setAttribute("role", role);
            // 将用户名放入到session中
            session.setAttribute("account", account);
            // 如果登录成功，跳转到对应页面
            request.getRequestDispatcher("/Login/index.jsp").forward(request, response);
        } else {
            // 如果登录不成功，跳转到404页面,并打印错误信息
            String errorMessage = "登录失败,或服务器异常,请检查输入是否正确!";
            request.getSession().setAttribute("ErrorMessage", errorMessage);
            response.sendRedirect(request.getContextPath() + "/404.jsp");
        }
    }
}
```

3.业务逻辑层核心代码

其具体业务逻辑流程在UserServiceImpl中进行实现，方法的申明在UserService接口中进行申明：

UserService:

```
package cn.edu.cdu.practice.service;

import java.util.List;

/**
```

```
public interface UserService {
    //用户登录时，在页面选择角色，然后输入需要的参数，如果验证码和 session 中的一致，则进行下一步验证
    //如果 role=1，进企业表；如果 role=2，进学生表；如果 role=9，进系统参数表
    public boolean login(String account, String password, String Verification_Code, String role,String vchidden);
    //用户输入密保邮箱后，将生成的动态验证码插入到 mailbox_verification 表中
    public Boolean getPassBack(String mailbox, int type, String identifyCode);
    //通过邮箱，在 student 和 company 表中遍历，返回用户的类型
    public List<String> searchbyEmail(String mailbox);
    //对指定密码邮箱的用户重设密码,type 为用户类型
    public boolean resetPass(String password,String mailbox,String role,String account);
}
```

UserServiceImpl:

```
package cn.edu.cdu.practice.service.impl;
import java.io.PrintWriter;
import java.sql.*;
import javax.servlet.http.HttpSession;
import cn.edu.cdu.practice.service.UserService;
import cn.edu.cdu.practice.utils.*;
import java.util.ArrayList;
import java.util.List;
public class UserServiceImpl implements UserService{
    @Override
    //用户登录时，在页面选择角色，然后输入需要的参数，如果验证码和 session 中的一致，则进行下一步验证
    //如果 role=1，进企业表；如果 role=2，进学生表；如果 role=9，进系统参数表
    public boolean login(String account, String password, String Verification_Code,String role,String vchidden) {
        Connection con = (Connection) DbUtils.getConnection();
        String sql = "";
        ResultSet rs = null;
        PreparedStatement ps = null;
        String account_type = "";
        System.out.println(Verification_Code + " "+ vchidden.toUpperCase());
```

```
        //如果验证码不正确或没有得到验证码，返回 false
        if(Verification_Code == null || !vchidden.equals(Verification_Code.toUpperCase())){
            Log4jUtils.info("用户验证码输入错误");
            return false;
        }

        //如果用户角色没有选中，则直接返回 false
        if(role == null){
            Log4jUtils.info("没有选中用户角色");
            return false;
        }else{
            //根据不同的角色，生成不同的 sql 语句
            switch(role){
            case "1":
                account_type = "企业";
                sql = "select * from company where username=? and password = ?";
                break;
            case "2":
                account_type = "学生";
                sql = "select * from student where No=? and password = ?";
                break;
            case "9":
                account_type = "管理员";
                sql = "select * from system_parameter where admin_username=? and admin_password = ?";
            }
        }
        try {
            ps = (PreparedStatement) con.prepareStatement(sql);
            ps.setString(1, account);
            System.out.println("加密的密码："+MdPwdUtil.MD5Password(password));
            ps.setString(2, MdPwdUtil.MD5Password(password));
            System.out.println(ps.toString());
            rs = ps.executeQuery();
```

```
            if(rs.next()){
                Log4jUtils.info(account_type+ "用户" + account + "登录成功");
                return true;
            }
        } catch (SQLException e) {
            e.printStackTrace();
        }finally{
            DbUtils.closeConnection(con, ps, rs);
        }
        Log4jUtils.info(account_type+ "用户" + account + "登录不成功");
        return false;
    }
```

4.3 课后练习

1.有关会话跟踪技术描述正确的是

A. cookie 是 web 服务器发给客户端的一小段信息，客户端请求时，可以读取该信息发送到服务器

B. 关闭浏览器意味着会话 ID 丢失，但所有与原会话关联的会话数据仍保留在服务器上，直至会话过期

C. 在禁用 cookie 时，可以使用 URL 重写技术跟踪会话

D. 隐藏表单域将字段添加到 HTML 表单并在客户端浏览器中显示

2.在 J2EE 中，ServletAPI 为使用 cookie，提供了类。

A. javax. servlet. http. Cookie

B. javax. servlet. http. HttpCookie

C. javax. servlet.　Cookie

D. javax. servlet. HttpCookie

3.如果只希望在多个页面间共享数据，可以使用____作用域。

A. request,session　　B. application, session

C. request, application　　D. pageContext, request

4.只能传送字符串类型数据的方式是

A. 表单 URL 重写　　B. session 对象

C. 隐藏域 setParameter 方法　　D. 都可以

5.在 WEB 应用中，数据传递的默认编码是

A. ISO-8859-1　　B. UTF-8

C. GBK　　D. UNICODE

4.4 实践练习

1.训练目标：Cookie 技术的熟练使用

培养能力	工程能力、设计/开发解决方案		
掌握程度	★★★★	难度	中
结束条件	独立编写，运行出结果		

训练内容：

(1) 创建一个用户登录页面，提交请求到一个 servlet

(2) 在 Servlet 中获取用户登录时的用户名，将其存放到 Cookie 对象，设置其生存期为 5 分钟

(3) 创建另一个 servlet，读取并输出 Cookie 中的用户名

(4) 在 Cookie 生存期间和结束时访问第二个 servlet 观察结果

2.训练目标：Session 技术的熟练使用

培养能力	工程能力、设计/开发解决方案		
掌握程度	★★★★★	难度	中
结束条件	独立编写，运行出结果		

训练内容：

(1) 创建一个用户登录页面，提交请求到 LoginServlet

(2) 在 LoginServlet 中获取用户登录的用户名，并存储到 Session 中

(3) 创建 DisServlet，读取并输出登录用户的用户名

(4) 在登录页面加入一个“退出”请求，并创建 QuitServlet，在此 Servlet 种清除 Session 中的用户名

(5) 观察退出前后 DisServlet 运行的结果

第 5 章　数据库的访问

本章目标

知识点	理解	掌握	应用
1.数据库连接与关闭	✓	✓	✓
2. JDBC 及 JDBC API	✓	✓	✓
3.JDBC 编程步骤	✓	✓	✓
4.基于 JDBC 对数据库的增、删、查、改	✓	✓	✓

项目任务

完成成都大学信息科学与工程学院实训系统项目的企业发布方案的设计任务：

- 项目任务 5-1 企业发布方案

知识能力点

知识点能力点	知识点 1	知识点 2	知识点 3	知识点 4
工程知识	✓	✓	✓	✓
问题分析				✓
设计/开发解决方案				✓
研究	✓	✓		
使用现代工具				✓
工程与社会				
环境和可持续发展				
职业规范				
个人和团队				
沟通				
项目管理				✓
终身学习	✓	✓		

5.1　数　据　源

数据源(Data Source)：是指数据库应用程序所使用的数据库或者数据库服务器。

在 WEB 开发中，数据库操作是必不可少的重要技术之一。为了方便地获取、增加、删除数据以及对数据库进行管理，JAVA 平台提供了一个标准的数据库访问接口集——JDBC API。

5.1.1 JDBC 与 ODBC

JDBC(Java DataBase Connectivity，Java 数据库连接)：是一种用于执行 SQL 语句的 Java API，可以为多种关系数据库提供统一访问，它由一组用 Java 语言编写的类和接口组成，Java 应用程序与数据库的连接都是通过 JDBC 来实现的。

ODBC(Open DataBase Connectivity，开放式数据库互连)：是 MICROSOFT 提出的基于 C 语言的数据库访问接口标准，已成为 SQL 标准的一部分。ODBC 的最大优点是能以统一的方式处理所有的数据库。(一个基于 ODBC 的应用程序对数据库的操作不依赖任何 DBMS，不直接与 DBMS 打交道，所有的数据库操作由对应的 DBMS 的 ODBC 驱动程序完成。)

JDBC 与 ODBC 的关系：

JDBC 是在 ODBC 之上构建的。

ODBC 不适合于在 Java 编程语言中直接使用，需要通过使用 **JDBC-ODBC Bridge** 并在 JDBC API 的帮助下才能达到最佳实现。

JDBC API 具有 ODBC 未提供的一些功能，JDBC API 继承并强化了 Java 编程语言的风格和优点。

5.1.2 JDBC 架构

JDBC 具有良好的跨平台性。进行数据库应用程序开发时，不必特别关注连接的是哪个厂商的数据库系统，大大提高了软件开发的方便性与应用程序的可维护性和可扩展性。

JDBC API 使用一个驱动程序管理器和数据库特定的驱动程序提供透明的异构数据库的连接，其访问数据库系统的结构如图 5-1 所示。

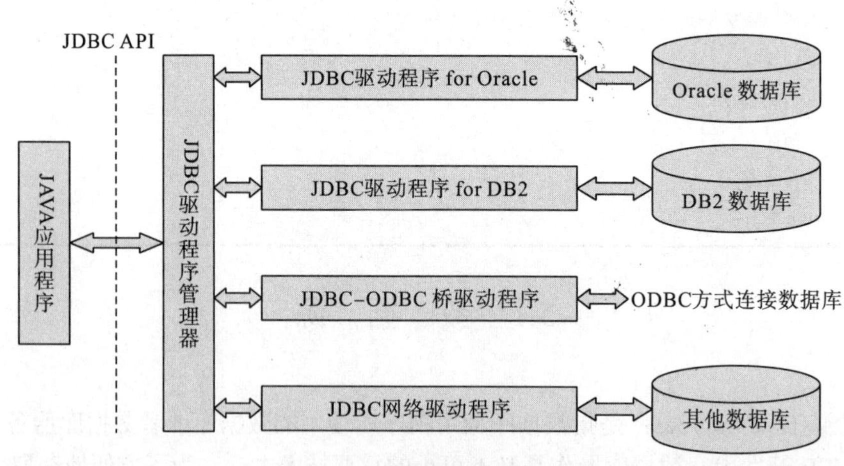

图 5-1 JDBC 访问数据库系统结构图

JDBC 规范采用接口和实现分离的思想设计了 Java 数据库编程的框架。接口包含在 java.sql 及 javax.sql 包中，这些接口的实现类叫做数据库驱动程序，由数据库的厂商或其他的厂商或个人提供。为了使客户端程序独立于特定的数据库驱动程序，JDBC 规范建议开发者使用基于接口的编程方式，即尽量使应用仅依赖 java.sql 及 javax.sql 中的接口和实现类。

5.1.3 JDBC API

JDBC API 主要做三件事：

- ✧ 与数据源建立连接。
- ✧ 发送 SQL 语句(查询与更新)到数据源。
- ✧ 处理结果。

JDBC 中包括了两个包：

- ✧ java.sql：这个包中的类和接口主要针对基本的数据库编程服务，如生成连接、执行语句以及准备语句和运行批处理查询等。同时也有一些高级的处理，如批处理更新、事务隔离和可滚动结果集等。
- ✧ javax.sql：它主要为数据库方面的高级操作提供接口和类。如为连接管理、分布式事务和旧有的连接提供更好的抽象，它引入了容器管理的连接池、分布式事务和行集(RowSet)等。

JDBC API 提供了以下接口和类：

- ✧ java.sql.Driver **接口**：每个驱动程序类必需实现的接口，同时，每个数据库驱动程序都应该提供一个实现 Driver 接口的类。
- ✧ java.sql.DriverManager **类**：管理一组 JDBC 驱动程序的基本服务。作为初始化的一部分，此接口会尝试加载在”jdbc.drivers”系统属性中引用的驱动程序。它只是一个辅助类，是工具。
- ✧ java.sql.Connection **接口**：与特定数据库的连接(会话)。能够通过 getMetaData 方法获得数据库提供的信息、所支持的 SQL 语法、存储过程和此连接的功能等信息。代表了数据库。
- ✧ java.sql.Statement **接口**：用于执行静态 SQL 语句并返回其生成结果的对象。
- ✧ java.sql.PreparedStatement **接口**：继承 Statement 接口，表示预编译的 SQL 语句的对象，SQL 语句被预编译并且存储在 PreparedStatement 对象中。然后可以使用此对象高效地多次执行该语句。
- ✧ java.sql.ResultSet 接口：指的是查询返回的数据库结果集。

5.2 JDBC 连接数据库

5.2.1 JDBC 连接数据的步骤

JDBC 连接数据库的步骤：

(1) 加载驱动程序。

(2) 创建数据库连接(Connection)。

(3) 创建一个数据库操作对象 Statement(发送 sql)。

(4) 操作数据库(Sql)。

(5) 处理结果集(ResultSet)。

(6) 关闭 Statement。

(7) 关闭数据库连接(Connection)。

【步骤 1】加载驱动程序(MySQL 数据库驱动程序)

方式一：

```
…
Class.forName(" com.mysql.jdbc.Driver").newInstance();
…
```

✧ com.mysql.jdbc.Driver 是 MySQL 数据库驱动程序。

✧ JAVA 规范中明确规定：所有的驱动程序必须在静态初始化代码块中将驱动注册到驱动程序管理器中。

✧ 调用 Class.forName() 方法会自动创建驱动程序的实例，并使用 DriverManager 来注册这个实例。

方式二：

```
…
Driver drv = new com.mysql.jdbc.Driver();
DriverManager.registerDriver(drv);
…
```

常见数据库驱动程序名称：

✧ MySQL

com.mysql.jdbc.Driver(推荐使用)

org.gjt.mm.mysql.Driver(早期版本)

✧ Orcale

oracle.jdbc.driver.OracleDriver

✧ SQLServer

com.microsoft.jdbc.sqlserver.SQLServerDriver(SQL Server2000 版本)

com.microsoft.sqlserver.jdbc.SQLServerDriver(SQL Server2005 及以上版本)

✧ ODBC

sun.jdbc.odbc.JdbcOdbcDriver

【步骤 2】创建数据库连接(连接 MySQL 数据库)

创建连接的目的是让驱动程序与 DBMS 相连接。

```
…
String url = "jdbc:mysql://localhost:3306/BookStore
    ?user=root&password=123";
Connection conn = DriverManager.getConnection(url);
…
或者
…
String url = "jdbc:mysql://localhost:3306/BookStore";
String user="root";
String password="123";
Connection conn =
    DriverManager.getConnection(url, user, password);
…
```

JDBC URL 提供了一种标识数据库的方法，可以使相应的驱动程序能识别该数据库并与之建立连接。

JDBC URL 的标准语法如下所示：

jdbc ：＜子协议＞ ：＜子名称＞

✧ jdbc 协议：JDBC URL 中的协议总是 jdbc，确定不变。
✧ ＜子协议＞：具体目标数据库的种类和具体的连接方式，驱动程序名或数据库连接机制(这种机制可由一个或多个驱动程序支持)的名称。
✧ ＜子名称＞：标识数据库的方法，指定具体的数据库/数据源信息(如数据库服务器的 IP 地址/通讯端口号、ODBC 数据源名称、连接用户名/密码等)。

常用数据库的连接代码：

✧ MySQL

String URL="jdbc:mysql://localhost:3306/dbname ";

✧ Oracle(用 thin 模式)

String URL="jdbc:oracle:thin:@loaclhost:1521:orcl";

✧ SQLServer

String URL="jdbc:microsoft:sqlserver://localhost:1433; DatabaseName=dbname"(SQL Server2000 版本)

String URL="jdbc:sqlserver://localhost:1433; DatabaseName=dbname"(SQL Server2005 及以上版本)

✧ JDBC-ODBC

String URL="jdbc:odbc:dbsource";

【步骤 3】创建 Statement 对象

在向数据库发送相应的 SQL 语句时，需要创建 Statement 接口或者 PreparedStatement 接口。

✧ Statement：Sql 语句执行接口，Statement 主要用于操作不带参数的 Sql 语句。

```
…
String sql = "select * from user";//编写要执行的 sql 语句
Statement stmt = con.createStatement();//创建 sql 执行对象
ResultSet rs = stmt.executeQuery(sql);//执行 sql 语句并返回结果集
…
```

✧ PreparedStatement：预编译的 Statement。

```
…
PreparedStatement pstmt=con.preparedStatement(
    "SELECT * FROM test WHERE id=? AND name=?"); //创建 sql 执行对象
pstmt.setInt(1,"101"); //设置参数
pstmt.setString(2,"tom");
ResultSet rs = pstmt.excuteQuery(); //执行 sql 语句并返回结果集
…
```

能用预编译时尽量用预编译，因为：

(1) statement 发送完整的 Sql 语句到数据库，不是直接执行而是由数据库先编译，再运行。而 PreparedStatement 则是发送可以直接运行的 Sql 语句到数据库，不需再编译。

(2) 如果是同构的 Sql 语句，PreparedStatement 的效率要比 statement 高。而对于异构的 Sql，则两者效率差不多。

➢ 同构：两个 Sql 语句可编译部分是相同的，只有参数值不同。

➢ 异构：整个 Sql 语句的格式是不同的

(3) 使用 PreparedStatement 可以跨数据库使用，适合编写通用程序。

【步骤 4】执行 Sql 语句

通过 Statement 将 Sql 语句通过连接发送到数据库中执行，以实现对数据库的操作。

```
…
Statement·stmt=conn.createStatement();.//创建 sql 执行对象
stmt.executeQuery(String·sql);.//返回一个查询结果集。
stmt.executeUpdate(String·sql);.//返回值为 int 型，表示影响记录的条数。
…
```

说明：

✧ executeQuery(String sql) 方法可以使用 select 语句查询，并且返回一个结果集 ResultSet 通过遍历这个结果集，可以获得 select 语句的查寻结果。

✧ executeUpdate(String sql) 方法用于执行 DDL 和 DML 语句，如 create table、update、delete 等操作。

【步骤 5】处理结果

只有执行 select 语句才有结果集返回，可以通过遍历这个结果集来获取数据。

```
...
ResultSet rs=stmt.executeQuery(String sql);
 //遍历处理结果集信息
while(rs.next()) {
      System.out.println(rs.getInt(1)); //通过列的标号来获得数据
      System.out.println(rs.getString("name")) ; //通过列名来获得数据
}
...
```

【步骤 6】关闭数据库连接

数据库使用完后，应及时关闭相关的连接对象(顺序跟声明的顺序相反)。

```
...
rs.close(); //关闭结果集对象
stmt.close(); //关闭 sql 执行对象
con.close(); //关闭数据库连接对象
...
```

注：一定要按先 ResultSet 结果集，后 Statement，最后 Connection 的顺序关闭资源。因为 Statement 和 ResultSet 是需要连接才可以使用的，如果先关闭 Connection，其他正在执行的 Statement 就无法操作了。

5.2.2　JDBC 连接数据库示例

【示例 5-1】建立与 MySQL 数据库连接的示例(这个示例程序可以根据项目来修改)。

```
import java.sql.Connection;
import java.sql.DriverManager;
import java.sql.ResultSet;
import java.sql.SQLException;
import java.sql.Statement;

public class DBConnection {
    public static void main(String[] args) {
        String driver = "com.mysql.jdbc.Driver";
        // localhost 指本机，也可以用本地 ip 地址代替，
        // 3306 为 MySQL 数据库的默认端口号，"user"为要连接的数据库名

        String url = "jdbc:mysql://localhost:3306/user";
        // 填入数据库的用户名跟密码
```

```
        String username = "test";
        String password = "test";

        String sql = "select * from user";// 编写要执行的 sql 语句
        try {
            Class.forName(driver);// 加载驱动程序，运用隐式注册驱动程序的方法

        } catch (ClassNotFoundException e) {
            e.printStackTrace();
        }
        try {
            // 创建连接对象
            Connection con = DriverManager.getConnection(url, username, password);
            Statement st = con.createStatement();// 创建 sql 执行对象
            ResultSet rs = st.executeQuery(sql);// 执行 sql 语句并返回结果集
            while (rs.next()) { // 对结果集进行遍历输出
                System.out.println("username: " + rs.getString(1));
                System.out.println("useradd: " + rs.getString("useradd"));
                System.out.println("userage: " + rs.getInt("userage"));
            }
            // 关闭相关的对象
            if (rs != null) {
                try {
                    rs.close();
                } catch (SQLException e) {
                    e.printStackTrace();
                }
            }
            if (st != null) {
                try {
                    st.close();
                } catch (SQLException e) {
                    e.printStackTrace();
```

```
                }
            }
            if (con != null) {
                try {
                    con.close();
                } catch (SQLException e) {
                    e.printStackTrace();
                }
            }
        } catch (SQLException e) {
            e.printStackTrace();
        }
    }
}
```

5.3　增加、删除、更新记录

使用 JDBC 插入、删除和更新数据时，都使用 executeUpdate(String sql) 方法来完成。插入、删除和更新数据都会返回一个 Long 的结果，如果为 0，则操作失败，如果大于 0，则是操作成功的记录数。

✧　增加记录

```
…
String sql = "insert into person(name,age,sex) values(?,?,?)";
PreparedStatement pstmt = conn.prepareStatement(sql);
pstmt.setString(1, “张三”); //设置参数
pstmt.setInt(2, 18);
pstmt.setString(3, “男”);
int i = pstmt.executeUpdate(); //执行插入操作
…
```

✧　删除记录

```
…
String sql= "delete from person where id=?";
PreparedStatement pstmt = conn.prepareStatement(sql);
pstmt.setInt(1, 25); //设置参数
int i = ps.executeUpdate(); //执行删除操作
…
```

✧ 更新记录

```
…
String sql = "update person set sex=?,name=? where id=?";
PreparedStatement pstmt = conn.prepareStatement(sql);
pstmt.setString(1, “女”);  //设置参数
pstmt.setString(2, “李英”);
pstmt.setInt(3, 11);
int i = pstmt.executeUpdate(); //执行更新操作
…
```

5.4 查询记录

5.4.1 查询记录

✧ 静态查询

```
…
Statement stmt = conn.createStatement();
String sql = "SELECT username,lognum FROM Table1";
ResultSet rs = stmt.executeQuery(sql); //执行查询语句
while( rs.next() ) {                    //遍历结果集
    String s = rs.getString("username");
    int x = rs.getInt("lognum");
…
}
…
rs.close();  stmt.close();  conn.close();
…
```

✧ 动态查询

```
…
String sql = "SELECT * FROM test WHERE id=? AND name=?";
PreparedStatement pstmt = conn.preparedStatement(sql);
pstmt.setInt(1,"101");        //设置参数
pstmt.setString(2,"tom");
ResultSet rs = pstmt.excuteQuery();    //执行查询
…
rs.close();  stmt.close();  conn.close();
…
```

5.4.2　分页查询

通过 JDBC 实现分页查询的方法有很多种，而且不同的数据库机制也提供了不同的分页方式，在这里介绍两种非常典型的分页方法。

✧　通过 ResultSet 的光标实现分页

通过 ResultSet 的光标实现分页，优点是在各种数据库上通用，缺点是占用大量资源，不适合数据量大的情况。

✧　通过数据库机制进行分页

很多数据库自身都提供了分页机制，如 SQL Server 中提供的 top 关键字，MySQL 数据库中提供的 limit 关键字，它们都可以设置数据返回的记录数。通过各种数据库的分页机制实现分页查询，其优点是减少数据库资源的开销，提高程序的性能；缺点是只针对某一种数据库通用。

说明：由于通过 ResultSet 的光标实现数据分页存在性能方面的缺陷，所以，在实际开发中，很多情况下都是采用数据库提供的分页机制来实现分页查询功能。

【示例 5-2】通过 MySQL 数据库提供的分页机制，实现商品信息的分页查询功能，将分页数据显示在 JSP 页面中。

(1)创建名称为 Product 的类，用于封装商品信息，该类是商品信息的 JavaBean。关键代码如下：

```
…
package cdu.cn.vo;
public class Product {
    public static final int PAGE_SIZE=10; //每页记录数
    private int id;                 //编号
    private String name;            //名称
    private double price;           //价格
    private int num;                //数量
    private String unit;            //单位
… get、set 方法略
    }
}
…
```

(2)创建名称为 DBConn 的类，主要用于封装连接数据库相关操作。关键代码如下：

```
public class DBConn {
    public static Connection getConnection(){ //获取数据库连接
        Connection conn=null;
        try {
            Class.forName("com.mysql.jdbc.Driver");
```

```
            String url = "jdbc:mysql://localhost:3306/test";
            String user = "root";
            String password = "1234";
            conn=DriverManager.getConnection(url, user, password);
        } catch (ClassNotFoundException e) {
            e.printStackTrace();
        } catch (SQLException e) {
            e.printStackTrace();
        }
        return conn; //返回 Connection 对象
    }
…
}
```

(3)创建名称为 ProductDao 的类，主要用于封装商品对象的数据库相关操作。其中 find(int page)方法实现商品信息的分页查询，通过 limit 关键字实现；findCount()方法实现获取商品信息的总记录数，用于计算商品信息的总页数。find(int page)方法关键代码如下：

```
…
public class ProductDao {
/**
     * 分页查询所有商品信息
     * @param page 要查询的页码
     * @return List<Product>查询结果
     */
    public List<Product> find(int page){
        List<Product> list = new ArrayList<Product>();//存储查询结果
        Connection conn = getConnection();
        //分页查询的 sql 语句
        String sql = "select* from tb_product order by id desc limit ?,?";
        try {
            PreparedStatement ps = conn.prepareStatement(sql);
            ps.setInt(1, (page-1)*Product.PAGE_SIZE); //设置查询参数
            ps.setInt(2, Product.PAGE_SIZE);
            ResultSet rs = ps.executeQuery();    //执行查询
            while(rs.next()){      //遍历查询结果，并保存到 list 中
                Product p=new Product();
                p.setId(rs.getInt("id"));
                p.setName(rs.getString("name"));
```

```
                p.setNum(rs.getInt("num"));
                p.setPrice(rs.getDouble("price"));
                p.setUnit(rs.getString("unit"));
                list.add(p);
            }
            ps.close();
            conn.close();
        } catch (SQLException e) {
            e.printStackTrace();
        }
        return list;    //返回分页查询结果
    }
    …
}
…
```

说明：MySQL 数据库提供的 limit 关键字能够控制查询数据结果集起始位置及返回记录的数量，它的使用方式如下：

limit arg1 , arg2

参数说明：

arg1：用于指定查询记录的起始位置。

arg2：用于指定查询数据所返回的记录数。

findCount()方法关键代码如下：

```
…
public class ProductDao {
/**
     * 查询总记录数
     * @return 总记录数
     */
    public int findCount(){
        int count=0;
        Connection conn = DBConn.getConnection(); //获取连接对象
        String sql = "select count(*) from product"; //查询记录数
        try {
            Statement stmt = conn.createStatement();
            ResultSet rs = stmt.executeQuery(sql); //执行查询
            if(rs.next()){
                count = rs.getInt(1);  //对总记录数赋值
            }
```

```
            rs.close(); //关闭结果集
            conn.close(); //关闭数据库连接
        } catch (SQLException e) {
            e.printStackTrace();
        }
        return count;        //返回总记录数
    }
…
}
…
```

(4)创建名称为 FindServlet 的类，该类是分页查询商品信息的 Servlet 对象。在 FindServlet1 类中重写 doGet()方法，对分页请求进行处理，其关键代码如下：

```
…
public class FindServlet extends HttpServlet {
    public void doGet(HttpServletRequest request,
HttpServletResponse response) throws ServletException, IOException {

        int currPage=1;
        if(request.getParameter("page")!=null){
            currPage=Integer.parseInt(request.getParameter("page"));
        }   //page 是从页面传递过来的页码
        ProductDao dao = new ProductDao();
        List<Product> list = dao.find(currPage);
        request.setAttribute("list", list);
        int pages;  //总页数
        int count=dao.findCount(); //查询总记录数
        if(count%Product.PAGE_SIZE==0){  //计算总页数
            pages=count/Product.PAGE_SIZE;
        }else{
            pages=count/Product.PAGE_SIZE+1;
        }
        StringBuffer sb = new StringBuffer();
        //通过循环构建分页条
        for(int i=1;i<=pages;i++){
            if(i==currPage){   //判断是否为当前页
                sb.append("『"+i+"』"); //构建分页条
            }else{
                    //构建分页条
```

```
                sb.append("<a href='FindServlet?page="+i+"'>"+i+
"</a>");
            }
            sb.append(" ");
        }
        request.setAttribute("bar", sb.toString());;
        request.getRequestDispatcher("product_list.jsp").
forward(request, response);
    }
…
}
…
```

说明：分页条在 JSP 页面中是动态内容，每次查看新页面都要重新构造，所以，实例中将分页的构造放置到 Servlet 中，以简化 JSP 页面的代码。在获取查询结果集 List 与分页条后，FindServlet 分别将这两个对象放置到 request 中，将请求转发到 product_list.jsp 页面做出显示。

(5)创建 product_list.jsp 页面，该页面通过获取查询结果集 List 与分页条来分页显示商品信息数据。关键代码如下：

```
<%@ page language="java" contentType="text/html; charset=UTF-8"
    pageEncoding="UTF-8"%>
<%@ page import="java.util.*" %>
<%@ page import="cdu.cn.vo.*" %>
<!DOCTYPE html PUBLIC "-//W3C//DTD HTML 4.01 Transitional//EN"
"http://www.w3.org/TR/html4/loose.dtd">
<html>
<head>
<meta http-equiv="Content-Type" content="text/html;charset=UTF-8">
<title>商品信息显示</title>
</head>
<body>
<table align="center" width="450" border="1">
<tr><td align="center" colspan="5"><h2>所有商品信息</h2></td></tr>
<tr align="center">
<td><b>ID</b></td><td><b>商品名称</b></td>
<td><b>价格</b></td><td><b>数量</b></td>
<td><b>单位</b></td>
</tr>
<%  List<Product> list=(List<Product>)request.getAttribute("list");
```

```
            for(Product p:list){   %>
<tr align="center">
<td><%=p.getId() %></td><td><%=p.getName() %></td>
<td><%=p.getPrice() %></td><td><%=p.getNum() %></td>
<td><%=p.getUnit() %></td>
</tr>
<% } %>
<tr>
<td align="center" colspan="5">
<%=request.getAttribute("bar") %>
</td>
</tr>
    </table>
</body>
</html>
```

5.5 实例项目

5.5.1 项目任务 5-1 企业发布方案

企业发布方案的功能是用于企业添加方案以供管理员审核后学生选择。其具体的流程图如图 5-2 所示。

本小节通过页面核心代码、Servlet 核心代码和具体业务逻辑层核心代码对整个实现流程进行分析。

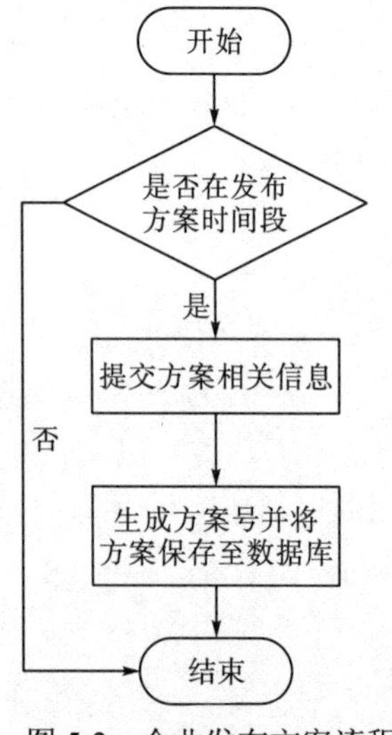

图 5-2 企业发布方案流程图

1.页面核心代码

```
…
<!--content area start-->
    <div id="content" class="pmd-content inner-page">
        <!--tab start-->
        <div
            class="container-fluid full-width-container value-added-detail-page">
            <div>
                <div class="pull-right table-title-top-action">
                    <div class="pmd-textfield pull-left">
                        <input type="text" id="exampleInputAmount" class="form-control"
                            placeholder="关于...">
                    </div>
                    <a href="javascript:void(0);"
                        class="btn btn-primary pmd-btn-raised add-btn pmd-ripple-effect pull-left">搜索</a>
                </div>
                <!-- Title -->
                <h1 class="section-title" id="services">
                    <span>实训方案管理</span>
                </h1>
                <!-- End Title -->
                <!--breadcrum start-->
                <ol class="breadcrumb text-left">
                    <li><a href="../Login/index.jsp">主页</a></li>
                    <li class="active">方案管理</li>
                </ol>
                <!--breadcrum end-->
            </div>
            <div class="col-md-12">
                <div class="component-box">
                    <!-- input states example -->
                    <div class="row">
                        <div class="col-md-12">
                            <div class="pmd-card pmd-z-depth pmd-
```

```
card-custom-form">
                    <div class="pmd-card-body">
                        <h2>添加实训方案</h2>
                        <form action="AddPracticeServlet" method="post">
                            <div class="form-group pmd-textfield">
                                <div class="input-group col-md-6">
                                    <div class="input-group-addon">
                                        <label class="control-label col-md-2">企业用户名</label>
                                    </div>
                                    <input type="text" class="mat-input form-control"
                                        disabled="" value="${account }">
                                </div>
                            </div>

                        <div class="form-group pmd-textfield ">
                                <div class="input-group col-md-6">
                                    <div class="input-group-addon">
                                        <label class="control-label col-md-2">方案名称</label>
                                    </div>
                                    <input type="text" value="" required="required" class="mat-input form-control "
                                        name="name">
                                </div>
                            </div>
                            <div class="form-group pmd-textfield">
                                <label class="control-
```

```
label col-md-2 arer-lable">方案简介</label>
                                                    <textarea required=
"required" class="form-control" name="introduction" ></textarea>
                                                </div>
                                                <div class="form-group pmd
-textfield">
                                                    <label class="control
-label col-md-1">适合专业</label>
                                                    <%ProjectServiceImpl
projectServiceImpl=new ProjectServiceImpl();
                                                    ArrayList<String>
professionals=projectServiceImpl.findAllProfessional();%>
                                                    <c:forEach items="<%=
professionals %>" var="professional"><label
                                                        class="checkbox-
inline pmd-checkbox pmd-checkbox-ripple-effect">
                                                        <input type="check
box" value="${professional}" name="major">
                                                        <span>${profess
ional} </span>
                                                    </label></c:forEach>
                                                </div>
                                            <div class="form-group pmd-
textfield ">
                                                    <div class="input-group
col-md-4">
                                                    <div class="input-group-
addon">
                                                            <label class=
"control-label col-md-2">学生人数</label>
                                                        </div>
                                                        <input type="text"
value="" class="mat-input form-control "
                                                            name="students_
num" required="required">
                                                    </div>
                                                </div>
                                                <div class="form-group pmd-
```

```
textfield">
                    <div class="input-group col-md-4">
                    <div class="input-group-addon">
                        <label class="control-label col-md-2">类别</label>
                      </div>
                      <select class="select-with-search form-control pmd-select2"
                        name="category">
                        <option value="技能实训">技能实训</option>
                        <option value="概念实训">概念实训</option>
                        <option value="综合实训">综合实训</option>
                      </select>
                    </div>
                  </div>
                  <!--Simple Select with Search-->
                  <div class="form-group pmd-textfield">
                    <div class="input-group col-md-4">
                      <div class="input-group-addon">
                        <label class="control-label col-md-2">年级</label>
                      </div>
                      <select class="select-with-search form-control pmd-select2"
                        name="grade">
                    <option value="1">大一</option>
                    <option value="2">大二</option>
                    <option value="3">大三
```

```
</option>
                        <option value="4">大四</option>
                    </select>
                    <label>提示：此选项为目标年级、高年级可选低年级方案。</label>
                </div>
            </div>
        <div class="form-group pmd-textfield ">
            <div class="input-group col-md-4">
                <div class="input-group-addon">
                    <label class="control-label col-md-2">校外指导老师</label>
                </div>
                <input type="text" value="" class="mat-input form-control "
                    name="company_teacher">
            </div>
        </div>
        <div class="form-group pmd-textfield">
            <div class="input-group col-md-4">
                <div class="input-group-addon">
                    <label class="control-label col-md-2">校外指导老师职称</label>
                </div>
                <input type="text" value="" class="mat-input form-control "
                    name="company_teacher_title">
            </div>
        </div>
```

```
                                                <div class="button-group">
                                                    <button type="submit"
                                                        class="btn pmd-ripple-effect btn-primary">确定</button>
                                                </div>
                                            </form>
                                        </div>
                                    </div>
                                </div>
                            </div>
                            <!-- input states example end -->
                        </div>
                    </div>
                </div>
            </div>
```

其运行效果如图 5-3 所示。

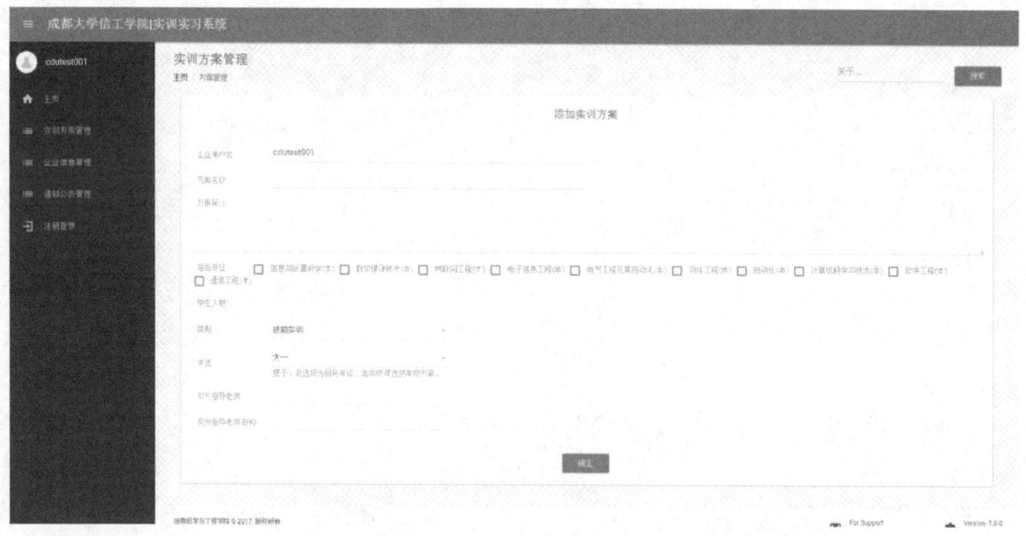

图 5-3 发布方案页面效果图

2.Servlet 核心代码

AddPracticeServlet

```
package cn.edu.cdu.practice.servlet;

import java.io.IOException;
import java.sql.Date;

import javax.servlet.ServletException;
import javax.servlet.annotation.WebServlet;
import javax.servlet.http.HttpServlet;
import javax.servlet.http.HttpServletRequest;
import javax.servlet.http.HttpServletResponse;

import cn.edu.cdu.practice.dao.impl.ProjectDaoImpl;
import cn.edu.cdu.practice.model.Project;
import cn.edu.cdu.practice.service.impl.ProjectServiceImpl;
import cn.edu.cdu.practice.utils.Log4jUtils;

/**
 * Servlet implementation class AddPracticeServlet
 */
@WebServlet("/PracticeManagement/AddPracticeServlet")
public class AddPracticeServlet extends HttpServlet {
    private static final long serialVersionUID = 1L;

    /**
     * @see HttpServlet#HttpServlet()
     */
    public AddPracticeServlet() {
        super();
    }

    /**
     * @see HttpServlet#doGet(HttpServletRequest request,
HttpServletResponse
     *     response)
     */
```

```
    protected void doGet(HttpServletRequest request, HttpServletResponse response)
            throws ServletException, IOException {
        // TODO Auto-generated method stub
        response.getWriter().append("Served at: ").append(request.getContextPath());
    }

    /**
     * @see HttpServlet#doPost(HttpServletRequest request, HttpServletResponse
     *      response)
     */
    protected void doPost(HttpServletRequest request, HttpServletResponse response)
            throws ServletException, IOException {
        //管理员是否开启企业添加方案
        ProjectServiceImpl projectServiceImpl = new ProjectServiceImpl();
        if(!projectServiceImpl.findAddPracticeIsUnderWay()){
    request.getRequestDispatcher("SelectPracticeServlet?selectProjectType=1").forward(request, response);
            return;
        }

        request.setCharacterEncoding("utf-8");
        // 企业用户名从登录时保存在 session 里的 account 获取
        String company_username = (String) request.getSession().getAttribute("account");
        String role = (String) request.getSession().getAttribute("role");
        if (company_username == null||!role.equals("1")) {
            //用户身份不对
            //跳转到 404 页面,并打印错误信息
            String errorMessage = "用户权限不足! ";
            request.getSession().setAttribute("ErrorMessage", errorMessage);
            response.sendRedirect(request.getContextPath() + "/404.
```

```
jsp");
            } else {
                String majors[] = request.getParameterValues("major");
                String name = request.getParameter("name");
                String introduction = request.getParameter
("introduction");
                int students_num = Integer.parseInt(request.getParameter
("students_num"));
                String category = request.getParameter("category");
                int grade = Integer.parseInt(request.getParameter
("grade"));
                String company_teacher = request.getParameter
("company_teacher");
                String company_teacher_title = request.getParameter
("company_teacher_title");
                // 对得到的majors数组进行连接处理
                String major = "";
                for (int i = 0; i < majors.length; i++)
                    major += majors[i] + " ";
                grade = projectServiceImpl.getStuGrade(grade);

                Log4jUtils.info(
                        增加方案表单数据: + major + " " + company_username +
" " + name + " " + introduction + " " + students_num
                                + " " + category + " " + grade + " " +
company_teacher + " " + company_teacher_title);
                // 根据表单数据新建project对象
                Project project = new Project();
                project.setName(name);
                project.setMajor(major);
                project.setCompanyUsername(company_username);
                project.setIntroduction(introduction);
                project.setStudentsNum(students_num);
                project.setCategory(category);
                project.setGrade(grade);
                project.setCompanyTeacher(company_teacher);
                project.setCompanyTeacherTitle(company_teacher_title);

```

```
                ProjectDaoImpl projectDaoImpl = new ProjectDaoImpl();
                if (projectDaoImpl.addProject(project)){
                    //实训方案添加成功
    request.getRequestDispatcher("SelectPracticeServlet?selectProjectType=1").forward(request, response);
                }else{
                    //实训方案添加失败
                    //跳转到 404 页面,并打印错误信息

                    String errorMessage = "添加实训方案失败，可能是方案号生成异常！";

                    request.getSession().setAttribute("ErrorMessage", errorMessage);

                    response.sendRedirect(request.getContextPath() + "/404.jsp");
                }
            }

        }

}
```

3.业务逻辑层核心代码

处理具体业务逻辑的代码在 ProjectServiceImpl 类中定义，为了保证团队开发的效率，先在 ProjectService 接口中进行了方法的申明。这里提供 ProjectService、ProjectServiceImpl 及 ProjectDao 的完整内容，后续的项目任务中将不再给出。

ProjectService:

```
package cn.edu.cdu.practice.service;
import java.util.ArrayList;
public interface ProjectService {
…
    /**
     * 传入年级，返回 Grade
     * @param n 1,2,3,4
     * @return
     */
```

```
    public int getStuGrade(int n);
    /**
     * 在添加实训开始时间之后在添加实训结束时间之前返回 true
     * @return
     */
    public boolean findAddPracticeIsUnderWay();
…
}
```

ProjectServiceImpl:

```
package cn.edu.cdu.practice.service.impl;

import java.util.ArrayList;
import java.util.Calendar;
import java.util.Date;

import cn.edu.cdu.practice.dao.impl.ProjectDaoImpl;
import cn.edu.cdu.practice.dao.impl.SystemParameterDaoImpl;
import cn.edu.cdu.practice.model.Project;
import cn.edu.cdu.practice.model.SystemParameter;
import cn.edu.cdu.practice.service.ProjectService;

public class ProjectServiceImpl implements ProjectService {

    @Override
    public String getProjectNo() {
        ProjectDaoImpl projectDaoImpl = new ProjectDaoImpl();
        int m = projectDaoImpl.findMaxProjectNo(Calendar.
getInstance().get(Calendar.YEAR));
        if (m > 0) {
            return m + 1 + "";
        } else if (m == 0) {
            return Calendar.getInstance().get(Calendar.YEAR) +
"000001";
        } else {
            return null;
        }
    }

```

```
    @Override
    public int getStuGrade(int n) {
        Calendar date = Calendar.getInstance();
        if (date.get(Calendar.MONTH) > 8) {
            return date.get(Calendar.YEAR) - n + 1;
        } else
            return date.get(Calendar.YEAR) - n;
    }

    @Override
    public boolean findProjectBelongToUserByPNo(String username, String p_no) {
        ProjectDaoImpl projectDaoImpl = new ProjectDaoImpl();
        Project project = projectDaoImpl.findProjectByNo(p_no);
        if (project.getCompanyUsername().equals(username))
            return true;
        return false;
    }

    @Override
    public boolean findPracticeIsUnderWay() {
        SystemParameterDaoImpl systemParameterDaoImpl = new SystemParameterDaoImpl();
        SystemParameter systemParameter = systemParameterDaoImpl.queryByAccount("admin");
        Date data = Calendar.getInstance().getTime();
        if (systemParameter == null) {
            return false;
        } else if (systemParameter.getStudentSelStartDate().before(data)
                && systemParameter.getStudentSelEndDate().after(data)) {
            return true;
        }
        return false;
    }

    @Override
```

```java
    public boolean findAddPracticeIsUnderWay() {
        SystemParameterDaoImpl systemParameterDaoImpl = new SystemParameterDaoImpl();
        SystemParameter systemParameter = systemParameterDaoImpl.queryByAccount("admin");
        Date data = Calendar.getInstance().getTime();
        if (systemParameter == null) {
            return false;
        } else if (systemParameter.getReleaseProjectStartDate().before(data)
                && systemParameter.getReleaseProjectEndDate().after(data)) {
            return true;
        }
        return false;
    }

    @Override
    public int[] findAllAddProjectYear() {
        int PRACTICE_SYSTEM_START_YEAR = 2017;
        int nowYear = Calendar.getInstance().get(Calendar.YEAR);
        int len = nowYear - PRACTICE_SYSTEM_START_YEAR + 1;
        int years[] = new int[len];
        for (int i = 0; i < len; i++) {
            years[i] = PRACTICE_SYSTEM_START_YEAR + i;
        }
        return years;
    }

    @Override
    public ArrayList<String> findAllProfessional() {
        ProjectDaoImpl projectDaoImpl = new ProjectDaoImpl();
        ArrayList<String> professionals = projectDaoImpl.findAllProfessional();
        return professionals;
    }

}
```

ProjectDao：

```
package cn.edu.cdu.practice.dao;
import java.sql.Date;
import java.util.ArrayList;
import java.util.List;
import cn.edu.cdu.practice.model.ProProSelStuView;
import cn.edu.cdu.practice.model.Project;
import cn.edu.cdu.practice.model.ProjectSelect;
import cn.edu.cdu.practice.model.Student;
import cn.edu.cdu.practice.utils.PageUtils;
public interface ProjectDao {

    /**
     * 添加实训方案
     * @param p 方案对象
     * @return
     */
    public boolean addProject(Project p);
…
}
```

企业发布方案 ProjectDaoImpl 片段：

```
@Override
public boolean addProject(Project p) {
    String sql = "INSERT INTO project(no,name,introduction,students_num,company_username,"
release_date,grade,category,major,company_teacher,company_teacher_title)
            + "VALUES(?,?,?,?,?,?,?,?,?,?,?)";
    Connection connection = DbUtils.getConnection();
    PreparedStatement ps = null;
    // 通过 projectServiceImpl 得到 no
    ProjectServiceImpl projectServiceImpl = new ProjectServiceImpl();
    String no = projectServiceImpl.getProjectNo();
    if (no == null) {
        return false;
    }
    try {
        connection.setAutoCommit(false);
```

```
            ps = connection.prepareStatement(sql);
            ps.setString(1, no);
            ps.setString(2, p.getName());
            ps.setString(3, p.getIntroduction());
            ps.setInt(4, p.getStudentsNum());
            ps.setString(5, p.getCompanyUsername());
            ps.setDate(6, new Date(Calendar.getInstance().getTime().getTime()));
            ps.setInt(7, p.getGrade());
            ps.setString(8, p.getCategory());
            ps.setString(9, p.getMajor());

            // 前面为必需属性，后面为可选
            ps.setString(10, p.getCompanyTeacher());
            ps.setString(11, p.getCompanyTeacherTitle());
            ps.execute();
            connection.commit();
            return true;
        } catch (Exception e) {
            e.printStackTrace();
            if (connection != null) {
                try {
                    connection.rollback();
                } catch (Exception e1) {
                    e1.printStackTrace();
                }
            }
        } finally {
            DbUtils.closeConnection(connection, ps, null);
        }

        return false;
    }
    @Override
    public int findMaxProjectNo(int year) {
        String sql = "SELECT MAX(`No`) m FROM project WHERE `No` LIKE '" + year + "%'";
```

```
        Connection connection = DbUtils.getConnection();
        PreparedStatement ps = null;
        ResultSet rs = null;
        try {
            // 查询方案总数
            ps = connection.prepareStatement(sql);
            rs = ps.executeQuery();
            String m = "";
            if (rs.next()) {
                m = rs.getString("m");
                if (m == null) {
                    return 0;
                }
                return Integer.parseInt(m);
            }
            return 0;
        } catch (Exception e) {
            e.printStackTrace();
        } finally {
            DbUtils.closeConnection(connection, ps, rs);
        }
        return -1;
}
```

5.6 课后练习

1.下面哪一项不是加载驱动程序的方法______

A. 通过 DriverManager. getConnection 方法加载

B. 调用方法 Class. forName

C. 通过添加系统的 JDBC. driver 属性

D. 通过 registerDriver 方法注册

2.用来打开与关闭数据库连接的是哪个 ADO 对象_____

A. Statement　　B. ResultSet

C. Connection　　D. Field

3.用来读取。插入、删除或更新的是哪个 ADO 对象_______

A. Statement　　B. ResultSet

C. Connection　　D. Field

4.下面哪一项不是 JDBC 的用途______

A. 与数据库建立连接

B. 操作数据库，处理数据库返回的结果

C. 在网页中生成表格

D. 向数据库管理系统发送 SQL 语句

5.7 实践练习

训练目标：数据库的访问

培养能力	工程能力、设计/开发解决方案		
掌握程度	★★★★★	难度	高
结束条件	独立编写，运行出结果		

训练内容：

(1)在 MySQL 中创建一个名为 company 的数据库

(2)在 company 库中建立雇员表 employee：

ID int(4) not null primary key,
Name varchar(10),
Gender varchar(10),
Salary double;

(3)建立一个 JSP 文件，通过 JDBC 链接数据库，执行如下操作：

- 在 employee 表中插入 3 条记录
- 查看表中的数据
- 修改表中的某条记录
- 删除表中的某条记录

第 6 章 JSP 语法

本章目标

知识点	理解	掌握	应用
1.JSP 的生命周期	✓	✓	
2.JSP 指令	✓	✓	✓
3. JSP 声明	✓	✓	✓
4. JSP 表达式	✓	✓	✓
5. JSP 脚本	✓	✓	✓
6. JSP 动作	✓	✓	✓
7. JSP 注释	✓	✓	✓

项目任务

完成成都大学信息科学与工程学院实训系统项目的管理员审核方案设计任务：

- 项目任务 6-1 管理员审核方案

知识能力点

知识点能力点	知识点 1	知识点 2	知识点 3	知识点 4	知识点 5	知识点 6	知识点 7
工程知识	✓	✓	✓	✓	✓	✓	✓
问题分析	✓	✓	✓	✓	✓	✓	
设计/开发解决方案				✓	✓	✓	
研究	✓						
使用现代工具							
工程与社会							
环境和可持续发展							
职业规范							
个人和团队							
沟通							
项目管理							
终身学习		✓	✓	✓	✓	✓	✓

6.1 JSP 页面的基本结构

理解 JSP 的 Servlet 本质及其生命周期阶段。

JSP(Java Server Pages)是由 Sun Microsystems 公司倡导、许多公司参与一起建立的一种动态网页技术标准。该技术为创建显示动态生成内容的 Web 页面提供了一个简捷而快速的方法。

JSP 技术的设计目的是使得构造基于 Web 的应用程序更加容易和快捷，而这些应用程序能够与各种 Web 服务器、应用服务器、浏览器和开发工具共同工作。

在传统的网页 HTML 文件(*htm,*.html)中加入 Java 程序片段(Scriptlet)和 JSP 标记(tag)，就构成了 JSP 网页(*.jsp)。

Web 服务器在遇到访问 JSP 网页的首次请求时，先执行其中的程序片段，然后将执行结果以 HTML 格式返回给客户。程序片段可以操作数据库、重新定向网页以及发送 email 等，这就是建立动态网站所需要的功能。

所有程序操作都在服务器端执行，网络上传送给客户端的仅是得到的结果，对客户浏览器的要求可以达到最低。

JSP 是嵌入了 Java 代码的 HTML 代码，而 Servlet 则是嵌入了 HTML 代码的 Java 代码。尽管 JSP 从结构上来说不同于 Servlet，但实际运行时，JSP 是转换为 Servlet 来运行的。JSP 容器将 JSP 页面解析为一个对应的 Servlet 类，然后编译、装载、执行该 Servlet 类。此 Servlet 类的输出流发送至客户端。

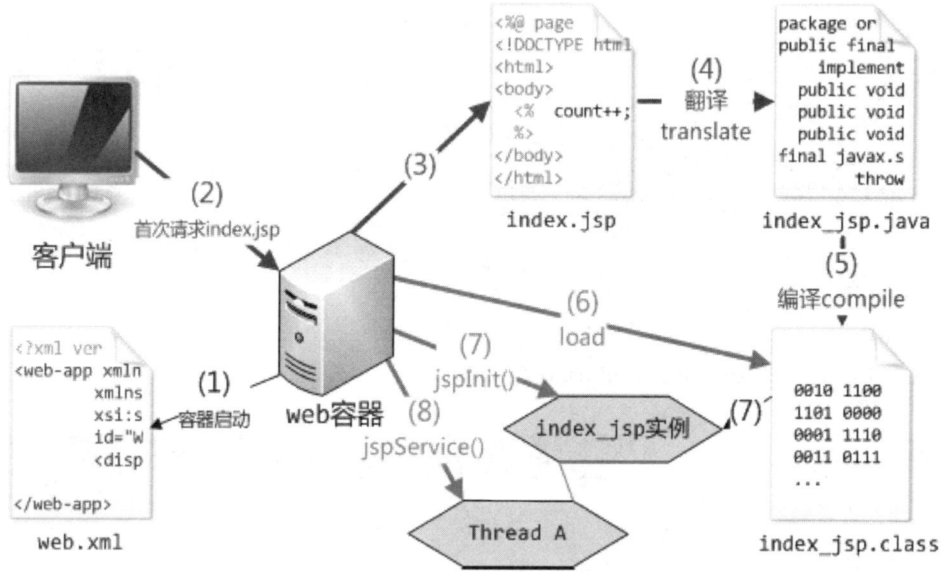

图 6-1 JSP 的 Servlet 本质及其生命周期

表 6-1 生命周期各阶段描述

阶段	描述
翻译	将 JSP 源文件翻译为对应的 Servlet 源文件(.java)
编译	编译 Java 源文件(.java)为类文件(.class)
装载	将类文件加载至内存中
创建	创建一个 Servlet 类实例对象
初始化	调用 jspInit()方法，最终调用 Servlet 类的 init()方法初始化
服务	调用_jspService()方法，最终调用 Servlet 类的 service()方法，将请求和响应传递进对应的 doXXX()方法
销毁	调用 jspDestroy()方法，最终调用 Servlet 类的 destroy()方法，销毁 Servlet

6.2 变量和方法的声明

6.2.1 变量的声明和传递

在”<%!”和”%>”之间声明变量，JSP 声明用于产生类文件中类的属性和方法。声明后的变量和方法可以在 JSP 页面中的任意位置使用，但仅限于当前页面。

【语法】

```
<%! JSP 声明 %>
```

【示例 6-1】变量的声明与调用

```
<%@ page contentType="text/html;charset=UTF-8"%>
<HTML>
<BODY>
<FONT Size=4>
<%!  int i=0;   %>
<%   i++;   %>
<p>您是第<%=i%>个访问本站的客户。</p>
</FONT>
</BODY>
</HTML>
```

运行该程序，将显示如图 6-2 所示的结果。

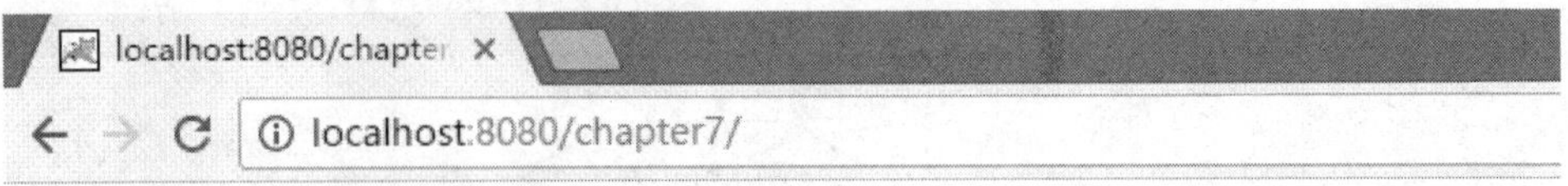

图 6-2 【示例 6-1】的运行结果

6.2.2　方法的声明和调用

在”<%!”和”%>”之间声明方法，该方法在整个 JSP 页面有效，但是该方法内定义的变量只在该方法内有效。这些方法将在 Java 程序片中被调用，当方法被调用时，方法内定义的变量被分配内存，调用完毕即可释放内存。当多个客户同时请求一个 JSP 页面时，他们可能使用方法操作成员变量，对这种情况应给予重视。

解决办法：通过 synchronized 方法操作一个成员变量来实现一个计数器。

【示例 6-2】方法的声明与调用

```
<%@ page contentType="text/html;charset=UTF-8"%>
<HTML>
<BODY>
<FONT Size=4>
<%!
 int number=0;
synchronized void countPeople()
 {
     number++;
 }
 %>
<%  countPeople();  %>
<p>您是第<%=number%>个访问本站的客户。</p>
</FONT>
</BODY>
</HTML>
```

运行该程序，将显示如图 6-3 所示的结果。

图 6-3　【示例 6-2】的运行结果

6.2.3　类的声明和使用

在”<%!”和”%>”之间声明一个类，该类在 JSP 页面内有效，即在 JSP 页面的 Java 程序片部分可以使用该类创建对象。

【示例 6-3】类的声明与调用

```
<%@ page contentType="text/html;charset=UTF-8"%>
<%@ page import="java.io.*"%>
<HTML>
<BODY>
<FONT Size=4>
<P>请输入圆的半径:
<BR>
<FORM action="" method=get name=form>
<INPUT type="text" name="cat" value="1">
<INPUT TYPE="submit" value="送出" name=submit></FORM>
<%!
public class Circle
{
 double r;
 Circle(double r)
 {
   this.r=r;
 }
 double 求面积()
 {
    return Math.PI*r*r;
 }
 double 求周长()
 {
   return Math.PI*2*r;
 }
}
%>
<%
String str=request.getParameter("cat");
double r;
if(str!=null)
{
r=Double.parseDouble(str);
}
else{
  r=1;
```

```
}
Circle circle=new Circle(r);
%>
<p>圆的面积是： <BR>
<%=circle.求面积()%>
<p>圆的周长： <BR>
<%=circle.求周长()%>
</FONT>
</BODY>
</HTML>
```

运行该程序，将显示如图 6-4 所示结果。

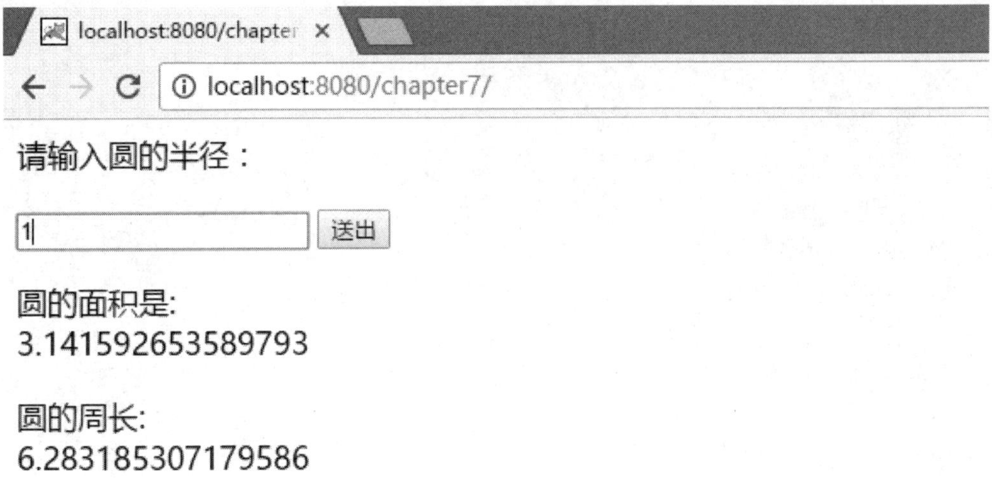

图 6-4　【示例 6-3】的运行结果

6.3　JAVA　脚　本

JSP 脚本即嵌入在 JSP 页面中的 Java 代码。格式为：

```
<% Java 代码 %>
```

一个 JSP 页面中可以包含任意数量的脚本。如果存在多个脚本，则多个脚本按其在 JSP 页面中的顺序合并成一个大的脚本。

提示：尽量不要将脚本任意分隔，散布在 JSP 页面的各个角落，因为这会造成代码难以维护，可读性差。

脚本中的代码应该完全遵循 Java 语言的代码编写规范。

【示例 6-4】脚本程序的使用

```
<%@ page contentType="text/html;charset=UTF-8"%>
```

```
<HTML>
<BODY>
<FONT Size=4>
<%!
 long continueSum(int n)
 {
    int  sum =0;
    for(int i=1;i<=n;i++)
    {
       sum+=i;
    }
    return sum;
 }
 %>
<P>1 到 100 的连续和: <BR>
<%
 long sum;
 sum=continueSum(100);
 out.print(" "+sum);
 %>
</FONT>
</BODY>
</HTML>
```

运行该程序，将显示如图 6-5 所示的结果。

1到100的连续和:
5050

图 6-5 【示例 6-4】的运行结果

6.4 表 达 式

JSP 表达式用于将 Java 表达式的运行结果输出在页面上。格式为：

<%=表达式 %>

表达式在 JSP 请求处理阶段计算其值，再把所得到的结果转换成字符串并与 HTML 标签中的数据组合在一起。

- 表达式不是语句，后面不能加分号。
- 表达式开始标签<%=中的%和=之间不能有空格。

【示例 6-5】表达式的使用

```
<%@ page language="java" contentType="text/html; charset=UTF-8"
   pageEncoding="UTF-8"%>
<!DOCTYPE html>
<html>
<head>
<meta charset="utf-8">
<title>表达式的使用</title>
</head>
<body>
<p>
今天的日期是:<%= (new java.util.Date()).toLocaleString()%>
</p>
</body>
</html>
```

运行该程序，将显示如图 6-6 所示的结果。

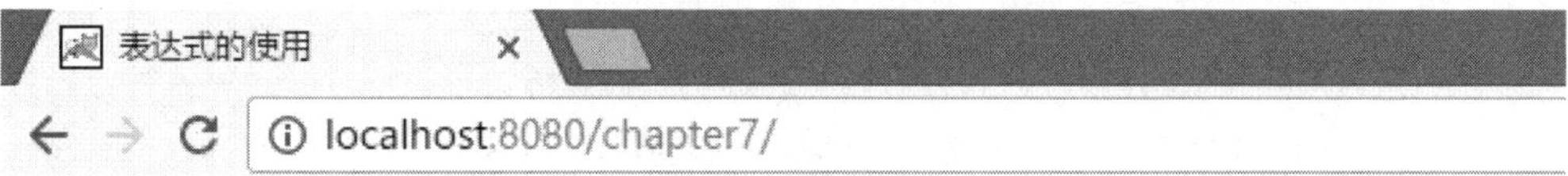

今天的日期是: 2017-3-28 20:14:55

图 6-6　【示例 6-5】的运行结果

6.5　JSP 中的注释

注释的作用是增加代码的可读性。JSP 页面中的注释主要有以下三种方式。

6.5.1　JSP 注释(隐藏注释)

Jsp 注释是指只在 JSP 页面中可见，不会在类文件中看到，不发送到客户端。JSP 注释不能嵌套。

格式：

```
<%--  注释  --%>
```

【示例 6-6】JSP 隐藏注释的使用

```
<%@ page language="java" contentType="text/html; charset=UTF-8"
   pageEncoding="UTF-8"%>
<!DOCTYPE html>
<html>
<head>
<meta charset="utf-8">
<title>JSP 隐藏注释</title>
</head>
<body>
<%-- 该部分注释在网页中不会被显示--%>
<p>
今天的日期是：<%= (new java.util.Date()).toLocaleString()%>
</p>
</body>
</html>
```

运行该程序，将显示如图 6-7 所示结果。

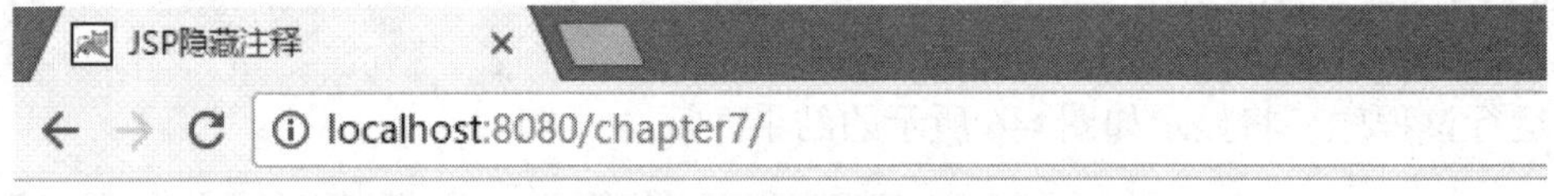

今天的日期是: 2017-3-28 20:16:25

图 6-7 【示例 6-6】的运行结果

6.5.2 HTML 注释

HTML 注释是指由页面生的 html 中包含，会在客户端显示，通过客户端浏览器的查看源代码可以看到。

与普通 HTML 注释不同的是，这种注释可以使用 JSP 表达式。

格式：

```
<!--  注释  -->
```

6.5.3 其他注释

脚本中的 Java 注释：遵循 Java 注释语法规定。

单行注释格式：// 注释内容

多行注释格式：/* 注释内容 */

单行注释和多行注释会出现在转换后的类文件中。

6.6　JSP 指令标签

JSP 指令用来向 JSP 容器(或称 JSP 引擎)提供编译信息。指令并不向客户端产生任何输出，所有的指令指令都只在当前页面有效。

JSP 中有三种伪指令：page、include、taglib 指令。

page 指令：用于指定整体 JSP 页面的属性。

include 指令：用于通知 JSP 容器将当前 JSP 页面中内嵌的，在指定位置上的资源内容。

taglib 指令：允许 JSP 页面开发者自定义标签。通过使用标签库，在当前页面中启用定制行为。(将在第 11 章中详细介绍)

JSP 指令: 指令通用格式

```
<%@ directive  [attr=“value”  ... ] %>
```

- 指令必须放在<%@与%>标签内。
- 指令名、属性名以及属性值对大小写敏感。
- 属性值必须放置在一对单引号或双引号内。
- 属性-值对之间可以放置一个或多个空格，但是=与属性值之间不允许有空格。

6.6.1　Page 指令标签

page 指令的基本语法格式如下：

```
<%@ page page_directive_attr_list %>
page_directive_attr_list ::=
  {language="scriptingLanguage"} 脚本语言，只能是 java
  { import="importList"} 导入的包或类名列表，用逗号分隔
  { session="true|false" } 是否使用 Session 对象，默认 true
  { errorPage="error_url" } 发生异常时指向的页面 URL
  { isErrorPage="true|false" } 是否为处理异常的页面，默认 false
  { contentType="ctinfo" } 指定 MIME 类型和页面的编码方式
  { pageEncoding=“characterSet” } 指定页面的编码方式
  { info=" info_text" } 页面描述,可以通过 servlet.getServletInfo()获得
  { buffer="none|sizekb" } 指定输出流是否有缓冲区，默认 8KB
  { autoFlush="true|false" } 指定缓冲区满足时是否自动清除，默认 true
  { isELIgnored="true|false" } 是否忽略 EL 表达式，默认 false
  { isThreadSafe="true|false" } 指定 JSP 文件是否能够多线程使用,默认 true
  { extends="className"} 生成的 Servlet 的父类，极少使用
```

1.import 属性

import 属性是 page 指令中唯一可以多次指定的属性。如果存在重复导入并不会产生错误，只是重复的项目会自动被忽略。

import 属性可以使用以下两种形式进行设置：

```
<%@ page import="java.io.*,java.sql.*,java.util.*" %>
<%@ page import="java.io.*" %>
<%@ page import="java.util.*" %>
```

默认的导入的包有四个：

java.lang

javax.servlet

javax.servlet.http

javax.servlet.jsp

2.contentType 属性

contentType 属性指定页面响应的 MIME 类型和 JSP 字符编码。pageEncoding 属性指定字符集。默认情况下是：

<%@ page contentType="text/html;charset=ISO-8859-1" pageEncoding="ISO-8859-1"%>

可以通过设置 contentType 属性改变 JSP 输出的 MIME 类型，从而实现一些特殊功能。例如：

```
<%@ page contentType="application/vnd.ms-excel;
                charset=GBK" %>
<%@ page contentType="application/msword;
                charset=GBK" %>
```

【示例 6-7】import 和 contentType 属性的使用

```
<%@ page language="java" import="java.util.*" contentType=
"text/html; charset=UTF-8"
 pageEncoding="UTF-8"%>
<!DOCTYPE html>
<html>
<head>
<meta charset="utf-8">
<title>JSP 隐藏注释</title>
</head>
<body>
<%-- 该部分注释在网页中不会被显示--%>
<p>
今天的日期是：<%= (new Date()).toLocaleString()%>
```

```
</p>
</body>
</html>
```

运行该程序，将显示如图 6-8 所示结果。

今天的日期是: 2017-3-28 20:18:23

图 6-8　【示例 6-7】的运行结果

6.6.2　Include 指令标签

在实际的应用开发中经常会遇到这样的情况，网站的头部和底部都是一样的，为了保证代码重用，可以使用 include 指令来解决该需求。

Include 指令用来包含其他文件，可以是 html、jsp 或者纯文本，包含的文件会与该 jsp 页面一起编译。

编译时，include 指令会把相应的文件包含进主文件，其语法格式如下：

```
<%@ include file="path" %>
```

使用 include 指令需要注意的问题：

- file 属性是 include 指令的必要属性，用于指定包含哪个文件，include 指令可以被多次使用。
- 可以把一个复杂的 JSP 页面分成几部分，使用 include 指令进行整合，从页提高开发效率，增强页面的可维护性。
- include 指令实现静态包含，意即在 JSP 源码被转换成 Servlet 源码和被编译之前将文件复制到其中。
- 由于静态包含是生成一个合并后的整体文件，因此其各个组成文件是在同一个作用域范围内，在各个文件中定义的变量、方法均是共享的即在各个文件中定义的变量、方法均是全局的。
- 由于静态包含是在转换阶段发生的，因此 file 属性值不能是一个动态的表达式。
- 由于请求参数是请求阶段的属性，而在静态转换阶段无效，因此 file 属性值中不能向被包含文件传递参数。
- 由于被包含文件之间可以共享变量，因此要尽可能降低各文件之间的耦合度。

6.7　JSP 动作标签

JSP 动作在请求处理阶段起作用，相当于若干条 Java 语句的集合。

主要实现动态插入文件、页面跳转、使用 JavaBean、为 Java 插件生成 HTML 代码等操作。

JSP 规范定义了一系列标准动作，均使用 jsp 作为前缀。可以采用以下两种格式中的一种：

```
<动作标识名称属性 1="值 1" 属性 2="值 2"…/>
或
<动作标识名称属性 1="值 1" 属性 2="值 2" …>
    <子动作属性 1="值 1" 属性 2="值 2" …/>
</动作标识名称>
```

JSP2.0 规范中定义了 20 个标准的动作元素。

第一类是与存取 JavaBean 有关的，包括：<jsp:useBean><jsp:setProperty><jsp:getProperty>。

第二类是 JSP1.2 就开始有的基本元素，包括 6 个动作元素：

<jsp:include><jsp:forward><jsp:param><jsp:plugin><jsp:params><jsp:fallback>。

第三类是 JSP2.0 新增加的元素，主要与 JSP Document 有关，包括六个元素

<jsp:root><jsp:declaration><jsp:scriptlet><jsp:expression><jsp:text><jsp:output>。

第四类是 JSP2.0 新增的动作元素，主要是用来动态生成 XML 元素标签的值，包括 3 个动作：<jsp:attribute><jsp:body><jsp:element>。

第五类是 JSP2.0 新增的动作元素，主要是用在 Tag File 中，包括 2 个元素：

<jsp:invoke><jsp:dobody>。

表 6-2 介绍了动作标签的的基本属性。

表 6-2 动作标签的属性

JSP 动作指令	描述
<jsp:forward />	用于执行页面跳转，请求转发到下一个页面
<jsp:include />	用于动态引入另一个 JSP 页面
<jsp:param />	用于传递参数，必须与其他动作指令一起使用
<jsp:useBean />	创建一个 JavaBean 的实例
<jsp:setProperty />	设置 JavaBean 实例的属性值
<jsp:getProperty />	获取 JavaBean 实例的属性值
<jsp:plugin />	用于下载 JavaBean 或 Applet 到客户端执行

<jsp:plugin>动作为 Web 开发人员提供了一种在 JSP 文件中嵌入在客户端运行的 Java 程序(applet 或 bean)的方法。JSP 处理这个动作时，将根据客户端浏览器的不同分别输出为 OBJECT(HTML 4.0)或 EMBED(HTML 3.2)这两个不同的 HTML 元素。

6.7.1 Forward 动作标签

<jsp:forward />动作用于将客户端的请求转发到另一个资源文件。可以转发到静态的

html 页面、动态的 jsp 页面或容器中的 Servlet。

当遇到 forward 动作时，容器就停止执行当前的 JSP，转而执行被转发的指定资源。

语法格式有两种：

```
<jsp:forward page="{relativeURL|<%=expression%>}" />
和
<jsp:forward page="{relativeURL|<%=expression%>}">
    <jsp:param name="paramName"
               value="paramValue" />
</jsp:forward>
```

如果页面输出是缓冲的，则缓冲区将在转发前被清除。如果页面输出是带缓冲的，但缓冲区被刷新，则转发请求的尝试将导致一个 java.lang.IllegalStateException 异常抛出。如果页面输出是不带缓冲的而且已经写入数据，则转发请求的尝试将导致一个 java.lang.IllegalStateException 异常抛出。

这里重点提示一下，<jsp:forward>标识实现的是请求的转发操作，而不是请求重定向。它们之间的一个区别就是：进行请求转发时，存储在 request 对象中的信息会被保留并被带到目标页面中；而请求重定向是重新生成一个 request 请求，然后将该请求重定向到指定的 URL，所以事先存储在 request 对象中的信息都不存在了，也就是说，请求转发后地址栏不发生改变，是服务器内部的跳转。

6.7.2　Include 动作标签

<jsp:include>动作元素用来包含静态和动态的文件。该动作把指定文件插入正在生成的页面，不过需要注意的是，该动作是引入另一个文件的输出。格式为：

```
<jsp:include page="被包含文件的路径" flush="true|false"/>
```

例子:<jsp:include page=” test.jsp” flush=” true” >,其中 flush 定义在包含资源前是否刷新缓存区，其值为 false/true。

<jsp:include>标识对包含的动态文件和静态文件的处理方式是不同的。如果被包含的是静态的文件，则页面执行后，在使用了该标识的位置处将会输出这个文件的内容。如果<jsp:include>标识包含的是一个动态的文件，那么 JSP 编译器将编译并执行这个文件。不能通过文件的名称来判断该文件是静态的还是动态的，<jsp:include>标识会识别出文件的类型。

<jsp:include>动作标识与 include 指令都可用来包含文件，下面来介绍它们之间存在的差异。

1.属性

include 指令通过 file 属性来指定被包含的页面，include 指令将 file 属性值看作一个实际存在的文件的路径，所以该属性不支持任何表达式。若在 file 属性值中应用 JSP 表达式，则会抛出异常，如下面的代码：

<% String path="logon.jsp"; %>

<%@ include file="<%=path%>" %>

该用法将抛出下面的异常：

File "/<%=path%>" not found

而<jsp:include>动作标识通过 page 属性来指定被包含的页面，该属性支持 JSP 表达式。

2.处理方式

使用 include 指令被包含的文件，它的内容会原封不动地插入到包含页中使用该指令的位置，然后 JSP 编译器再对这个合成的文件进行翻译。所以在一个 JSP 页面中使用 include 指令来包含另外一个 JSP 页面，最终编译后的文件只有一个。

使用<jsp:include>动作标识包含文件，当该标识被执行时，程序会将请求转发到(注意是转发，而不是请求重定向)被包含的页面，并将执行结果输出到浏览器中，然后返回包含页继续执行后面的代码。因为服务器执行的是两个文件，所以 JSP 编译器会分别对这两个文件进行编译。

3.包含方式

使用 include 指令包含文件，最终服务器执行的是将两个文件合成后由 JSP 编译器编译成的一个 Class 文件，所以被包含文件的内容应是固定不变的，若改变了被包含的文件，则主文件的代码就会发生改变，因此服务器会重新编译主文件。include 指令的这种包含过程称为静态包含。

使用<jsp:include>动作标识通常是来包含那些经常需要改动的文件。此时服务器执行的是两个文件，被包含文件的改动不会影响到主文件，因此服务器不会对主文件重新编译，而只需重新编译被包含的文件即可。而对被包含文件的编译是在执行时才进行的，也就是说，只有当<jsp:include>动作标识被执行时，使用该识包含的目标文件才会被编译，否则被包含的文件不会被编译，所以这种包含过程称为动态包含。

【示例 6-8】<jsp:include>动作标签的使用

以下我们定义了两个文件 date.jsp 和 main.jsp，代码如下所示：

date.jsp 文件代码：

```
<%@ page language="java" contentType="text/html; charset=UTF-8"
    pageEncoding="UTF-8"%>
<p>
今天的日期是：<%= (new java.util.Date()).toLocaleString()%>
</p>
```

main.jsp 文件代码：

```
<%@ page language="java" contentType="text/html; charset=UTF-8"
    pageEncoding="UTF-8"%>
<!DOCTYPE html>
<html>
```

```
<head>
<meta charset="utf-8">
<title>include 动作示例</title>
</head>
<body>
<h2>include 动作实例</h2>
<jsp:include page="date.jsp" flush="true" />
</body>
</html>
```

运行该程序，将显示如图 6-9 所示结果。

include 动作示例
localhost:8080/chapter7/

include 动作实例

今天的日期是: 2017-3-28 20:21:02

图 6-9　【示例 6-8】的运行结果

6.7.3　Param 动作标签

Param 标签以“名字-值”对的形式为其他标签提供参数，该动作不能单独使用，必须与<jsp:forward />、<jsp:include />和<jsp:plugin />动作结合使用。

param 动作标签的格式：

```
<jsp:param name=“名字” value =“指定给 param 的值” />
```

- 如果传递的参数名称与 request 对象的参数名称一致，则会覆盖 request 对象的同名参数值。

【示例 6-9】Param 标签与其他标签的结合使用

param.jsp 页面的代码：

```
<%@ page contentType="text/html;charset=UTF-8"%>
<HTML>
<BODY>
<p>加载文件效果：
<jsp:include page="tom.jsp">
<jsp:param name="computer" value="300"/>
</jsp:include>
</BODY>
```

```
</HTML>
```

tom.jsp 页面代码：

```
<%@ page contentType="text/html;charset=UTF-8"%>
<HTML>
<BODY>
<%
    String str=request.getParameter("computer");
    int n=Integer.parseInt(str);
    int sum=0;
    for(int i=1;i<=n;i++){
        sum+=i;
    }
    %>
<p>从 1 到<%=n%>的连续和是:
<BR>
<%=sum%>
</BODY>
</HTML>
```

运行该程序，将显示如图 6-10 所示结果。

图 6-10 【示例 6-9】的运行结果

6.7.4 UseBean 动作标签

通过应用<jsp:useBean>动作标识可以在 JSP 页面中创建一个 Bean 实例，并且通过属性的设置可以将该实例存储到 JSP 中的指定范围内。如果在指定的范围内已经存在了指定的 Bean 实例，那么将使用这个实例，而不会重新创建。通过<jsp:useBean>标识创建的 Bean 实例可以在 Scriptlet 中应用。

该标识的使用格式如下：

```
<jsp:useBean
    id="变量名"
```

```
    scope="page|request|session|application"
    {
    class="package.className"|
        type="数据类型"|
        class="package.className" type="数据类型"|
        beanName="package.className" type="数据类型"
    }
/>
<jsp:setProperty name="变量名" property="*"/>
```

也可以在标识体内嵌入子标识或其他内容：

```
<jsp:useBean id="变量名" scope="page|request|session|application" …>
    <jsp:setProperty name="变量名" property="*"/>
</jsp:useBean>
```

这两种使用方法是有区别的。在页面中应用<jsp:useBean>标识创建一个 Bean 时，如果该 Bean 是第一次被实例化，那么对于<jsp:useBean>标识的第二种使用格式，标识体内的内容会被执行，若已经存在指定的 Bean 实例，则标识体内的内容就不再被执行。而对于第一种使用格式，无论在指定的范围内是否已经存在一个指定的 Bean 实例，<jsp:useBean>标识后面的内容都会被执行。

id 属性：该属性指定一个变量，在所定义的范围内或 Scriptlet 中将使用该变量来对所创建的 Bean 实例进行引用。该变量必须符合 Java 中变量的命名规则。

type 属性：type 属性用于设置由 id 属性指定的变量的类型。type 属性可以指定要创建实例的类的本身、类的父类或者是一个接口。

使用 type 属性来设置变量类型的使用格式如下：

```
<jsp:useBean id="us" type="com.Bean.UserInfo" scope="session"/>
```

如果在 session 范围内，已经存在了名为“us”的实例，则将该实例转换为 type 属性指定的 UserInfo 类型(必须是合法的类型转换)并赋值给 id 属性指定的变量；若指定的实例不存在将抛出“bean us not found within scope”异常。

scope 属性：该属性指定了所创建 Bean 实例的存取范围，省略该属性时的值为 page。<jsp:useBean>标识被执行时，首先会在 scope 属性指定的范围来查找指定的 Bean 实例，如果该实例已经存在，则引用这个 Bean，否则重新创建，并将其存储在 scope 属性指定的范围内。scope 属性具有 page,request,session,application 值可选。

6.7.5　SetProperty 动作标签

<jsp:setProperty>标识通常情况下与<jsp:useBean>标识一起使用，它将调用 Bean 中的 setXxx()方法将请求中的参数赋值给由<jsp:useBean>标识创建的 JavaBean 中对应的简单属性或索引属性。该标识的使用格式如下：

```
<jsp:setProperty
    name="Bean 实例名"
    {
     property="*" |
        property="propertyName" |
        property="propertyName" param="parameterName" |
        property="propertyName" value="值"
    }/>
```

name 属性：name 属性用来指定一个存在 JSP 中某个范围中的 Bean 实例。<jsp:setProperty>标识将会按照 page、request、session 和 application 的顺序来查找这个 Bean 实例，直到第一个实例被找到。若任何范围内不存在这个 Bean 实例，则会抛出异常。

property 属性：property 属性取值为“*”时，则 request 请求中所有参数的值将被一一赋给 Bean 中与参数具有相同名字的属性。如果请求中存在值为空的参数，那么 Bean 中对应的属性将不会被赋值为 Null；如果 Bean 中存在一个属性，但请求中没有与之对应的参数，那么该属性同样不会被赋值为 Null，在这两种情况下的 Bean 属性都会保留原来或默认的值。

6.7.6　GetProperty 动作标签

<jsp:getProperty>属性用来从指定的 Bean 中读取指定的属性值，并输出到页面中。该 Bean 必须具有 getXxx()方法。

<jsp:getProperty>标识的使用格式如下：

```
<jsp:getProperty name="Bean 实例名" property="propertyName"/>
```

name 属性：name 属性用来指定一个存在某 JSP 范围中的 Bean 实例。<jsp:getProperty>标识将会按照 page、request、session 和 application 的顺序来查找这个 Bean 实例，直到第一个实例被找到。若任何范围内不存在这个 Bean 实例则会抛出“Attempted a bean operation on a null object”异常。

property 属性：该属性指定了要获取由 name 属性指定的 Bean 中的哪个属性的值。若它指定的值为“userName”，那么 Bean 中必须存在 getUserName()方法，否则会抛出下面的异常：Cannot find any information on property 'userName' in a bean of type '此处为类名'。

如果指定 Bean 中的属性是一个对象，那么该对象的 toString()方法被调用，并输出执行结果。

【示例 6-10】useBean,setProperty,getProperty 标签的使用

JavaBean 文件的代码：

```
package com.cdu.bean;
public class TestBean {
   private String message = "成都大学";
```

```
    public String getMessage() {
        return(message);
    }
    public void setMessage(String message) {
        this.message = message;
    }
}
```

main.jsp 页面的代码：

```
<%@ page language="java" contentType="text/html; charset=UTF-8"
    pageEncoding="UTF-8"%>
<!DOCTYPE html>
<html>
<head>
<meta charset="utf-8">
<title>成都大学</title>
</head>
<body>
<h2>Jsp 使用 JavaBean 实例</h2>
<jsp:useBean id="test" class="com.cdu.bean.TestBean" />
<jsp:setProperty name="test"
                 property="message"
                 value="成都大学" />
<p>输出信息....</p>
<jsp:getProperty name="test" property="message" />
</body>
</html>
```

运行该程序，将显示如图 6-11 所示结果。

Jsp 使用 JavaBean 实例

输出信息....

成都大学

图 6-11　【示例 6-10】的运行结果

6.7.7 Plugin 动作标签

jsp:plugin 动作用来根据浏览器的类型，插入通过 Java 插件运行 Java Applet 所必需的 OBJECT 或 EMBED 元素。

如果需要的插件不存在，它会下载插件，然后执行 Java 组件。 Java 组件可以是一个 applet 或一个 JavaBean。

plugin 动作有多个对应 HTML 元素的属性用于格式化 Java 组件。param 元素可用于向 Applet 或 Bean 传递参数。

以下是使用 plugin 动作元素的典型实例:

【示例 6-11】Plugin 动作元素的使用

```
<jsp:plugin type="applet" codebase="dirname" code="MyApplet.class"
                       width="60" height="80">
<jsp:param name="fontcolor" value="red" />
<jsp:param name="background" value="black" />
<jsp:fallback>
    Unable to initialize Java Plugin
</jsp:fallback>
</jsp:plugin>
```

6.8 JSP 页面元素小结

伪指令：

```
<%@  page ...  %>
<%@  include ...  %>
```

声明：用于声明变量，定义方法

形式：<%! Java Declarations %>

脚本：即放置 java 语句的位置

形式：<% Java Code %>

表达式：用于输出值

形式：<%= Expression %>

JSP 注释

<%-- Comment --%>

6.9　实 例 项 目

6.9.1　项目任务 6-1 管理员审核方案

管理员审核方案的功能是用于管理员查看公司方案是否合理。其具体的流程图如图 6-12 所示。

本小节通过页面核心代码、Servlet 核心代码和具体业务逻辑层核心代码对整个实现流程进行分析。完整的代码可以通过百度云网盘进行下载。

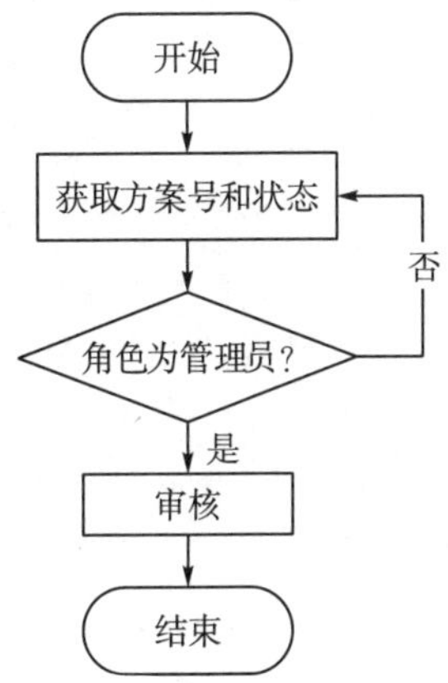

图 6-12　方案审核流程图

1.页面核心代码

```
…
<section class="row component-section">
    <div class="col-md-12">
        <table id="example" class="table pmd-table table-hover table-striped display responsive nowrap"
            cellspacing="0" width="100%">
            <thead>
                <tr>
                    <th>方案号</th>
                    <th>方案名称</th>
                    <th>学生人数</th>
                    <th>校外指导老师</th>
                    <th>校外指导老师职称</th>
```

```
                        <th>类别</th>
                        <th>年级</th>
                        <th>发布日期</th>
                        <th>审核状态</th>
                        <th>企业名称</th>
                        <th>方案简介</th>
                        <th>操作</th>
                    </tr>
                </thead>
                <tbody>
                    <c:forEach items="${selectProjects }" var="selectProject">
                        <tr>
                            <td>${selectProject.no }</td>
                            <td>${selectProject.name }</td>
                            <td>${selectProject.studentsNum }</td>
                            <td>${selectProject.companyTeacher }</td>
                            <td>${selectProject.companyTeacherTitle }</td>
                            <td>${selectProject.category }</td>
                            <td>${selectProject.grade }</td>
                            <td>${selectProject.releaseDate }</td>
                            <td>${selectProject.auditDate!=null?"已审核":"未审核" }</td>
                            <!-- <td>${selectProject.companyUsername }</td> -->
                            <td>${companyInfo[selectProject.no].companyName }</td>
                            <td title="${selectProject.introduction }"><c:if
    test="${selectProject.introduction.length()>30 }">
                            ${selectProject.introduction.substring(0,30) }...
                            </c:if><c:if test="${selectProject.introduction.length()<=30 }">
                            ${selectProject.introduction }</c:if></td>
                            <td><a
                                class="btn pmd-btn-raised pmd-ripple-
```

```
effect btn-primary"
        href="InfoPracticeServlet?no=${selectProject.no }">详情</a><c:if
                                    test="${selectProject.endDate==
null }">
                                    <c:if
    test="${selectProjectsRole==9&&selectProject.auditDate!=null }">
                                        <a
    href="CheckPracticeServlet?no=${selectProject.no }&type=2"
                                            class="btn pmd-btn-raisedpmd-
ripple-effect btn-danger pmd-z-depth">
                                            退审</a>
                                    </c:if>
                                    <c:if
    test="${selectProjectsRole==9&&selectProject.auditDate==null }">
                                        <a
    href="CheckPracticeServlet?no=${selectProject.no }&type=1"
                                            class="btn pmd-btn-raised
pmd-ripple-effect btn-success pmd-z-depth">
                                            审核</a>
                                    </c:if>
                                </c:if><c:if
    test="${selectProjectsRole==1&&selectProject.endDate!=null }">
                                    <button data-target="#form-dialog-${
selectProject.no }"
                                        data-toggle="modal"
                                        class="btn pmd-btn-raised pmd-
ripple-effect btn-info pmd-z-depth"
                                        type="button">方案总结</button>
                                </c:if></td>
                        </tr>
                    </c:forEach>
                </tbody>
            </table>
            <!-- 分页 -->
            第 ${selectProjectPageUtils.pageNow } /
            ${selectProjectPageUtils.totalPage }页
            <c:if test="${selectProjectPageUtils.isHasFirst() }">
                <a href="SelectPracticeServlet?nowPage=1">首页 </a>
```

```
        </c:if>
        <c:if test="${selectProjectPageUtils.isHasPre() }">
            <a
    href="SelectPracticeServlet?nowPage=${selectProjectPageUtils.
pageNow-1 }">上一页 </a>
        </c:if>
        <c:if test="${selectProjectPageUtils.isHasNext() }">
            <a
href="SelectPracticeServlet?nowPage=${selectProjectPageUtils.
pageNow+1 }">下一页 </a>
        </c:if>
        <c:if test="${selectProjectPageUtils.isHasLast() }">
            <a
href="SelectPracticeServlet?nowPage=${selectProjectPageUtils.
totalPage }">尾页</a>
        </c:if>
    </div>
</section>
…
```

2.Servlet 核心代码

CheckPracticeServlet

```
package cn.edu.cdu.practice.servlet;
import java.io.IOException;
import javax.servlet.ServletException;
import javax.servlet.annotation.WebServlet;
import javax.servlet.http.HttpServlet;
import javax.servlet.http.HttpServletRequest;
import javax.servlet.http.HttpServletResponse;
import cn.edu.cdu.practice.dao.impl.ProjectDaoImpl;
import cn.edu.cdu.practice.model.Project;
import cn.edu.cdu.practice.utils.Log4jUtils;
@WebServlet("/PracticeManagement/CheckPracticeServlet")
public class CheckPracticeServlet extends HttpServlet {
    private static final long serialVersionUID = 1L;
    public CheckPracticeServlet() {
        super();
        // TODO Auto-generated constructor stub
```

```
    }
    /**
     * 审核退审方案
     *
     * @see HttpServlet#doGet(HttpServletRequest request, HttpServletResponse
     *      response)
     */
    protected void doGet(HttpServletRequest request, HttpServletResponse response)

            throws ServletException, IOException {
        String no = request.getParameter("no");
        // 1或2，分别表示审核、退审
        String type = request.getParameter("type");
        boolean type_boolean = false;
        String role = (String) request.getSession().getAttribute("role");
        if ((type.equals("1") || type.equals("2")) && role.equals("9")) {
            if (Integer.parseInt(type) == 1)
                type_boolean = true;
            else if (Integer.parseInt(type) == 2)
                type_boolean = false;
            ProjectDaoImpl projectDaoImpl = new ProjectDaoImpl();
            //审核退审实训方案，返回操作结果，成功与否都跳至同一界面
            boolean b = projectDaoImpl.checkProject(no, type_boolean);
            Log4jUtils.info("CheckPracticeServlet: no= " + no + " type= " + type + "  ");
request.getRequestDispatcher("/PracticeManagement/SelectPracticeServlet?role=9").forward(request, response);
        } else {
            //用户访问无效
            response.sendRedirect("http://202.115.82.8:8080/404.jsp");
            //request.getRequestDispatcher("/404.html").forward(request, response);
        }

```

```
    }

    protected void doPost(HttpServletRequest request,
HttpServletResponse response)
            throws ServletException, IOException {
        doGet(request, response);
    }

}
```

3.业务逻辑层核心代码

处理具体业务逻辑的代码在 ProjectDaoImpl 类中定义，为了保证团队开发的效率，先在 ProjectDao 接口中进行了方法的申明。

ProjectDao

```
package cn.edu.cdu.practice.dao;
import java.sql.Date;
import java.util.ArrayList;
import java.util.List;
import cn.edu.cdu.practice.model.ProProSelStuView;
import cn.edu.cdu.practice.model.Project;
import cn.edu.cdu.practice.model.ProjectSelect;
import cn.edu.cdu.practice.model.Student;
import cn.edu.cdu.practice.utils.PageUtils;
public interface ProjectDao {
…
    /**
     * 审核退审实训方案
     * @param p_no
     * @param  check true 表示审核通过，false 表示退审
     * @return
     */
    public boolean checkProject(String p_no,boolean check);
…
}
```

ProjectDaoImpl

```
package cn.edu.cdu.practice.dao.impl;
import java.sql.Connection;
```

```
import java.sql.Date;
import java.sql.PreparedStatement;
import java.sql.ResultSet;
import java.util.ArrayList;
import java.util.Calendar;
import cn.edu.cdu.practice.dao.ProjectDao;
import cn.edu.cdu.practice.model.ProProSelStuView;
import cn.edu.cdu.practice.model.Project;
import cn.edu.cdu.practice.model.ProjectSelect;
import cn.edu.cdu.practice.model.ProjectSelectId;
import cn.edu.cdu.practice.service.impl.ProjectServiceImpl;
import cn.edu.cdu.practice.utils.DbUtils;
import cn.edu.cdu.practice.utils.PageUtils;
public class ProjectDaoImpl implements ProjectDao {
…
    @Override
    public boolean checkProject(String p_no, boolean check) {
        String sql = "UPDATE project SET audit_date=? WHERE no=?";
        Connection connection = DbUtils.getConnection();
        PreparedStatement ps = null;
        try {
            connection.setAutoCommit(false);
            ps = connection.prepareStatement(sql);
            ps.setString(2, p_no);
            if (!check) {
                ps.setString(1, null);
            } else {
                Date date = new Date(Calendar.getInstance().getTime().
getTime());
                ps.setDate(1, date);
            }
            ps.executeUpdate();
            connection.commit();
            return true;
        } catch (Exception e) {
            e.printStackTrace();
            if (connection != null) {
```

```
                try {
                    connection.rollback();
                } catch (Exception e1) {
                    e1.printStackTrace();
                }
            }
        } finally {
            DbUtils.closeConnection(connection, ps, null);
        }
        return false;
    }
…
}
```

6.10 课 后 练 习

1.下列关于 JSP 执行过程的说法正确的是______

A. JSP 在容器启动时会被翻译成 Servlet，并编译为字节码文件。

B. JSP 在第一次被请求时会被翻译成 Servlet，并编译成字节码文件。

C. 在第二次请求时，将不再执行翻译步骤

D. 如果 JSP 页面有错误将不再执行翻译步骤。

2.哪些指令指定 HTTP 响应的类型是“image/svg” _______

A. <%@ page type=” image/svg” %>

B. <%@ page mimeType=” image/svg” %>

C. <%@ page contentType=” image/svg” %>

D. <%@ page pageEncoding=” image/svg” %>

3.在 JSP 页面中有下述代码，第二次访问此页面的输出是______

```
<%!
Int x=0;
  %>
<%
int y=0;
%>
<%=x++>,<%=y++>
```

A. 0，0　　　　B. 0，1

C. 1，0　　　　D. 1，1

4.哪个 JSP 表达式标记会打印名为“javax. sql. DataSource”的上下文初始化参数_____

A. <%=application. getAttirbute(“javax. sql. DataSource”)%>

B. <%=application. getInitparameter(“javax. sql. DataSource”)%>

C. <%=request. getParameter(“javax. sql. DataSource”)%>

D. <%=contextparam. get(“javax. sql. DataSource”)%>

5.给定以下 JSP

```
<%@ page import=" java. util. *" %>
<html><body>
姓名<%=request. getParameter(“name”)%>
是:<br>
<% ArrayList al=request. getAttribute(“names”);
 Iterator it=al. iterator();
 while(it. hasnext()){%>
<%=it. next()%>
<br>
<%}%>
</body></html>
```

这个 JSP 页面中使用了哪些类型的代码_________

A. EL　　B. 指令

C. 表达式　　D. 脚本程序

6.11　实 践 练 习

训练目标：掌握 JSP 中指令标识、脚本标识、动作标识和注释的使用

培养能力	工程能力、设计/开发解决方案		
掌握程度	★★★★★	难度	中
结束条件	独立编写，运行出结果		

训练内容：

(1)编写 2 个 JSP 页面，在页面 1 中有一个表单，用户通过该表单输入用户的姓名并提交给页面；在页面 2 输出用户的姓名和人数。如果页面 1 没有提交姓名或姓名含有的字符个数大于 10，就跳转到页面 1

(2)编写 4 个 JSP 页面。页面 1、2、3 都含一个导航条，可以让用户通过它相互访问；页面 4 为错误处理页面。要求这三个页面通过使用 include 动作标记动态加载导航条文件 head.txt

第 7 章　JSP 内置对象

本章目标

知识点	理解	掌握	应用
1.内置对象的含义	✓	✓	
2.request 内置对象	✓	✓	✓
3.respose 内置对象	✓	✓	✓
4.session 内置对象	✓	✓	✓
5.application 内置对象	✓	✓	✓
6.out 内置对象	✓	✓	✓
7.pageContext 内置对象	✓	✓	✓
8.config 内置对象	✓	✓	✓
9.page 内置对象	✓	✓	✓
10.exception	✓	✓	✓

项目任务

完成成都大学信息科学与工程学院实训系统项目的学生查看方案设计任务：

- 项目任务 7-1 学生查看方案

知识能力点

知识点能力点	知识点 1	知识点 2	知识点 3	知识点 4	知识点 5	知识点 6	知识点 7	知识点 8	知识点 9	知识点 10
工程知识	✓	✓	✓	✓	✓	✓	✓	✓	✓	✓
问题分析		✓	✓	✓	✓	✓	✓	✓	✓	✓
设计/开发解决方案										
研究	✓									
使用现代工具										
工程与社会										
环境和可持续发展										
职业规范										
个人和团队										
沟通										
项目管理										
终身学习	✓	✓	✓	✓	✓	✓	✓	✓	✓	✓

7.1　JSP 内置对象概述

JSP 提供了一些可以在脚本中使用的内置对象(也称隐式对象)。使用这些内置对象可以使开发者更容易收集客户端发送请求的信息，并响应客户端的请求以及存储客户信息。

✧ 内置对象可直接使用，不需事先声明。

✧ JSP 内置对象都对应于一个特定的 JAVA 类或接口。

✧ 所有的 JSP 页面翻译成 java 类文件都有如下代码(index.jsp 对应的 java 类)：

```
…
public final class index_jsp
extends org.apache.jasper.runtime.HttpJspBase
   implements org.apache.jasper.runtime.JspSourceDependent {
  public void _jspService(HttpServletRequest request,
      HttpServletResponse response)
throws java.io.IOException, ServletException {
   PageContext pageContext = null;
   HttpSession session = null;
   ServletContext application = null;
   ServletConfig config = null;
   JspWriter out = null;
   Object page = this;
   JspWriter _jspx_out = null;
   PageContext _jspx_page_context = null;
…
```

说明：

(1)在 tomcat 中部署后的 web 应用程序的 jsp 页面翻译后的 java 类及编译后的 class 文件都保存在 tomcat 的 work 目录中。

(2)内置对象是_jspService()方法中的局部变量，只能应用在 JSP 的脚本或表达式中，不能应用在 JSP 声明中。

JSP 中定义了 9 种内置对象，其名称、类型和功能如表 7-1 所示。

表 7-1　JSP 内置对象

对象名称	类型	功能说明
request	javax.servlet.http.HttpServletRequest	请求对象，包含所有从浏览器发往服务器的请求信息
response	javax.servlet.http.HttpServletResponse	响应对象，用来向客户端输出响应
session	javax.servlet.http.HttpSession	会话对象，保存用户的会话信息
application	javax.servlet.ServletContext	应用程序对象，保存整个应用程序的环境信息

续表

对象名称	类型	功能说明
out	javax.servlet.jsp.JspWriter	输出对象，向客户端输出数据
pageContext	javax.servlet.jsp.PageContext	页面上下文对象，用于存储当前 JSP 页面的相关信息
config	javax.servlet.ServletConfig	页面配置对象，JSP 页面的配置信息对象
page	javax.servlet.jsp.HttpJspPage	当前 JSP 页面对象，即 this
exception	java.lang.Throwable	异常对象，用于处理 JSP 页面中的错误

7.2 Request 对 象

Request 对象即请求对象，包含用户通过表单提交的表单数据，通过 URL 等方式传递的参数，客户端向服务端请求的信息(如端口、请求路径、查询字符串等)。

7.2.1 获取客户提交的信息

获取客户端发出请求参数的主要方法：

- ✧ String **getParameter**(String param)：根据参数名获取单个参数值；
- ✧ String[] **getParameterValues**(String param)：根据参数名获取一组参数值；
- ✧ Enumeration<String>**getParameterNames**()：获取所有参数名。

【示例 7-1】通过一个用户登录功能(登录页面：login.jsp)，演示 request 获取请求参数的方法(显示获取请求参数页面：loginInfo.jsp)。

login.jsp：

```
<%@ page language="java" contentType="text/html; charset=UTF-8"
    pageEncoding="UTF-8"%>
<!DOCTYPE html PUBLIC "-//W3C//DTD HTML 4.01 Transitional//EN" "http://www.w3.org/TR/html4/loose.dtd">
<html>
<head>
<meta http-equiv="Content-Type" content="text/html; charset=UTF-8">
<title>登录</title>
</head>
<body>
<form action="loginInfo.jsp" method="post">
    <table>
    <tr><td>用户名：</td><td><input name="username" type="text" /></td></tr>
    <tr><td>密  码：</td><td><input name="password"
```

```
type="password"/></td>
</tr>
    <tr>
    <td align="center" colspan="2">
        <input type="submit" value="提交"/>
        <input type="reset" value="重置"/>
    </td>
    </tr>
    </table>
</form>
</body>
</html>
```

login.jsp 页面运行效果如图 7-1 所示。

图 7-1　login.jsp 运行结果

loginInfo. jsp:

```
<%@ page language="java" contentType="text/html; charset=UTF-8"
    pageEncoding="UTF-8"%>
<%@ page import="java.util.Enumeration" %>
<!DOCTYPE html PUBLIC "-//W3C//DTD HTML 4.01 Transitional//EN" "http://www.w3.org/TR/html4/loose.dtd">
<html>
<head>
<meta http-equiv="Content-Type" content="text/html; charset=UTF-8">
<title>获取登录请求信息</title>
</head>
<body>
    <%
```

```
        response.setContentType("text/html; charset=utf-8");
        request.setCharacterEncoding("UTF-8");
        String username=request.getParameter("username");
        String password=request.getParameter("password");
Enumeration<String> paraNames=request.getParameterNames();
out.println("通过 request 获取的用户信息: "+username+"<br>");
        out.println("通过 request 获取的密码信息: "+password+"<br>");
      %>
      所有的请求参数名如下: <br>
      <%
        int i=0;
        while(paraNames.hasMoreElements()){
           out.println("第"+(++i)+"个参数名是: "+
paraNames.nextElement()+"<br>");
      }
      %>
</body>
</html>
```

说明: void setCharacterEncoding(String charset) 该方法用于设置请求参数的解码字符集。loginInfo.jsp 页面运行效果如图 7-2 所示。

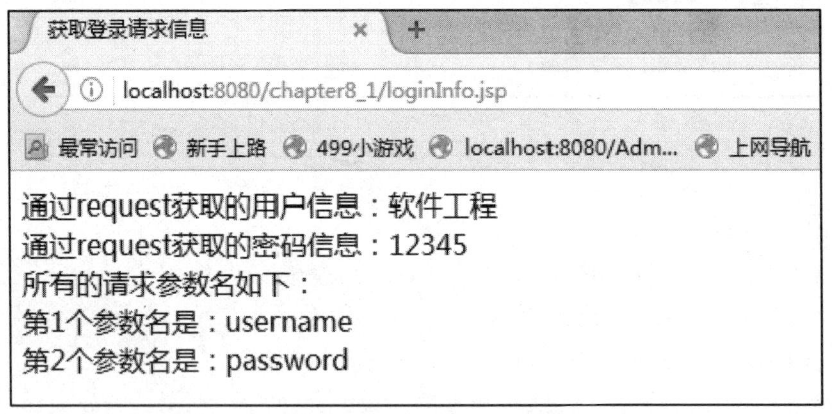

图 7-2 loginInfo.jsp 运行结果

思考:

(1) 什么情况下可以获取一组参数值?

(2) 通过 URL 如何传递参数及获取参数值?

(3) 思考 void setAttribute(String name,Object value) 与 Object getAttribute(String name) 的用法。

7.2.2　获取客户端和 Web 服务器的信息

获取客户端和 web 服务器的信息主要方法有：

✧ String **getRequestURI**()：返回客户端请求 URI(无协议、主机和端口)
✧ String **getRequestURL**()：返回客户端请求 URL
✧ String **getQueryString**()：返回客户端请求 URL 中的查询字符串
✧ String **getProtocol**()：返回客户端请求 URL 中的协议
✧ String **getServerName**()：返回客户端请求 URL 中的主机(服务器)
✧ String **getServerPort**()：返回客户端请求 URL 中的端口(服务器)
✧ String **getMethod**()：返回客户端的请求方法
✧ String **getRemoteAddr**()：返回客户端的 ip
✧ String **getLocalAddr**()：返回 web 服务器的 ip

【示例 7-2】获取客户端和 web 服务器的信息示例 serverInfo.jsp。

```
<%@ page language="java" contentType="text/html; charset=UTF-8"
    pageEncoding="UTF-8"%>
<!DOCTYPE html PUBLIC "-//W3C//DTD HTML 4.01 Transitional//EN" "http://www.w3.org/TR/html4/loose.dtd">
<html>
<head>
<meta http-equiv="Content-Type" content="text/html; charset=UTF-8">
<title>获取客户端和 web 服务器信息</title>
</head>
<body>
    <%
      out.println("客户端请求 URI: "+request.getRequestURI()+"<br>");
      out.println("客户端请求 URL: "+request.getRequestURL()+"<br>");
          out.println("客户端请求 URL 中的查询字符串: "+request.getQueryString()+"<br>");
      out.println("客户端请求 URL 中的协议: "+request.getProtocol()+"<br>");
      out.println("客户端请求 URL 中的主机: "+request.getServerName()+"<br>");
      out.println("客户端请求 URL 中的端口: "+request.getServerPort()+"<br>");
      out.println("客户端的 IP: "+request.getRemoteAddr()+"<br>");
      out.println("web 服务器的 IP: "+request.getLocalAddr()+"<br>");
      out.println("客户端的请求方法: "+request.getMethod()+"<br>");
```

```
    %>
</body>
</html>
```

serverInfo.jsp 页面运行效果如图 7-3 所示。

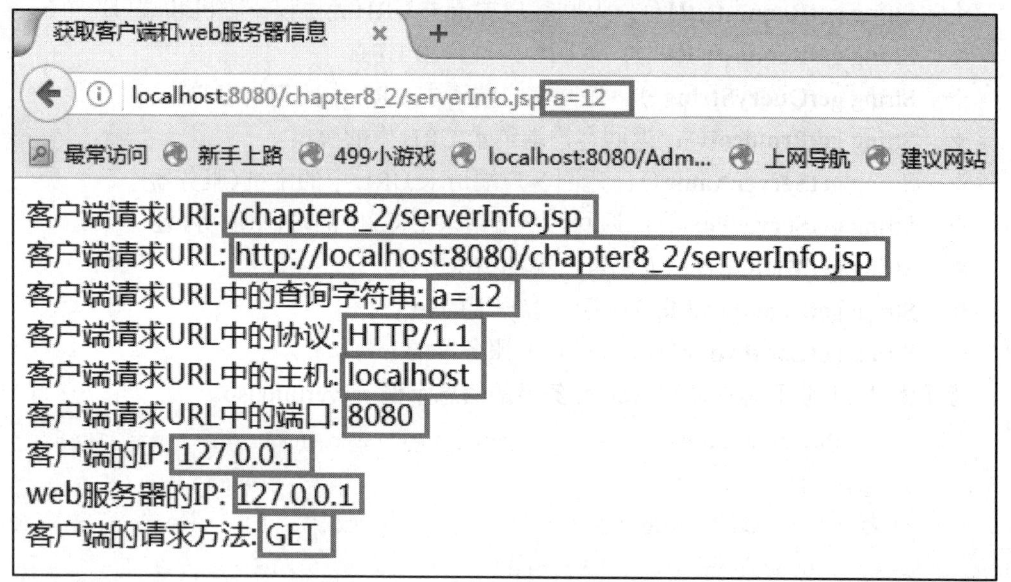

图 7-3 serverInfo.jsp 运行结果

说明：URL 中的查询字符串以“? **参数名=参数值数**”的形式提供。

另外，还有一些常用的方法：

- ✧ 获取 Http 请求消息头(常用于捕获客户端的浏览器、操作系统等信息)；
  String getHeader(String name)：获得 http 协议定义的传送文件头信息；
  Emuneration<String> getHeaders(String name)：获取指定名字的文件头所有值；
  Emuneration<String> getHeaderNames()：获取所有文件头的名字。
- ✧ 获取客户端保存的 cookies
  Cookie[] getCookies()：获取客户端的 cookies。

7.2.3 处理汉字信息

在 Java Web 编程中，经常会遇到汉字乱码显示问题，这个问题主要是因为编码不统一造成的，下面给出几个常用的数据传送过程中乱码解决方案。

- ✧ 如果数据是通过表单 POST 方式传递，可以在接收数据前做如下操作：

```
//从前端传送参数 username 到后台，参数中包含汉字
request.setCharacterEncoding("utf-8");
String username=new String(request.getParameter("username"));
…
```

如果数据是通过 URL 的 GET 方式传递，需要进行转码：

```
//例如，访问的 URL 是：loginInfo.jsp?username=张三
String username= request.getParameter("username") ;
username = new String(username.getBytes("ISO-8859-1"),"utf-8") ;
…
```

注：GET 方式传递参数内容默认编码方式是 ISO-8859-1，使用 request.setCharacterEncoding("utf-8") 无法解决乱码问题。要解决这个问题，首先要获取 username 的 iso-8859-1 编码原文，再用 utf-8 进行解码即可。有时，这样处理也会出现乱码，为了正确地传送汉字，可以在传送前使用 java.net.URLEncoder.encode(参数值,编码方式) 进行编码，接收时使用 java.net.URLDecoder.decode(参数值,编码方式) 进行解码。

```
//传送前
<a href='loginInfo.jsp?name=<%=java.net.URLEncoder.encode("张三","utf-8")%>'>通过 get 方式传递参数</a>
…
//接收时
String name=request.getParameter("name");
name=java.net.URLDecoder.decode(name,"utf-8");
```

7.3　Response 对　象

Response 对象即响应对象，用于获取从服务器端向客户端返回的数据，使用 response 对象可以直接发送信息给浏览器、重定向浏览器到另一个 URL、设置 Cookie 的值等。response 内置对象拥有 HttpServletResponse 接口的所有方法，常用方法主要有以下几类：

✧　页面跳转

void sendRedirect(String url)：重定向到指定的 URL 资源；

void sendError(int sc)：向客户端发送错误的信息。

✧　设置 cookie

void addCookie(Cookie cookie)：添加一个 Cookie 对象，用来保存客户端用户信息。

✧　设定 HTTP 头消息

Void setContentType(String name)：设置响应内容的类型和字符编码；

void setHeader(String name, String value)：设置指定的 HTTP 文件头信息，如果该值已经存在，则覆盖原有的 Header；

void addHeader(String name, String value)：添加 HTTP 文件头信息，该值将传到客户端，如果该值已经存在，则覆盖已有的 Header；

void setStatus(int sc)：设置响应的状态码。

✧　输出数据

PrintWriter getWriter()：返回可以向客户端输出字符的一个对象。

✧ URL 重写

String encodeRedirectURL(String url)：跨应用的 URL 重写(重定向时使用)；

String encodeURL(String url)：本应用级别的 URL 重写。

说明：session 对象和客户建立对应关系依赖于客户端浏览器是否支持 cookie,如果客户端浏览器不支持的话，那么客户在不同网页之间的 session 对象可能会不相同，因为服务器无法将 ID 存放到客户端，就不能建立 session 对象和客户的一一对应关系。所谓 URL 重写就是当客户从一个页面重新连接到另一个页面时，通过向这个新的 URL 添加参数，把 session 对象的 id 传过去，这样能够保证 session 对象是完全相同的。

7.3.1 动态响应 contentType 属性

response.setContentType(MIME 类型)方法可动态设置发送到客户端的响应内容类型，给出的内容类型可以包括字符编码说明。一般在 Servlet 中，习惯性地会首先设置响应的内容类型和请求编码方式：

```
response.setContentType("text/html;charset=UTF-8");
request.setCharacterEncoding("UTF-8");
```

常用的 MIME 类型有：

text/html：超文本标记语言文本

text/plain：普通文本

text/css：层叠样式表文本

image/gif：GIF 图形

image/jpeg ：JPEG 图形

video/mpeg：MPEG 文件

7.3.2 Response 的 HTTP 文件头

通过 response.setHeader()方法可设置 HTTP 协议的文件头信息，HTTP 文件头信息包括：

✧ 通用信息头

可用于请求消息和响应信息中，与传输的实体内容没有关系的信息头。主要有：Cache-Control 、Connection、Data、Pragma、Trailer、Transfer-Encoding、Upgrade 等。

✧ 请求头

用于在请求消息中向服务器传递附加信息，主要包括客户机可以接受的数据类型，压缩方法，语言，以及客户计算机上保留的信息和发出该请求的超链接源地址等。主要有：Accept、Accept-Encoding、Accept-Language、Host 等。

✧ 响应头

用于在响应消息中向客户端传递附加信息，包括服务程序的名称，要求客户端进行认证的方式，请求的资源已移动到新地址等。主要有： Location 、Server 、

WWW-Authenticate（认证头）等。

✧　实体头

用做实体内容的元信息，描述了实体内容的属性，包括实体信息的类型、长度、压缩方法、最后一次修改的时间和数据的有效期等。主要有：Content-Encoding、Content-Language、Content-Length、Content-Location、Content-Type 等。

✧　扩展头

在 HTTP 消息中，有一些在 HTTP1.1 正式规范里没有定义的头字段，这些头字段统称为自定义的 HTTP 头或者扩展头，通常被当作实体头处理。主要有：Refresh、Content-Disposition 等。

常用的功能有：

```
response.setHeader("refresh","1"); //一秒刷新页面一次
response.setHeader("refresh","2;URL=其他页面"); //二秒跳到其他页面
//设置页面没有缓存
response.setHeader("Pragma", "no-cache");
response.setHeader("Cache-Control", "no-cache");
//设置页面过期的时间期限
response.setDateHeader("Expires", System.currentTimeMillis()+自己设置的时间期限);
//跳转到其他页面
response.setStatus(302);
response.setHeader("location","url");
//通知浏览器数据采用 gzip 压缩格式传输
response.setHeader("Content-Type","application/gzip");
response.setHeader("Content-Encoding","gzip");
//设置压缩数据的长度
response.setHeader("Content-Length",压缩后的数据.length+"");
//下载文件时，设置 Content-Type 的类型为要下载文件的类型，
//设置 Content-Disposition 信息头会告诉浏览器要下载文件的名字和类型。
response.setContentType("image/jpeg");
response.setHeader("Content-Disposition","attachment;filename=flower.jpg");
```

注：所有的设置要在页面跳转或输出数据之前进行，否则设置不生效。

7.3.3　Response 重定向

response.sendRedirect(url)可重定向到指定的 URL 资源，实现页面跳转。

【示例 7-3】用户登录示例，如果用户登录成功，跳转到主页面(main.jsp)；如果登录不成功，返回登录页面(login.jsp)，登录请求的 servlet 是：LoginServlet。

login.jsp：

```
<%@ page language="java" contentType="text/html; charset=UTF-8"
    pageEncoding="UTF-8"%>
<!DOCTYPE html PUBLIC "-//W3C//DTD HTML 4.01 Transitional//EN" "http://www.w3.org/TR/html4/loose.dtd">
<html>
<head>
<meta http-equiv="Content-Type" content="text/html; charset=UTF-8">
<title>登录</title>
</head>
<body>
<form action="LoginServlet" method="post">
    <table>
        <tr><td>用户名：</td><td><input name="username" type="text" /></td></tr>
        <tr><td>密  码：</td>
<td><input name="password" type="password"/></td>
</tr>
        <tr><td align="center" colspan="2">
<input type="submit" value="提交"/>
        <input type="reset" value="重置"/>
        </td>
        </tr>
    </table>
</form>
<%
    String errorMsg=(String)request.getAttribute("errorMsg");//登录不成功的错误信息
    if (errorMsg!=null)
        out.println(errorMsg);
%>
</body>
</html>
```

LoginServlet.java：

```
package cn.edu.cdu.servlet;
```

```

import java.io.IOException;
import javax.servlet.RequestDispatcher;
import javax.servlet.ServletException;
import javax.servlet.annotation.WebServlet;
import javax.servlet.http.HttpServlet;
import javax.servlet.http.HttpServletRequest;
import javax.servlet.http.HttpServletResponse;

@WebServlet("/LoginServlet")
public class LoginServlet extends HttpServlet {
private static final long serialVersionUID = 1L;
public LoginServlet() {
        super();
    }
    protected void doGet(HttpServletRequest request, HttpServletResponse response)
 throws ServletException, IOException {
        request.setCharacterEncoding("UTF-8"); //设置 POST 请求编码
        response.setContentType("text/html;charset=UTF-8"); //设置响应内容类型
        String userName=request.getParameter("username"); //获取用户名
        String password=request.getParameter("password"); //获取密码
        StringBuffer errorMsg=new StringBuffer(); //用于存储错误信息
        if("".equals(userName))
            errorMsg.append("用户名不能为空！<br>");
        if("".equals(password))
            errorMsg.append("密码不能为空！<br>");
        if(!(userName.equals("软件工程") && password.equals("12345")))
            errorMsg.append("用户名或密码不正确！<br>");
        //用 request 对象保存错误信息
        request.setAttribute("errorMsg", errorMsg.toString());
        if("".equals(errorMsg.toString()))
            response.sendRedirect("main.jsp");//登录成功时，跳转到 main.jsp
        else{ //登录失败时，请求转发到 login.jsp
            RequestDispatcher rd=request.getRequestDispatcher("login.jsp");
```

```
                rd.forward(request, response);
            }
        }
        protected void doPost(HttpServletRequest request, HttpServletResponse response)
    throws ServletException, IOException {
            doGet(request, response);
        }
    }
```

main.jsp:

```
<%@ page language="java" contentType="text/html; charset=UTF-8"
    pageEncoding="UTF-8"%>
<!DOCTYPE html PUBLIC "-//W3C//DTD HTML 4.01 Transitional//EN" "http://www.w3.org/TR/html4/loose.dtd">
<html>
<head>
<meta http-equiv="Content-Type" content="text/html; charset=UTF-8">
<title>主页面</title>
</head>
<body>
<b>你已登录成功！</b>
</body>
</html>
```

如果登录时不填写任何信息，请求 LoginServlet 后，将返回到 login.jsp 页面，并由 request 对象带回错误信息，显示到页面上。登录不成功运行效果如图 7-4 所示。

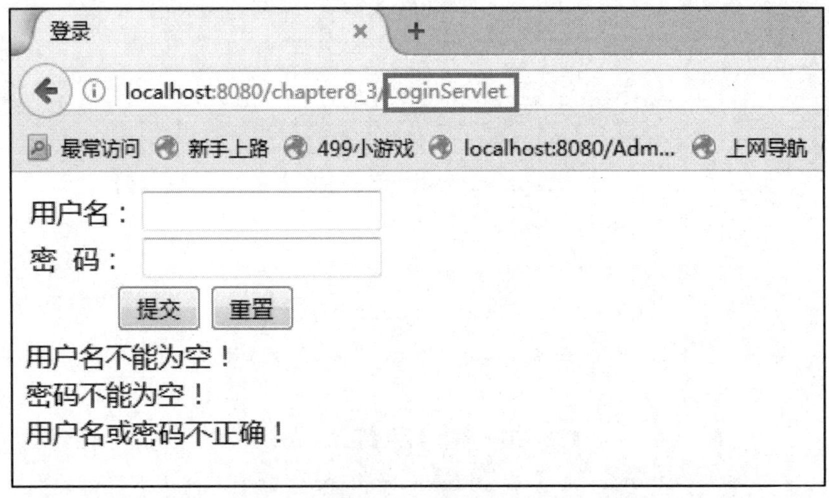

图 7-4 登录不成功返回 login.jsp 页面

如果正确填写了登录的用户名和密码，将登录成功，跳转到 main.jsp 页面。登录成功的效果如图 7-5 所示。

图 7-5　登录成功跳转到 main.jsp 页面

7.4　Session　对　象

Session 对象即会话对象，表示浏览器与服务器之间的一次会话。一次会话的含义是从客户端浏览连接服务器开始，到服务器端会话过期或用户主动退出后，会话结束。Session 对象主要用于维护服务器与客户端交互过程中的数据和信息。

Session 对象的类型为 javax.servlet.http.HttpSession，Session 对象常用的方法有：

- void **setAttribute**(String name,Object value)：以键/值对的方式存储 session 域属性；
- Object **getAttribute**(String name)：根据属性名获取属性值；
- Void **invalidate**()：使 Session 对象失效，释放所有的属性空间。

在 Servlet 中使用以下方式获取会话对象：

```
HttpSession session = request.getSession();
```

在 JSP 页面中直接使用 session 内置对象即可：

```
<%@ page language="java" contentType="text/html; charset=UTF-8"
    pageEncoding="UTF-8"%>
<!DOCTYPE html PUBLIC "-//W3C//DTD HTML 4.01 Transitional//EN" "http://www.w3.org/TR/html4/loose.dtd">
<html>
<head>
<meta http-equiv="Content-Type" content="text/html; charset=UTF-8">
<title>获取 session 值</title>
</head>
<body>
<%
    session.setAttribute("name", "张三");
    session.setAttribute("age", "123") ;
```

```
%>
<b>你的姓名是：<%=session.getAttribute("name").toString() %></b><br>
<b>你的年龄是：<%=session.getAttribute("age").toString() %></b>
</body>
</html>
```

在 page 指令中可以启用或禁用 session 功能(默认启用)：

```
<%@ page session="true" %>
```

【示例 7-4】用户登录示例，如果用户登录成功，跳转到主页面(main.jsp)，并显示登录用户信息；如果登录不成功，返回登录页面(login.jsp)，登录请求的 servlet 是：LoginServlet。

LoginServlet.java：

```
package cn.edu.cdu.servlet;

import java.io.IOException;
import javax.servlet.RequestDispatcher;
import javax.servlet.ServletException;
import javax.servlet.annotation.WebServlet;
import javax.servlet.http.HttpServlet;
import javax.servlet.http.HttpServletRequest;
import javax.servlet.http.HttpServletResponse;

@WebServlet("/LoginServlet")
public class LoginServlet extends HttpServlet {
private static final long serialVersionUID = 1L;
public LoginServlet() {
       super();
   }
    protected void doGet(HttpServletRequest request, HttpServletResponse response)
 throws ServletException, IOException {
        request.setCharacterEncoding("UTF-8"); //设置 POST 请求编码
        response.setContentType("text/html;charset=UTF-8"); //设置响应内容类型
        String userName =request.getParameter("username"); //获取用户名
        String password=request.getParameter("password"); //获取密码
        StringBuffer errorMsg=new StringBuffer(); //用于存储错误信息
        HttpSession session=request.getSession(); //获取会话对象
```

```
            if("".equals(userName))
                errorMsg.append("用户名不能为空！<br>");
            if("".equals(password))
                errorMsg.append("密码不能为空！<br>");
            if(!(userName.equals("软件工程") && password.equals("12345")))
                errorMsg.append("用户名或密码不正确！<br>");
            //用 request 对象保存错误信息
            request.setAttribute("errorMsg", errorMsg.toString());
            if("".equals(errorMsg.toString())){
                session.setAttribute("name", userName); //将用户名存储到session 对象中
                response.sendRedirect("main.jsp");//登录成功时，跳转到main.jsp
            }else{ //登录失败时，请求转发到 login.jsp
                RequestDispatcher rd=request.getRequestDispatcher("login.jsp");
                rd.forward(request, response);
            }
        }
        protected void doPost(HttpServletRequest request, HttpServletResponse response)
     throws ServletException, IOException {
            doGet(request, response);
        }
    }
```

main.jsp:

```
<%@ page language="java" contentType="text/html; charset=UTF-8"
    pageEncoding="UTF-8"%>
<!DOCTYPE html PUBLIC "-//W3C//DTD HTML 4.01 Transitional//EN" "http://www.w3.org/TR/html4/loose.dtd">
<html>
<head>
<meta http-equiv="Content-Type" content="text/html; charset=UTF-8">
<title>主页面</title>
</head>
<body>
<b><%=session.getAttribute("name") %>用户：</b><br>
你已登录成功！
```

```
</body>
</html>
```

登录成功后，跳转到 main.jsp 页面。效果如图 7-6 所示：

图 7-6 登录成功跳转到 main.jsp 页面

存储在 session 中的值，在浏览器未关闭的情况下，一直有效，但也可以使用 invalidate()方法，让其失效。下面程序在 main.jsp 页面加入一个退出功能，退出后重新返回到登录页面 login.jsp，并让 session 失效。

main.jsp：

```
<%@ page language="java" contentType="text/html; charset=UTF-8"
    pageEncoding="UTF-8"%>
<!DOCTYPE html PUBLIC "-//W3C//DTD HTML 4.01 Transitional//EN" "http://www.w3.org/TR/html4/loose.dtd">
<html>
<head>
<meta http-equiv="Content-Type" content="text/html; charset=UTF-8">
<title>主页面</title>
</head>
<body>
<b><%=session.getAttribute("name") %>用户：</b><br>
你已登录成功！<br>
    <a href="LogoutServlet">退出</a>
</body>
</html>
```

LogoutServlet.java：

```
package cn.edu.cdu.servlet;

import java.io.IOException;
import javax.servlet.ServletException;
import javax.servlet.annotation.WebServlet;
import javax.servlet.http.HttpServlet;
```

```
import javax.servlet.http.HttpServletRequest;
import javax.servlet.http.HttpServletResponse;
import javax.servlet.http.HttpSession;

@WebServlet("/LogoutServlet")
public class LogoutServlet extends HttpServlet {
    private static final long serialVersionUID = 1L;

    public LogoutServlet() {
        super();
    }
    protected void doGet(HttpServletRequest request, HttpServletResponse response)
    throws ServletException, IOException {
        request.setCharacterEncoding("UTF-8"); //设置 POST 请求编码
        response.setContentType("text/html;charset=UTF-8"); //设置响应内容类型
        HttpSession session=request.getSession(); //获取会话对象
        session.invalidate(); //使 session 对象失效
        response.sendRedirect("login.jsp");
    }
    protected void doPost(HttpServletRequest request, HttpServletResponse response)
    throws ServletException, IOException {
        doGet(request, response);
    }
}
```

主页面修改后的效果如图 7-7 所示。

图 7-7　加入退出功能的主页

说明：在主页面中点击“退出”，将返回到登录页面，并且 session 将失效。

7.5 Application 对象

application 对象即应用程序对象，表示当前应用程序运行环境，用于存储 web 应用程序全局的数据和信息。application 对象在容器启动时实例化，在容器关闭时销毁，作用域为整个 Web 容器的生命周期。application 对象主要的用途有：共享 web 应用范围内的数据；访问全局初始化参数；获取应用程序资源等。

application 对象实现了 javax.servlet.ServletContext 接口，常用的方法有：

- void **setAttribute**(String name,Object value)：以键/值对的方式存储 application 域属性；
- Object **getAttribute**(String name)：根据属性名获取属性值；
- void **removeAttribute**(String name)：从 application 域中移除指定属性。

在 Servlet 中使用以下方式获取 application 对象：

```
ServletContext application = getServletContext();
```

在 JSP 页面中直接使用 application 内置对象：

```
<%@ page language="java" contentType="text/html; charset=UTF-8"
   pageEncoding="UTF-8"%>
<!DOCTYPE html PUBLIC "-//W3C//DTD HTML 4.01 Transitional//EN" "http://www.w3.org/TR/html4/loose.dtd">
<html>
<head>
<meta http-equiv="Content-Type" content="text/html; charset=UTF-8">
<title>获取 application 值</title>
</head>
<body>
<%
     application.setAttribute("loginCount", 24);
%>
<b>当前登录数是：<%=application.getAttribute("loginCount").toString() %></b>
</body>
</html>
<%@ page session="true" %>
```

【示例 7-5】用 application 对象制作一个留言板。

message.jsp:

```
<%@ page language="java" contentType="text/html; charset=UTF-8"
```

```
    pageEncoding="UTF-8"%>
<%@ page import="java.util.*" %>
<!DOCTYPE html PUBLIC "-//W3C//DTD HTML 4.01 Transitional//EN" "http://www.w3.org/TR/html4/loose.dtd">
<html>
<head>
<meta http-equiv="Content-Type" content="text/html; charset=UTF-8">
<title>留言板</title>
<script type="text/javascript">
function validate(){
    var username=document.getElementById("username");
    var message=document.getElementById("message");
    if(username.value==""){
        alert("请填写您的名字!");
        username.focus();
        return false;
    }else if(message.value==""){
        alert("请填写留言! ");
        message.focus();
        return false;
    }
    return true;
}
</script>
</head>
<body>
<p>请留言</p>
<form action="MsgServlet" method="post" onsubmit="return validate();">
    <p>输入您的名字: <input name="username" id="username" type="text"></p>
    <p>输入您的留言:
<textarea name="message" id="message" rows="3" cols="50"></textarea>
</p>
    <p><input type="submit" value="提交留言"></p>
</form>
<hr>
<p>留言内容</p>
<%
```

```
        //获取留言信息，并遍历显示出所有的用户留言
        Vector<String> book=(Vector<String>)application.getAttribute
("msg");
        if(book!=null){ //如果用户有留言，显示留言信息
            for(String msg:book){
                String[] str=msg.split("#"); //分割用户与留言信息
                out.print("姓名："+str[0]+"<br>");
                out.print("留言："+str[1]+"<br>");
            }
        }else{
            out.print("还没有留言!");
        }
    %>
    </body>
    </html>
```

MsgServlet.java：

```
package cn.edu.cdu.servlet;

import java.io.IOException;
import java.util.Vector;
import javax.servlet.ServletContext;
import javax.servlet.ServletException;
import javax.servlet.annotation.WebServlet;
import javax.servlet.http.HttpServlet;
import javax.servlet.http.HttpServletRequest;
import javax.servlet.http.HttpServletResponse;

@WebServlet("/MsgServlet")
public class MsgServlet extends HttpServlet {
    private static final long serialVersionUID = 1L;

    public MsgServlet() {
        super();
    }

    protected void doGet(HttpServletRequest request,
HttpServletResponse response)
 throws ServletException, IOException {
```

```
        //从页面获取当前用户及留言信息
        request.setCharacterEncoding("UTF-8"); //设置 POST 请求编码
        response.setContentType("text/html;charset=UTF-8"); //设置响应内容类型
        String username=request.getParameter("username");
        String message=request.getParameter("message");

        //从 application 对象中获取以前的留言信息
        ServletContext application = getServletContext();
        Vector<String> book=(Vector<String>) application.getAttribute("msg");

        if(book==null){
            book=new Vector<String>();
        }
//添加新的留言信息到 application 对象
        if(username!=null && message!=null){
            String info=username+"#"+message;
            book.add(info);
            application.setAttribute("msg",book);
        }
        response.sendRedirect("message.jsp");
    }

    protected void doPost(HttpServletRequest request, HttpServletResponse response)
  throws ServletException, IOException {
        doGet(request, response);
    }

}
```

留言板程序的运行效果如图 7-8 所示。

图 7-8 留言板程序的运行效果图

7.6 Out 对象

Out 对象即输出对象，是向客户端浏览器发送文本内容的对象。Out 对象的类型为 javax.servlet.jsp.JspWriter，与 response.getWriter()方法获取的 java.io.PrintWriter 对象功能类似。

常用方法有两类：

✧ 向客户端输出文本数据：

void pirnt()和 void println()：输出不同数据类型的数据。

Void newline()：输出换行。

✧ 处理缓冲区：

void clear()：清除输出缓冲区内容。若缓冲区为空，将产生 IOException 异常。

void clearBuffer()：清除输出缓冲区内容。若缓冲区为空，不会产生 IOException 异常。

void flush()：将缓冲区的内容刷新输出到客户端。

int getBufferSize()：获取缓冲区大小，以字节(KB)为单位。

int getRemaining()：获取目前剩下的缓冲区大小。

void close()：关闭输出流。

boolean isAutoFlush()：判断是否设置了缓冲区满时自动刷新输出，返回 true 表示已设置，false 未设置。

向 Out 对象的输出流写入数据时，数据会先被存储在缓冲区中，在 JSP 默认设置下，缓冲区满时会被自动刷新输出。

JSP 页面缓冲区的设置：

```
<%@ page buffer="2kb" autoFlush="true" %>
```

buffer 属性：指定输出缓冲区的大小，取值为 none 或 xKB。该缓冲区存储响应内容，直到发送给客户端为止。

autoFlush 属性：用于指定当缓冲区满时，是否自动将数据发送到客户端，默认为 true。

【示例 7-6】out 对象输出缓冲区测试。

outTest. jsp：

```
<%@ page language="java" contentType="text/html; charset=UTF-8"
    pageEncoding="UTF-8"%>
<!DOCTYPE html PUBLIC "-//W3C//DTD HTML 4.01 Transitional//EN" "http://www.w3.org/TR/html4/loose.dtd">
<html>
<head>
<meta http-equiv="Content-Type" content="text/html; charset=UTF-8">
<title>out 对象输出测试</title>
</head>
<body>
<%
  out.println("该信息将在缓冲区中被清除，页面看不到！");
  out.clearBuffer(); //将缓冲区的数据清空
  out.println("以下是缓冲区配置数据："+"<br>");
  out.flush(); //将缓冲区中数据输出，并清空缓冲区
  out.println("缓冲区空间："+out.getBufferSize()+"<br>");
  out.println("缓冲区剩余空间："+out.getRemaining()+"<br>");
  out.println("是否自动将数据发送到客户端："+out.isAutoFlush());
  out.close();//关闭输出流
  out.println("关闭输出流后发送的信息，页面看不到！");
%>
</body>
</html>
```

注：out.println()方法不能使页面布局换行，要实现页面布局换行可以加入 html 标签，如：out.println("<br>");

out 对象输出到客户端的信息如图 7-9 所示。

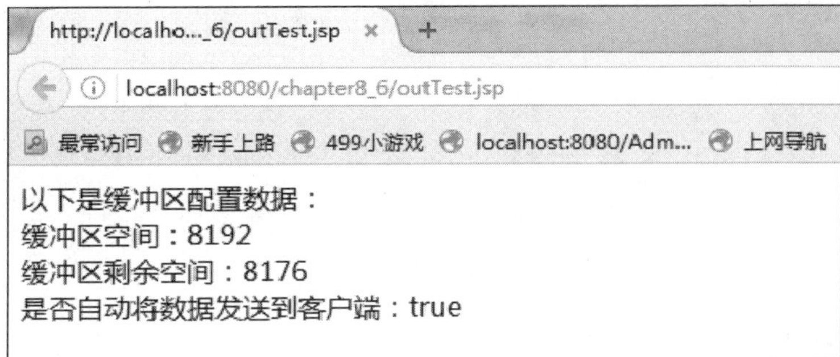

图 7-8　out 对象输出到客户端的信息

说明：response.getWriter()和 out 的区别：

(1)out 和 response.getWriter 的类不一样。一个是 javax.servlet.jsp.JspWriter，另一个是 java.io.PrintWriter。

(2)执行原理不同。JspWriter 相当于一个带缓存功能的 printWriter，它不是直接将数据输出到页面，而是将数据刷新到 response 的缓冲区后再输出，而 response.getWriter 会直接输出数据。

(3)out 为 jsp 的内置对象，刷新 jsp 页面，自动初始化获得 out 对象，而 response.getWriter()与 jsp 页面无关，无需刷新页面。

(4)out 的 print()方法和 println()方法在缓冲区溢出时，如果页面没有设置自动刷新会产生 ioexception；而 response.getWrite()方法的 print 和 println 却不会产生 ioexception。

7.7　Page

page 对象即 this，指向页面自身，代表 JSP 翻译后的 Servlet，通过 page 对象可以非常方便地调用 Servlet 类中定义的方法，其类型为 javax.servlet.jsp.HttpJspPage，在实际应用中很少使用。

【示例 7-7】使用 page 对象调用 Servlet 类中的方法。

pageTest.jsp：

```
<%@ page language="java" contentType="text/html; charset=UTF-8"
    pageEncoding="UTF-8"%>
<%@ page info="这是一个 page 对象测试示例！" %>
<!DOCTYPE html PUBLIC "-//W3C//DTD HTML 4.01 Transitional//EN" "http://www.w3.org/TR/html4/loose.dtd">
<html>
<head>
<meta http-equiv="Content-Type" content="text/html; charset=UTF-8">
<title>page 对象测试</title>
</head>
<body>
<%
  out.println("使用 this 获取信息："+this.getServletInfo()+"<br>");
  out.println("使用 page 获取信息："+((HttpJspPage)page).getServletInfo());
%>
</body>
</html>
```

pageTest.jsp 运行结果如图 7-10 所示。

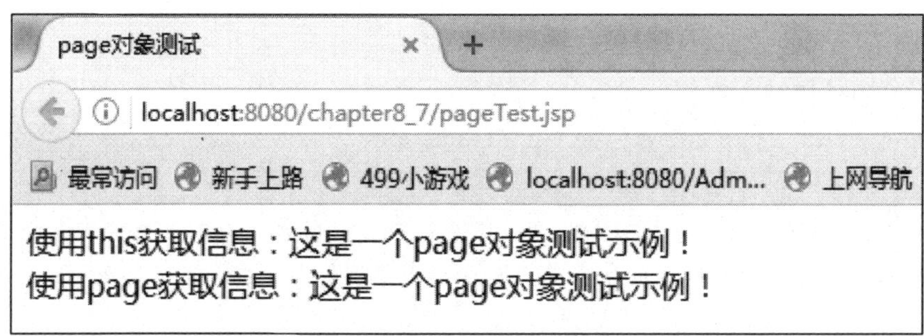

图 7-10　pageTest.jsp 运行结果

7.8　PageContext

pageContext 对象即“页面上下文”对象，提供了 JSP 页面资源的封装，可以设置页面范围内的属性(attribute)，pageContext 对象的类型为 javax.servlet.jsp.PageContext。

pageContext 常用方法有两类：

✧　获取其他内置对象：

ServletRequest getRequest()：获取当前页面的 request 对象。

ServletResponse getResponse()：获取当前页面的 response 对象。

HttpSession getSession()：获取当前的 session 对象。

ServletConfig getServletConfig()：获取当前页面的 ServletConfig 对象。

ServletContext getServletContext()：获取当前的 application 对象。

Object getPage()：获取当前页面的 page 对象。

Exception getException()：获取当前页面的 exception 对象。

JspWriter getOut()：获取当前页面的 out 对象。

✧　增、删、查、改属性：

Object getAttribute(String name,int scope)：获取范围 scope 内名为 name 的属性对象。

void setAttribute(String name,Object value,int scope)：以名/值对的方式存储 scope 范围域属性。

void removeAttribute(String name,int scope)：从 scope 范围移除名为 name 的属性。

Enumeration getAttributeNameInScope(int scope)：从 scope 范围中获取所有属性的名称。

其中 scope 可以是如下 4 个值：

PageContext.PAGE_SCOPE：对应于 page 范围。

PageContext.REQUEST_SCOPE：对应于 request 范围。

PageContext.SESSION_SCOPE：对应于 session 范围。

PageContext.APPLICATION_SCOPE：对应于 application 范围。

【示例 7-8】pageContext 对象示例。

pageContextTest. jsp:

```
<%@ page language="java" contentType="text/html; charset=UTF-8"
    pageEncoding="UTF-8"%>
<!DOCTYPE html PUBLIC "-//W3C//DTD HTML 4.01 Transitional//EN" "http://www.w3.org/TR/html4/loose.dtd">
<html>
<head>
<meta http-equiv="Content-Type" content="text/html; charset=UTF-8">
<title>pageContext 测试</title>
</head>
<body>
<%
  pageContext.getSession().setAttribute("cdu", "成都大学");
  pageContext.getRequest().setAttribute("major", "软件工程");
  Object object=pageContext.getAttribute("cdu",PageContext.SESSION_SCOPE);
  String strMajor=(String)pageContext.
          getAttribute("major", PageContext.REQUEST_SCOPE);
  out.println(object+"<br>");
  out.println(strMajor);
%>
</body>
</html>
```

pageContextTest.jsp 运行结果如图 7-11 所示。

图 7-11 pageContextTest.jsp 运行结果

7.9　Config

config 对象即页面配置对象，表示当前 JSP 页面翻译后的 Servlet 的 ServletConfig 对象，提供一些配置信息。

常用的方法有：

String getInitParameter(String name)：获取指定名称的初始参数值。

Enumeration getInitParameterNames()：获取所有初始参数的名称集合。

ServletContext getServletContext()：获取 Servlet 上下文。

String getServletName()：获取 Servlet 的名称。

【示例 7-9】config 对象示例。

web.xml：

```
<?xml version="1.0" encoding="UTF-8"?>
<web-app xmlns:xsi="http://www.w3.org/2001/XMLSchema-instance"
xmlns="http://xmlns.jcp.org/xml/ns/javaee"
xsi:schemaLocation="http://xmlns.jcp.org/xml/ns/javaee
http://xmlns.jcp.org/xml/ns/javaee/web-app_3_1.xsd"  id="WebApp_ID" version="3.1">
<display-name>chapter8_9</display-name>
<servlet>
<servlet-name>configTest</servlet-name>
<jsp-file>/configTest.jsp</jsp-file>
<init-param>
<param-name>firstParam</param-name>
<param-value>成都大学</param-value>
</init-param>
<init-param>
<param-name>secondParam</param-name>
<param-value>软件工程</param-value>
</init-param>
</servlet>
<servlet-mapping>
<servlet-name>configTest</servlet-name>
<url-pattern>/configTest.jsp</url-pattern>
</servlet-mapping>
</web-app>
```

configTest.jsp:

```
<%@ page language="java" contentType="text/html; charset=UTF-8"
    pageEncoding="UTF-8"%>
<%@ page import="java.util.Enumeration" %>
<!DOCTYPE html PUBLIC "-//W3C//DTD HTML 4.01 Transitional//EN" "http://www.w3.org/TR/html4/loose.dtd">
<html>
<head>
<meta http-equiv="Content-Type" content="text/html; charset=UTF-8">
<title>config 对象测试</title>
</head>
<body>
<%
  String firstInitParam=config.getInitParameter("firstParam");
  String secondInitParam=config.getInitParameter("secondParam");
  Enumeration<String> names=config.getInitParameterNames();
  out.println("<b>"+"web.xml 中配置的初始参数值为: "+"<br></b>");
  out.println("firstParam:"+firstInitParam+"<br>");
  out.println("secondParam:"+secondInitParam+"<br>");
  out.println("<b>"+"所有初始参数名为: "+"<br></b>");
  while(names.hasMoreElements())
    out.println(names.nextElement()+"<br>");
  out.println("<b>"+"当前 Servlet 的名为: "+"<br></b>");
  out.println(config.getServletName());
%>
</body>
</html>
```

configTest.jsp 运行结果如图 7-12 所示。

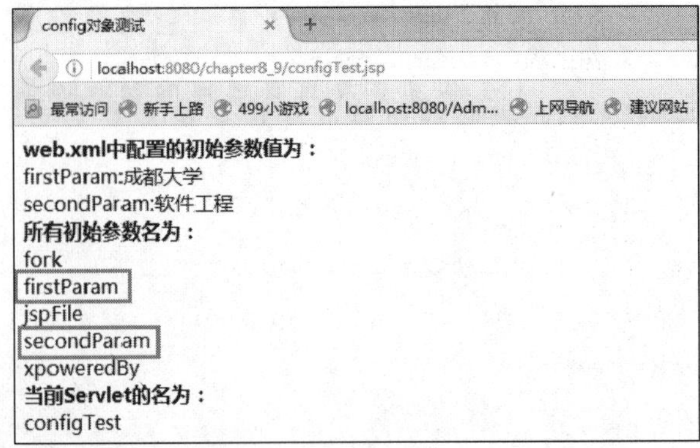

图 7-12　configTest.jsp 运行结果

注：运行结果中的初始参数名 fork 和 xpoweredBy，是在 Tomcat 安装目录下 conf 子目录中的全局 web.xml 文件中配置的，其配置信息如下：

```
…
<servlet>
<servlet-name>jsp</servlet-name>
<servlet-class>org.apache.jasper.servlet.JspServlet</servlet-class>
<init-param>
<param-name>fork</param-name>
<param-value>false</param-value>
</init-param>
<init-param>
<param-name>xpoweredBy</param-name>
<param-value>false</param-value>
</init-param>
<load-on-startup>3</load-on-startup>
</servlet>
…
```

7.10　Exception

exception 对象即异常对象，是 java.lang.Throwable 类型的对象，代表 JSP 页面抛出的异常对象。exception 对象只能出现在 JSP 的错误页面，即在 page 指令中具有属性 isErrorPage="true"时才有效。

【示例 7-10】exception 对象示例。

error.jsp：

```
<%@ page language="java" contentType="text/html; charset=UTF-8"
    pageEncoding="UTF-8" isErrorPage="true"%>
<!DOCTYPE html PUBLIC "-//W3C//DTD HTML 4.01 Transitional//EN" "http://www.w3.org/TR/html4/loose.dtd">
<html>
<head>
<meta http-equiv="Content-Type" content="text/html; charset=UTF-8">
<title>错误页面</title>
</head>
<body>
<%
  out.println("错误信息如下："+"<br>");
```

```
  out.println(exception.toString());
%>
</body>
</html>
```

exceptionTest.jsp:

```
<%@ page language="java" contentType="text/html; charset=UTF-8"
    pageEncoding="UTF-8" errorPage="error.jsp"%>
<!DOCTYPE html PUBLIC "-//W3C//DTD HTML 4.01 Transitional//EN" "http://www.w3.org/TR/html4/loose.dtd">
<html>
<head>
<meta http-equiv="Content-Type" content="text/html; charset=UTF-8">
<title>exception对象测试</title>
</head>
<body>
<%
  int a,b;
  a=5;
  b=0;
  int c=a/b; //抛出异常
%>
</body>
</html>
```

exceptionTest.jsp 运行结果如图 7-13 所示。

图 7-13 exceptionTest.jsp 运行结果

注：如果想获取错误的详细信息，可以用如下语句输出信息：

```
<% exception.printStackTrace(response.getWriter()); %>
```

7.11　JSP 的 4 种作用域

对象的生命周期和可访问性称为作用域(scope)，在 JSP 中有 4 种作用域：页面域、请求域、会话域和应用域。

JSP 的 4 种作用域描述如下：

- ✧ **页面域**(page scope)：页面域的作用范围仅限于用户请求的当前页面。pageContext 对象的作用域是页面域，如果把变量存储到 pageContext 对象里，它的有效范围只在当前 jsp 页面有效，即在页面结束前，都可以使用该变量。
- ✧ **请求域**(request scope)：请求域的作用范围限于用户的一次请求过程中，包括请求被转发(forward)或被包含(include)的情况。request 对象的作用域是请求域，如果把变量存储到 request 对象里，它的有效范围就在当前请求过程中。
- ✧ **会话域**(session scope)：会话域的作用范围限于当前会话，即客户端与服务器的连接期间，当用户关闭浏览器或主动退出，会话将结束。session 对象的作用域是会话域，如果把变量存储到 session 对象里，它的有效范围只是当前会话。
- ✧ **应用域**(application scope)：应用域的作用范围是从服务器启动，到服务器关闭的整个应用期间。application 对象的作用域是应用域，如果把变量存储到 application 对象里，它的有效范围是整个应用，如果不关闭服务器或进行手工删除，它们就一直可以使用，存储的时间最长。

pageContext、request、session、application 四种对象都可使用以下方法操作其对应范围内的属性：

```
void setAttribute(String name,Object o)：增加或修改属性
Object getAttribute(String name)：获取名为 name 的属性值
Enumeration<String> getAttributeNames()：获取所有属性名
void removeAttribute(String name)：删除名为 name 的属性
```

【示例 7-11】JSP 内置对象作用域示例。

first.jsp：

```
<%@ page language="java" contentType="text/html; charset=UTF-8"
   pageEncoding="UTF-8"%>
<!DOCTYPE html PUBLIC "-//W3C//DTD HTML 4.01 Transitional//EN" "http://www.w3.org/TR/html4/loose.dtd">
<html>
<head>
<meta http-equiv="Content-Type" content="text/html; charset=UTF-8">
<title>JSP 内置对象作用域测试(first)</title>
</head>
```

```
<body>
<%
  int pageCount=1;
  int requestCount=1;
  int sessionCount=1;
  int applicationCount=1;
  //页面域计数
  if(pageContext.getAttribute("pageCount")!=null){
      pageCount=Integer.parseInt(pageContext.
              getAttribute("pageCount").toString());
      pageCount++;
  }
  pageContext.setAttribute("pageCount", pageCount);
  //请求域计数
  if(request.getAttribute("requestCount")!=null){
      requestCount=Integer.parseInt(request.
              getAttribute("requestCount").toString());
      requestCount++;
  }
  request.setAttribute("requestCount", requestCount);
  //会话域计数
  if(session.getAttribute("sessionCount")!=null){
      sessionCount=Integer.parseInt(session.
              getAttribute("sessionCount").toString());
      sessionCount++;
  }
  session.setAttribute("sessionCount", sessionCount);
  //应用域计数
  if(application.getAttribute("applicationCount")!=null){
      applicationCount=Integer.parseInt(application.
              getAttribute("applicationCount").toString());
      applicationCount++;
  }
  application.setAttribute("applicationCount", applicationCount);
%>
<jsp:forward page="second.jsp"/>
</body>
</html>
```

second. jsp:

```
<%@ page language="java" contentType="text/html; charset=UTF-8"
    pageEncoding="UTF-8"%>
<!DOCTYPE html PUBLIC "-//W3C//DTD HTML 4.01 Transitional//EN"
"http://www.w3.org/TR/html4/loose.dtd">
<html>
<head>
<meta http-equiv="Content-Type" content="text/html; charset=UTF-8">
<title>JSP 内置对象作用域测试(second)</title>
</head>
<body>
<%
  int pageCount=1;
  int requestCount=1;
  int sessionCount=1;
  int applicationCount=1;
  //页面域计数
  if(pageContext.getAttribute("pageCount")!=null){
      pageCount=Integer.parseInt(pageContext.
              getAttribute("pageCount").toString());
      pageCount++;
  }
  pageContext.setAttribute("pageCount", pageCount);
  //请求域计数
  if(request.getAttribute("requestCount")!=null){
      requestCount=Integer.parseInt(request.
              getAttribute("requestCount").toString());
      requestCount++;
  }
  request.setAttribute("requestCount", requestCount);
  //会话域计数
  if(session.getAttribute("sessionCount")!=null){
      sessionCount=Integer.parseInt(session.
              getAttribute("sessionCount").toString());
      sessionCount++;
  }
  session.setAttribute("sessionCount", sessionCount);
  //应用域计数
```

```
  if(application.getAttribute("applicationCount")!=null){
      applicationCount=Integer.parseInt(application.
              getAttribute("applicationCount").toString());
      applicationCount++;
  }
  application.setAttribute("applicationCount", applicationCount);
%>
<%
  out.println("页面域计数: "+pageCount+"<br>");
  out.println("请求域计数: "+requestCount+"<br>");
  out.println("会话域计数: "+sessionCount+"<br>");
  out.println("应用域计数: "+applicationCount+"<br>");
%>
</body>
</html>
```

直接运行程序 first.jsp，其结果如图 7-14 所示。

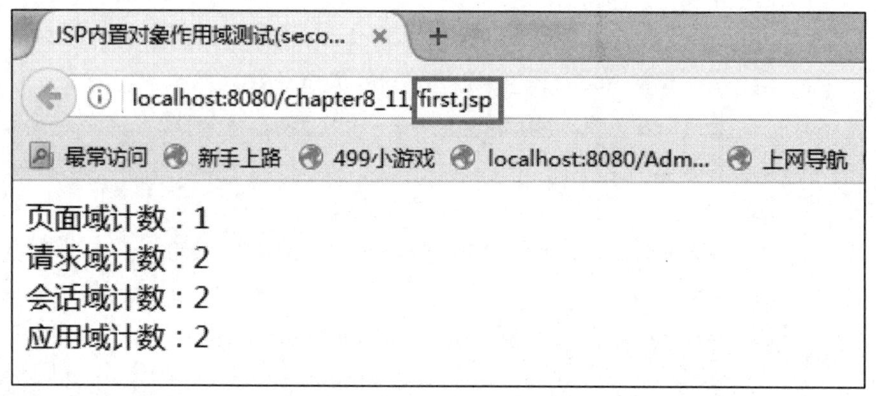

图 7-14 first.jsp 运行结果

我们看到，当运行 first.jsp 程序时，在执行<jsp:forward page="second.jsp"/>语句后，页面会请求转发到 second.jsp 页面，pageContext 对象只在当前页面起作用，故 first.jsp 中的 pageCount 值不会累加到 second.jsp 页面中，页面域计数值仍为 1；request 对象的作用域在当前请求中有效，由于 first.jsp 是 forward 到 second.jsp，属于同一个请求过程，所以请求域计数值要累加为 2；session 对象的作用域为当前会话，只要浏览器不关闭或 session 不失效，会话域计数值就要累加，值为 2；而 application 对象对所有应用有效，只要服务器不关闭，应用域计数值都要累加，值为 2。

不关闭 first.jsp 运行的浏览器，直接运行 second.jsp，其结果如图 7-15 所示。

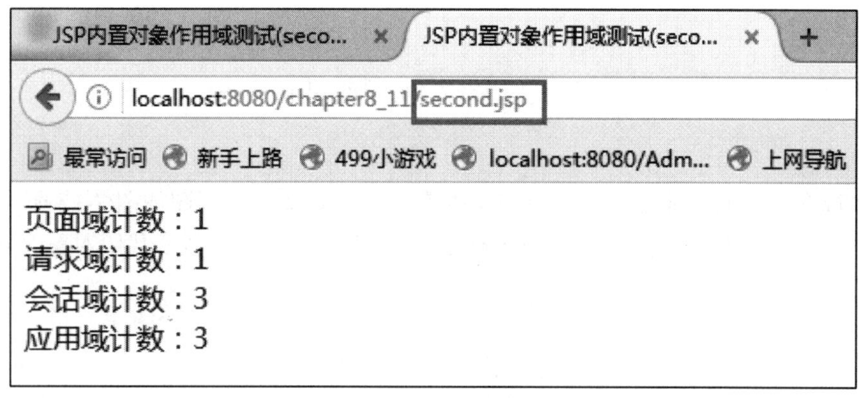

图 7-15　不关闭 first.jsp 运行的浏览器，直接运行 second.jsp 结果

对比图 7-14 的结果，我们发现 page 作用域没有变化，页面域计数值仍为 1；request 作用域仅在当前请求中有效，直接运行 second.jsp 与 first.jsp 无关，故请求域计数值为 1；session 的作用域为当前会话，当运行 first.jsp 的浏览器未关闭时，说明还处于同一会话中，所以其会话域计数值要继续累加到 3；而 application 对所有应用有效，应用域计数值也会继续累加到 3。

将上两步运行 first.jsp 和 second.jsp 的浏览器关闭，但不关闭服务器，重新运行 second.jsp，其结果如图 7-16 所示。

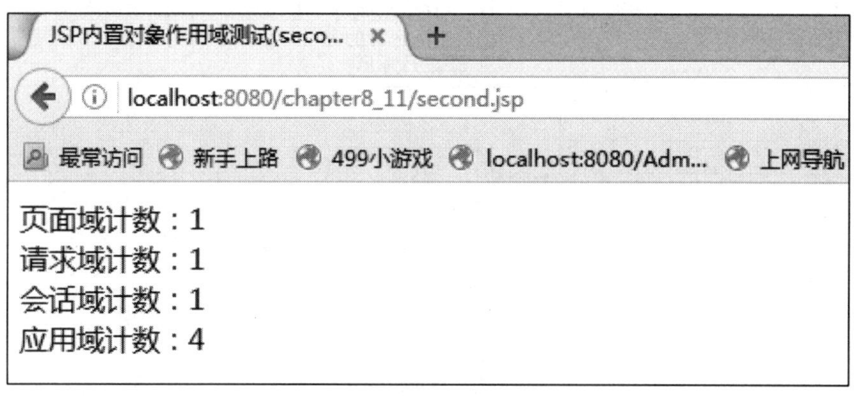

图 7-16　重新运行 second.jsp 结果

对比前面的结果，我们发现 page 作用域依旧没有变化，它的值仍为 1；request 作用域仅在当前请求中生效，重新运行 second.jsp 是一次新的请求，故也为 1；session 作用域为当前会话，因为前两步运行程序的浏览器关闭了，说明之前的会话已结束，重新运行 second.jsp 将开启一次新的会话，故其计数值为 1；而 application 对所有应用有效，只要服务器没有关闭，其计数值会继续累加到 4。

7.12 实 例 项 目

学生查看方案的功能是学生选择方案的前提。其具体的流程图如图 7-17 所示。

本小节通过页面核心代码、Servlet 核心代码和具体 Dao 层核心代码对整个实现流程进行分析。

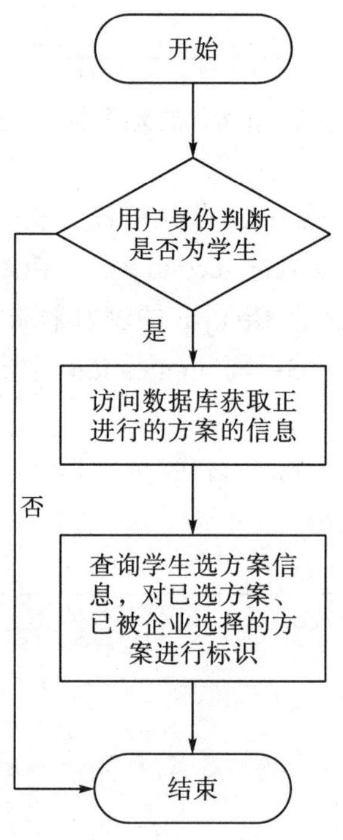

图 7-17 学生查看方案流程图

1.页面核心代码

```
<c:forEach items="${selectProjects }" var="selectProject">
    <div tabindex="-1" class="modal fade"
        id="form-dialog-${selectProject.no }" style="display:none;"
        aria-hidden="true">
        <div class="modal-dialog">
            <div class="modal-content">
                <div class="modal-header pmd-modal-bordered">
                    <button aria-hidden="true" data-dismiss="modal" class="close"
                        type="button">×</button>
```

```
                    <h2 class="pmd-card-title-text">选择方案</h2>
                </div>
                <div class="modal-body">
                    <form class="form-horizontal"
                        action="StudentChoicePracticeServlet" method="post">
                        <div
                            class="form-group pmd-textfield pmd-textfield-floating-label">
                            <label for="first-name">方案号：</label> <input type="text"
                                readonly="" class="mat-input form-control"
                                value="${selectProject.no }" name="no">
                            <div
                                class="form-group pmd-textfield pmd-textfield-floating-label">
                                <label for="first-name">方案名称：</label><input type="text"
                                    readonly="" class="mat-input form-control"
                                    value="${selectProject.name }" name="name">
                            </div>
                            <div
                                class="form-group pmd-textfield pmd-textfield-floating-label">
                                <label class="control-label">选题理由</label>
                                <textarea required class="form-control" name="reason"></textarea>
                                <span class="help-text">选题理由不能为空</span>
                            </div>
                        </div>
                        <div class="pmd-modal-action">
                            <button class="btn pmd-ripple-effectbtn-
```

```
primary" type="submit">确定</button>
                                <a href="javascript:history.back(-1);" data-dismiss="modal"
                                    class="btn pmd-ripple-effect btn-default" type="button">返回</a>
                            </div>
                        </form>
                    </div>
                </div>
            </div>
        </div>
    </c:forEach>

    <!--content area start-->
    <div id="content" class="pmd-content inner-page">
        <!--tab start-->
        <div
            class="container-fluid full-width-container value-added-detail-page">
            <div>
                <div class="pull-right table-title-top-action">
                    <div class="pmd-textfield pull-left">
                        <input type="text" id="exampleInputAmount" class= "form-control"
                            placeholder="关于...">
                    </div>
                    <a href="javascript:void(0);"
                        class="btn btn-primary pmd-btn-raised add-btn pmd-ripple-effect pull-left">搜索</a>
                </div>
                <!-- Title -->
                <h1 class="section-title" id="services">
                    <span>实训方案管理</span>
                </h1>
                <!-- End Title -->
                <!--breadcrum start-->
                <ol class="breadcrumb text-left">
                    <li><a href="../Login/index.jsp">主页</a></li>
```

```
                    <li class="active">学生选择方案</li>
                </ol>
                <!--breadcrum end-->
            </div>

            <div class="col-md-12">
                <!-- responsive table example -->
                <div class="pmd-card pmd-z-depth pmd-card-custom-view">
                    <h2 style="text-align: center;">学生选实训方案</h2>
                    <!--<form class="col-md-12">
                    <label class="checkbox-inline pmd-checkbox pmd-
checkbox-ripple-effect">
                    <input type="radio" name="program" value="" >
                    <span>所有方案</span>
                    </label>
                    <label class="checkbox-inline pmd-checkbox pmd-
checkbox-ripple-effect">
                    <input type="radio" name="program"value="">
                    <span>我的方案</span>
                    </label>
                    </form>-->
                    <div class="col-md-3 form-inline">
                        <select class="select-simple form-control pmd-
select2">
                            <option>所有方案</option>
                            <option>我的方案</option>
                        </select>
                    </div>

                    <table id="example"
                        class="table pmd-table table-hover table-striped
display responsive nowrap"
                        cellspacing="0" width="100%">
                        <thead>
                            <tr>
                                <th>方案号</th>
                                <th>方案名称</th>
                                <th>方案简介</th>
```

```
                                <th>学生人数</th>
                                <th>校外指导老师</th>
                                <th>校外指导老师职称</th>
                                <th>类别</th>
                                <th>年级</th>
                                <th>发布日期</th>
                                <th>企业名称</th>
                                <th>审核状态</th>
                                <th>选择状态</th>
                                <th>操作</th>
                            </tr>
                        </thead>
                        <tbody>
                            <c:forEach items="${selectProjects }" var="selectProject">
                                <tr>
                                    <td>${selectProject.no }</td>
                                    <td>${selectProject.name }</td>
                                    <td title="${selectProject.introduction }"><c:if
                            test="${selectProject.introduction.length()>30 }">
                            ${selectProject.introduction.substring(0,30) }...
                                            </c:if><c:if test="${selectProject.introduction.length()<=30 }">
                            ${selectProject.introduction }</c:if></td>
                                    <td>${selectProject.studentsNum }</td>
                                    <td>${selectProject.companyTeacher }</td>
                                    <td>${selectProject.companyTeacherTitle }</td>
                                    <td>${selectProject.category}</td>
                                    <td>${selectProject.grade }</td>
                                    <td>${selectProject.releaseDate }</td>
                                    <!--  <td>${selectProject.
```

```
companyUsername }</td>-->
                    <td>${companyInfo[selectProject.no].companyName }</td>
                                <td><c:if test="${stuProjectNo.equals(selectProject.no) }">
                                        <button type="button"
                                            class="btn pmd-btn-outline pmd-ripple-effect">已审核</button>
                                    </c:if><c:if
test="${!stuProjectNo.equals(selectProject.no)&&choiceState[selectProject.no]==1 }">
                                        <button type="button"
                                            class="btn pmd-btn-outline pmd-ripple-effect btn-danger">未审核</button>
                                    </c:if><c:if
test="${choiceState[selectProject.no]==0||choiceState[selectProject.no]==null }">
                                        -
                                    </c:if></td>
                                <td><c:if test="${choiceState[selectProject.no]==1 }">
                                        <button type="button"
                                            class="btn pmd-btn-outline pmd-ripple-effect btn-success">已选</button>
                                    </c:if><c:if
test="${choiceState[selectProject.no]==0||choiceState[selectProject.no]==null }">
                                        <button type="button"
                                            class="btn pmd-btn-outline pmd-ripple-effect btn-danger">未选</button>
                                    </c:if></td>
                                <td><a
                                    class="btn pmd-btn-raised pmd-ripple-effect btn-primary"
 href="InfoPracticeServlet?no=${selectProject.no }">详情</a><c:if
                                        test="${PracticeIsUnderWay }">
                                        <c:if test="${choiceState[selectProject.no]==1 }">
```

```
                                                    <a type="button"
href="StudentChoicePracticeServlet?no=${selectProject.no }"
        class="btn pmd-btn-raised pmd-ripple-effect btn-danger pmd-z-depth">
                                                        退选</a>
                                                </c:if>
                                                <c:if
test="${choiceState[selectProject.no]==0||choiceState[selectProject.no]==null }">
                                                    <a type="button"
data-target="#form-dialog-${selectProject.no }"
                                                        data-toggle="modal"
                                                        class="btn pmd-btn-raised pmd-ripple-effect btn-success pmd-z-depth">
                                                        选择</a>
                                                </c:if>
                                            </c:if></td>

                                    </tr>
                                </c:forEach>
                            </tbody>
                        </table>

                    </div>
                    <!-- responsive table example end -->

                </div>


            </div>
</div>
```

其运行效果如图 7-18 所示。

图 7-18　学生查看方案界面效果图

2.Servlet 核心代码

StudentSelectPracticeServlet

```java
package cn.edu.cdu.practice.servlet;

import java.io.IOException;
import java.util.ArrayList;
import java.util.HashMap;

import javax.servlet.ServletException;
import javax.servlet.annotation.WebServlet;
import javax.servlet.http.HttpServlet;
import javax.servlet.http.HttpServletRequest;
import javax.servlet.http.HttpServletResponse;

import cn.edu.cdu.practice.dao.impl.CompanyDaoImpl;
import cn.edu.cdu.practice.dao.impl.ProjectDaoImpl;
import cn.edu.cdu.practice.dao.impl.StudentDaoImpl;
import cn.edu.cdu.practice.model.Company;
import cn.edu.cdu.practice.model.Project;
import cn.edu.cdu.practice.model.ProjectSelect;
import cn.edu.cdu.practice.model.Student;
import cn.edu.cdu.practice.service.impl.ProjectServiceImpl;

```

```
/**
 * Servlet implementation class StudentSelectPracticeServlet
 */
@WebServlet("/PracticeManagement/StudentSelectPracticeServlet")
public class StudentSelectPracticeServlet extends HttpServlet {
    private static final long serialVersionUID = 1L;

    /**
     * @see HttpServlet#HttpServlet()
     */
    public StudentSelectPracticeServlet() {
        super();
        // TODO Auto-generated constructor stub
    }

    /**
     * 学生查询可选方案
     *
     * @see HttpServlet#doGet(HttpServletRequest request, HttpServletResponse
     *      response)
     */
    protected void doGet(HttpServletRequest request, HttpServletResponse response)
            throws ServletException, IOException {
        String stu_no = (String) request.getSession().getAttribute("account");
        String role = (String) request.getSession().getAttribute("role");

        if (role.equals("2")) {
            //学生选择方案是否开启
            ProjectServiceImpl projectServiceImpl = new ProjectServiceImpl();
            request.setAttribute("PracticeIsUnderWay", projectServiceImpl.findPracticeIsUnderWay());
```

```
            StudentDaoImpl studentDaoImpl = new StudentDaoImpl();
            Student student = studentDaoImpl.findById(stu_no);

            String nowPage = request.getParameter("nowPage");
            if (nowPage == null)
                nowPage = 1 + "";
            ProjectDaoImpl projectDaoImpl = new ProjectDaoImpl();

            ArrayList<Project> projects = projectDaoImpl.findAllProject(student.getGrade());

            // 查询学生已选方案
            ArrayList<Project> chosenProject = projectDaoImpl.findAllChosenProject(student.getNo());
            if (chosenProject == null) {
                // 查询学生已选方案失败，无法继续
                //跳转到 404 页面,并打印错误信息
                String errorMessage = "访问数据库出现异常，无法查询学生已选方案！";
                request.getSession().setAttribute("ErrorMessage", errorMessage);

                response.sendRedirect(request.getContextPath()+ "/404.jsp");
            } else {
                //通过方案号保存学生是否选择该方案　1-已选　0-未选
                HashMap<String, Integer> choiceState = new HashMap<>();
                //通过方案号保存方案所属企业对象
                HashMap<String, Company> companyInfo = new HashMap<>();
                CompanyDaoImpl companyDaoImpl=new CompanyDaoImpl();
                for (int i = 0; i < projects.size(); i++) {

                    Company company=companyDaoImpl.queryByUserName(projects.get(i).getCompanyUsername());
```

```
                    companyInfo.put(projects.get(i).getNo(), company);

                    for (int j = 0; j < chosenProject.size(); j++) {
                        if (projects.get(i).getNo().equals(chosenProject.get(j).getNo())) {
                            choiceState.put(projects.get(i).getNo(), 1);
                            break;
                        } else {
                            choiceState.put(projects.get(i).getNo(), 0);
                        }
                    }
                }
                ArrayList<ProjectSelect> projectSelects= projectDaoImpl.findStuProject(stu_no);
                if(projectSelects.size()>0){
                    request.setAttribute("stuProjectNo", projectSelects.get(0).getId().getProjectNo().toString());
                }else{
                    request.setAttribute("stuProjectNo", "0");
                }

                request.setAttribute("selectProjects", projects);
                request.setAttribute("choiceState", choiceState);
                request.setAttribute("companyInfo", companyInfo);
request.getRequestDispatcher("/PracticeManagement/studentSelectPractice.jsp").forward(request,
                        response);
            }
        } else {
            // 角色不匹配
            //跳转到 404 页面,并打印错误信息
            String errorMessage = "用户权限不足! ";
            request.getSession().setAttribute("ErrorMessage", errorMessage);
            response.sendRedirect(request.getContextPath() + "/404.
```

```
jsp");
            }

    }

    /**
     * @see HttpServlet#doPost(HttpServletRequest request, HttpServletResponse
     *      response)
     */
    protected void doPost(HttpServletRequest request, HttpServletResponse response)
                throws ServletException, IOException {
        // TODO Auto-generated method stub
        doGet(request, response);
    }

}
```

3.Dao 层相关代码

学生查看方案 ProjectDaoImpl 片段

```
@Override
public ArrayList<Project> findAllProject(int grade) {
    String sql = "SELECT * FROM project WHERE grade>=? and end_date is NULL and audit_date is not NULL";
    Connection connection = DbUtils.getConnection();
    PreparedStatement ps = null;
    ResultSet rs = null;
    ArrayList<Project> projects = new ArrayList<>();
    try {
        ps = connection.prepareStatement(sql);
        ps.setInt(1, grade);
        rs = ps.executeQuery();
        while (rs.next()) {
            Project project = new Project();
            project.setAuditDate(rs.getDate("audit_date"));
            project.setCategory(rs.getString("category"));
```

```
                project.setCompanyTeacher(rs.getString("company_teacher"));
                project.setCompanyTeacherTitle(rs.getString("company_teacher_title"));
                project.setCompanyUsername(rs.getString("company_username"));
                project.setEndDate(rs.getDate("end_date"));
                project.setGrade(rs.getInt("grade"));
                project.setIntroduction(rs.getString("introduction"));
                project.setMajor(rs.getString("major"));
                project.setName(rs.getString("name"));
                project.setNo(rs.getString("no"));
                project.setReleaseDate(rs.getDate("release_date"));
                project.setStudentsNum(rs.getInt("students_num"));
                project.setSummary(rs.getString("summary"));
                projects.add(project);
            }
            return projects;
        } catch (Exception e) {
            e.printStackTrace();
        } finally {
            DbUtils.closeConnection(connection, ps, rs);
        }
        return projects;
    }
    @Override
    public ArrayList<Project> findAllChosenProject(String stu_no) {
        // 查询单个学生已选方案数的 sql 语句,未结束表明是当前年度
        String sql = "SELECT * FROM view_project_select WHERE studentNo=? AND project_end_date IS NULL";
        Connection connection = DbUtils.getConnection();
        PreparedStatement ps = null;
        ResultSet rs = null;
        ArrayList<Project> projects = new ArrayList<>();
        try {
            ps = connection.prepareStatement(sql);
            ps.setString(1, stu_no);
            rs = ps.executeQuery();
```

```
        while (rs.next()) {
            Project project = new Project();
            project.setAuditDate(rs.getDate("project_audit_date"));
            project.setCategory(rs.getString("project_category"));
            project.setCompanyTeacher(rs.getString("company_teacher"));
project.setCompanyTeacherTitle(rs.getString("company_teacher_title"));
            project.setCompanyUsername(rs.getString("company_name"));
            project.setEndDate(rs.getDate("project_end_date"));
            project.setGrade(rs.getInt("project_grade"));
            project.setIntroduction(rs.getString("project_introduction"));
            project.setMajor(rs.getString("project_major"));
            project.setName(rs.getString("project_name"));
            project.setNo(rs.getString("projectNo"));
            project.setReleaseDate(rs.getDate("project_release_date"));
            project.setStudentsNum(rs.getInt("project_students_num"));
            project.setSummary(rs.getString("project_summary"));
            projects.add(project);
        }
        return projects;
    } catch (Exception e) {
        e.printStackTrace();
    } finally {
        DbUtils.closeConnection(connection, ps, rs);
    }
    return projects;
}
```

学生查看方案 CompanyDaoImpl 片段

```
public Company queryByUserName(String account) {
    Connection connection = DbUtils.getConnection();
    //sql 拼接更新语句，防止 sql 注入
    String querySql = "select * from company where username = ?";
    ResultSet resultSet = null ;
    PreparedStatement ps = null ;
```

```
        Company company = null ;
        try {
            //获得 PreparedStatement 对象
            ps = connection.prepareStatement(querySql);
            ps.setString(1, account);
            resultSet = ps.executeQuery();
            while (resultSet.next()) {
                company = new Company();
                company.setUsername(resultSet.getString("username"));
                company.setCompanyName(resultSet.getString("company_name"));
                company.setMailbox(resultSet.getString("mailbox"));
                company.setPassword(resultSet.getString("password"));
                company.setContacts(resultSet.getString("contacts"));
                company.setPhone(resultSet.getString("phone"));
                company.setAddress(resultSet.getString("address"));
                company.setProfile(resultSet.getString("profile"));
                company.setAuditDate((resultSet.getDate("audit_date")));
            }
            return company ;
        } catch(Exception e) {
            e.printStackTrace();
            return null ;
        } finally {
            DbUtils.closeConnection(connection, ps,resultSet);
        }
    }
```

7.13 课 后 练 习

1.下列属于 JSP 内置对象的是______

A. exception　　B. listener

C. session　　D. servletContext

2.下列关于 JSP 内置对象的说法正确的是______

A. 内置对象无需定义，可直接使用

B. 内置对象无法在 JSP 的声明部分使用

C. 内置对象只能在 JSP 脚本部分使用。

D. 只有使用 Tomcat 作为 JSP 容器时才能使用内置对象。

3.下列 request 和 response 内置对象的使用正确的是______

A. request. getRequestDispatcher（“index. jsp”）. forward()；

B. response. sendRedirect（“index. jsp”）；

C. request. getParameterValues（“name”）；

D. response. setContentType（“text/html;charset=gbk”）；

4.可以在不同用户之间共享数据的方法是________

A. 通过 cookie　　B. 通过 pageContext 对象

C. 通过 session 对象　　D. 通过 application 对象

5. pageContext、request、session、application 四个内置对象的作用范围从小到大依次为______

A. request、pageContext、session、application

B. request、session、pageContext、application

C. request、session、application、pageContext

D. pageContext、request、session、application

6.在 Servlet 的 doGet()和 doPost()方法中，如何得到与 JSP 内置对象 out、request、rsponse、session、application 分别对应的对象？

7.14　实践练习

1.训练目标：request 对象的熟练使用

培养能力	工程能力、设计/开发解决方案		
掌握程度	★★★★★	难度	中
结束条件	独立编写，运行出结果		

训练内容：

(1) 创建 test1.jsp 页面，将一个字符串存入请求域属性 name 中，转发请求到 test2.jsp

(2) 在 test2.jsp 中获取并显示 name 的值

(3) 将步骤 1 中的请求转发到 test2.jsp 改为重定向到 test2.jsp，观察是否可以获取 name 的值

2.训练目标：session 和 application 对象的熟练使用

培养能力	工程能力、设计/开发解决方案		
掌握程度	★★★★★	难度	中
结束条件	独立编写，运行出结果		

训练内容：

利用 session 和 application，实现一个禁止用户使用同一用户名同时在不同客户端登录

3.训练目标：exception 对象的熟练使用

培养能力	工程能力、设计/开发解决方案		
掌握程度	★★★★★	难度	中
结束条件	独立编写，运行出结果		

训练内容：

(1) 创建 test3.jsp 页面，模拟一个空指针异常，指定异常处理页面为 error.jsp

(2) 使用 exception 内置对象在异常页面 error.jsp 中输出异常信息

第 8 章　JavaBean　技　术

本章目标

知识点	理解	掌握	应用
1.通过反射创建对象、访问属性以及调用方法	✓	✓	✓
2.通过内省访问 JavaBean 的属性	✓	✓	✓
3.通过 JSP 标签访问 JavaBean	✓	✓	✓

项目任务

完成成都大学信息科学与工程学院实训系统项目的学生选择方案设计任务：

- 项目任务 8-1 学生选择方案

知识能力点

知识点能力点	知识点 1	知识点 2	知识点 3
工程知识	✓	✓	✓
问题分析	✓		
设计/开发解决方案			
研究	✓		
使用现代工具			
工程与社会			
环境和可持续发展			
职业规范			
个人和团队			
沟通			
项目管理			
终身学习	✓	✓	✓

在前面的章节中可以看到，JSP 页面中要想对后台进行操作，需要在页面中嵌入 Java 代码，当编写具有类似功能的页面时，无法调用其他页面中已经实现了该功能的代码。而 JavaBean 可以较好地解决这一问题。通过将程序中的实体对象和业务逻辑封装到 Java 类中，JSP 页面通过自身操作 JavaBean 的动作标识对其进行操作，从而改变了 HTML 页面代码与 Java 代码混乱的编写方式，提高了代码的重用性，实现了“一次编写，到处运行”。

8.1 JavaBean 简 介

在 JSP 网页开发的初级阶段，并没有框架与逻辑分层概念的产生，开发人员需要把 Java 代码嵌入到网页中，对 JSP 页面中的一些业务逻辑进行处理，如文件、数据库操作等。其开发模式如图 8-1 所示。

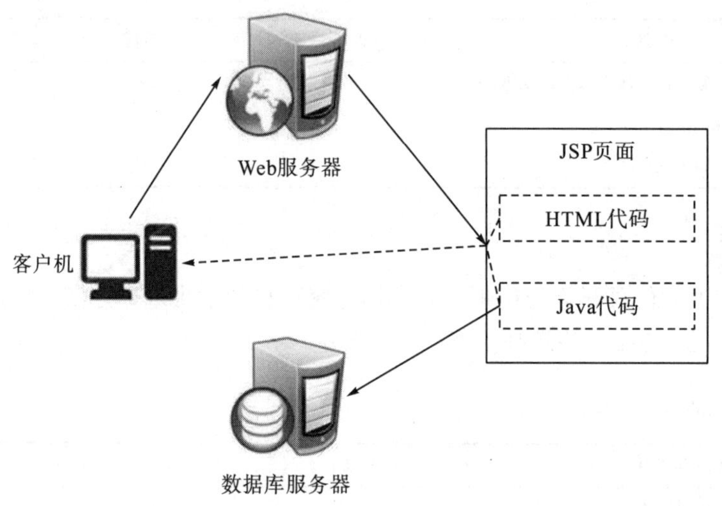

图 8-1 纯 JSP 开发模式

这种方式将大量的 Java 代码与 HTML 代码嵌入到一起，必将造成代码修改与维护困难。同时，由于将业务逻辑处理的 java 代码放入到页面中，使得前后台开发人员很难单独进行代码维护，不利于整个项目的开发。而且，由于将 Java 代码放入到 JSP 页面，无法实现代码的复用，不能发挥面向对象编程的优势。

JavaBean 技术的出现改变了 JSP 开发初期将网页代码与业务逻辑代码混编的格局，通过将 HTML 代码与 Java 代码分离，将 Java 代码单独封装成一个处理某种业务逻辑的类，然后在 JSP 页面调用此类，可以降低 HTML 代码与 Java 代码之间的耦合度，简化 JSP 页面，提高 Java 程序代码的重用性和灵活性。这种与 HTML 代码相分离，使用 Java 代码封装的类，就是一个 JavaBean 组件。在 Java Web 开发中，可以使用 JavaBean 组件来完成业务逻辑的处理，其开发模式如图 8-2 所示。

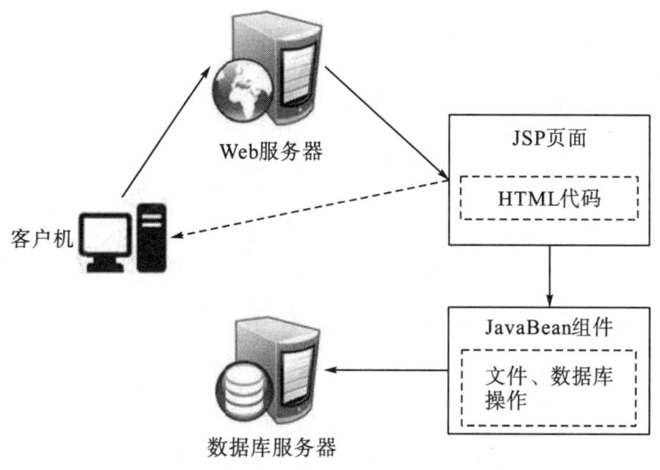

图 8-2 JSP+JavaBean 开发模式

这样的开发模式，保证了JSP页面中只包含HTML代码，而JSP页面可以引用JavaBean组件来完成某些业务逻辑。

8.2 JavaBean 的 种 类

JavaBean 在发展之初是为了将可以重复使用的代码进行打包，故在传统应用中，JavaBean 主要用于实现一些可视化界面，如窗体、按钮、文本框等，这样的 JavaBean 称之为可视化的 JavaBean。它们一般应用于 Swing 的程序中，在 Java Web 开发中并不会采用。

随着技术的发展和项目的需求，目前 JavaBean 主要用于实现一些业务逻辑或封装一些业务对象，它们并没有可视化的界面，所以称之为非可视化的 JavaBean。

8.3 JavaBean 的 创 建

JavaBean 本质上是一个 Java 类，为了规范 JavaBean 的开发，Sun 公司发布了 JavaBean 的规范，一个标准的 JavaBean 组件需要遵循一定的编码规范：

(1) JavaBean 必须具有一个公共的、无参的构造方法，这个方法可以是编译器自动产生的默认构造方法。

(2) JavaBean 提供公共的 setter 和 getter 方法让外部程序设置和获取 JavaBean 的属性。

按照上述规则，我们编写了一个简单的 JavaBean。

【示例 8-1】 Stdudent.java

```
package cn.edu.cdu.service.impl;
public class Stdudent {
```

```
    private String stuName;
    private String stuId;
    private int age;
    private boolean married;
    public String getStuName() {
        return stuName;
    }
    public void setStuName(String stuName) {
        this.stuName = stuName;
    }
    public String getStuId() {
        return stuId;
    }
    public void setStuId(String stuId) {
        this.stuId = stuId;
    }
    public int getAge() {
        return age;
    }
    public void setAge(int age) {
        this.age = age;
    }
    public boolean isMarried() {
        return married;
    }
    public void setMarried(boolean married) {
        this.married = married;
    }
}
```

通过这个示例，我们可以看到，JavaBean 的属性是私有的，其 getter 和 setter 方法的命名原则如下。

(1) getName()：该方法以小写的 get 前缀开始，后跟属性名，属性名的第一个字母要大写，如 stuName 属性的 getter 方法名为：getStuName。

(2) setName()：该方法以小写的 set 前缀开始，后跟属性名，属性名的第一个字母要大写，例如 stuName 属性的 setter 方法名为：setStuName。

(3) 如果属性的类型为 boolean，它的命名方式是 is/get，例如 married 属性的 getter 方法名为 isMarried，setter 方法名为：setMarried。

8.4　JavaBean 属性设置的原理

在 JSP 开发中，我们会经常对 JavaBean 的属性进行设置，掌握其原理将有助于我们理解 JavaBean 在 Web 中的应用。

8.4.1　Java 反射机制

反射是 Java 中一种强大的工具，能够使我们很方便地创建灵活的代码，这些代码可以在运行时装配，无需在组件之间进行源代码链接。反射主要是指程序可以访问，检测和修改它本身状态或行为的一种能力，并能根据自身行为的状态和结果，调整或修改应用所描述行为的状态和相关的语义。

1.Class 类

Java 反射机制的源头是 Class 类，若想完成反射操作，首先必须认识 Class 类。对于 C++等语言，需要先由一个类的完整路径引入后才能按照固定格式产生实例化对象，但 Java 允许通过一个实例化对象找到一个类的完整信息。针对任何想探勘的类，先为它产生一个 Class 对象，接下来就可以经由该 Class 对象调用 Class 类的 API 获取一个类的完整信息。Class 类提供的常用方法如表 8-1 所示。

表 8-1　Class 类的常用方法

方法	方法描述
Static Class<?> forName(String className)	返回与带有给定字符串名的类或接口相关联的 Class 对象
Constructor<?>[] getConstructors()	返回一个包含某些 Constructor 对象的数组，这些对象反映此 Class 对象所表示类的所有公共构造方法
Field[] getDeclaredField(String name)	返回包含某些 Field 对象的数组，这些对象反映此 Class 对象所表示的类或接口所声明的所有字段。包括公共、保护、默认(包)访问和私有字段，但不包括继承的字段
Field[] getFields()	返回包含某些 Field 对象的数组，这些对象反映此 Class 对象所表示的类或接口的所有可访问公共字段。包括继承的公共字段
Method[] getMethods()	返回一个包含某些 Method 对象的数组，这些对象反映此 Class 对象所表示的类或接口(包括那些由该类或接口声明的以及从超类和超接口继承的那些类或接口)的公共成员方法
Method getMethod(String name, class<?>...parameterTypes)	返回一个 Method 对象，反映此 Class 对象所表示的类或接口的指定公共成员方法
Class<?>[] getInterfaces()	返回该类所实现的接口的一个数组。确定此对象所表示的类或接口
String getName()	以 String 形式返回此 Class 对象所表示的实体(类、接口、数组类、基本类型或 void)名称
Package getPackage()	获取此类的包
Class<?super T> getSuperClass()	返回此 Class 所表示的实体(类、接口、数组类、基本类型或 void)的超类的 Class
T newInstance()	创建此 Class 对象所表示类的一个新实例
BooleanisArray()	判定此 Class 对象是否表示一个数组类

下面通过一个实例演示 getName() 方法的使用：

【示例 8-2】GetClassName.java

```
package cn.edu.cdu.service.impl;
//定义一个类
class Demo{}
public class GetClassName {
    public static void main(String[] args) {
        //实例化一个类
        Demo demo = new Demo();
        //通过反射获取该类的带包名的类名
        System.out.println(demo.getClass().getName());
    }
}
```

运行此程序，其结果如图 8-3 所示。

Markers Properties Servers Data Source Explorer Snippets Console

<terminated> GetClassName [Java Application] C:\Program Files\Java\jre1.8.0_102\bin\javaw.exe

cn.edu.cdu.service.impl.Demo

图 8-3 GetClassName.java 的运行效果

2.通过反射创建对象

使用构造方法创建对象时，构造方法可以是有参数也可以是无参数的。同样，通过反射创建对象的方式也有两种，即调用有参和无参构造方法。

1)通过无参构造方法实例化对象

要想通过 Class 类本身实例化其他类的对象，可以使用 newInstance() 方法，但必须保证被实例化的类中存在一个无参构造方法。下面，通过实例进行演示。

【示例 8-3】ReDemo1.java

```
package cn.edu.cdu.service.impl;

class Person {
    private String name;
    private String gender;
    public String getName() {
        return name;
    }
    public void setName(String name) {
        this.name = name;
```

```java
    }
    public String getGender() {
        return gender;
    }
    public void setGender(String gender) {
        this.gender = gender;
    }
    public String toString() {
        return "姓名=" + name + ", 性别=" + gender;
    }
    // 要使用反射，必要要保持一个无参构造方法，不然会出错
    public Person() {

    }
}
public class ReDemo1 {
    public static void main(String[] args) throws Exception {
        // 传入来实例的包.类名称
        Class<?> person1 = Class.forName("cn.edu.cdu.service.impl.Person");
        // 实例 Person 对象
        Person p = (Person) person1.newInstance();
        p.setName("天翔");
        p.setGender("男");
        System.out.println(p.toString());
    }
}
```

运行结果如图 8-4 所示。

Markers　Properties　Servers　Data Source Explorer　Snippets　Console

<terminated> ReDemo1 [Java Application] C:\Program Files\Java\jre1.8.0_102\bin\javaw.exe (2017

姓名=天翔，性别=男

图 8-4　ReDemo1.java 的运行效果

2) 通过有参构造方法实例化对象

通过有参构造方法实例化对象时，需要以下三个步骤：

(1) 通过 Class 类的 getContstuctors() 方法取得本类中的全部构造方法；

(2) 向构造方法中传递一个对象数组，里面包含构造方法中所需的各个参数；

(3)通过 Constructor 类实例化对象。

下面通过一个实例演示：

【示例 8-4】ReDemo2.java

```
package cn.edu.cdu.service.impl;
import java.lang.reflect.Constructor ;  // 导入反射机制包
class Student{
    private String name ;   // name 属性
    private int age ;       // age 属性
    public Student(String name,int age){
        this.setName(name) ;
        this.setAge(age);
    }
    public void setName(String name){
        this.name = name ;
    }
    public void setAge(int age){
        this.age = age ;
    }
    public String getName(){
        return this.name ;
    }
    public int getAge(){
        return this.age ;
    }
    public String toString(){   // 覆写 toString()方法
        return "姓名：" + this.name + "，年龄：" + this.age  ;
    }
}
public class ReDemo2{
    public static void main(String args[]){
        Class<?> c = null ;       // 声明 Class 对象
        try{
            c = Class.forName("cn.edu.cdu.service.impl.Student") ;
        }catch(ClassNotFoundException e){
            e.printStackTrace() ;
        }
        Student stu = null ; // 声明 Student 对象
        Constructor<?> cons[] = null ;
```

```
        cons = c.getConstructors() ;
        try{
            stu = (Student)cons[0].newInstance("于天翔",12) ;   // 实例化对象
        }catch(Exception e){
            e.printStackTrace() ;
        }
        System.out.println(stu) ;   // 内容输出，调用 toString()
    }
}
```

运行结果如图 8-5 所示。

```
Markers  Properties  Servers  Data Source Explorer  Snippets  Problems  Console
<terminated> ReDemo2 [Java Application] C:\Program Files\Java\jre1.8.0_102\bin\javaw.exe (2017年2月26日 下午
姓名：于天翔，年龄：12
```

图 8-5　ReDemo2.java 运行效果

3.通过反射访问属性

通过反射不仅可以创建对象，还可以访问属性。在反射机制中，属性的操作是通过 Field 类实现的，它提供 set()和 get()方法用于设置和获取属性。如果访问的属性是私有的，则需要在使用 set()或 get()方法前，使用 Field 类中 setAccessible()方法将需要操作的属性设置成可以被外界访问的。

下面通过一个实例进行演示：

【示例 8-5】

```
package cn.edu.cdu.service.impl;

import java.lang.reflect.Field;
class Company{
    private String name ;   // 公司名
    private String address ;      // 地址
    public String toString(){   // 覆写 toString()方法
        return "公司名： " + this.name + "，地址： " + this.address;
    }
}
public class ReDemo3{
    public static void main(String args[]) throws Exception{
        Class<?> c = null ;       // 声明 Class 对象
        c = Class.forName("cn.edu.cdu.service.impl.Company") ;
```

```
        Object com = c.newInstance();
        //获取 Company 类中指定名称的属性
        Field nameField = c.getDeclaredField("name");
        Field addressField = c.getDeclaredField("address");
        //设置通过反射访问该属性时取消权限检查
        nameField.setAccessible(true);
        addressField.setAccessible(true);
        //调用 set 方法给 com 对象的制定属性赋值
        nameField.set(com, "成都大学");
        addressField.set(com, "成都十陵");
        System.out.println(com);
    }
}
```

该程序的运行效果如图 8-6 所示。

Markers Properties Servers Data Source Explorer Snippets Problems Console
<terminated> ReDemo3 [Java Application] C:\Program Files\Java\jre1.8.0_102\bin\javaw.exe (2017年2月26日 下午
公司名：成都大学，地址：成都十陵

图 8-6 ReDemo3.java 的运行效果

4.通过反射调用方法

当获得某个类对应的 Class 对象后，可以通过 Class 对象的 getMethods()方法或 getMethod()方法获取全部方法或指定方法，getMethods()和 getMethod()的返回值分别是 Method 对象数组和 Method 对象。每个 Method 对象都对应一个方法，程序可以通过获取 Method 对象来调用对应的方法。在 Method 对象里有一个 invoke()方法，该方法的定义如下：

```
public Object invoke(Object obj, object…args)
```

在这个方法中，obj 是其主要参数，后面的 args 是一个相当于数组的可变参数，用了接受传入的实参。

下面通过一个实例进行演示：

【示例 8-6】

```
package cn.edu.cdu.service.impl;

import java.lang.reflect.Field;
import java.lang.reflect.Method;
class University{
    private String name ;   // 学校名
    private String address ;       // 地址
```

```
    public String getName() {
        return name;
    }
    public void setName(String name) {
        this.name = name;
    }
    public String getAddress() {
        return address;
    }
    public void setAddress(String address) {
        this.address = address;
    }
    public String printInfo(String name, String address){
       return "学校名：" + name + "，地址：" + address;
    }
}
public class ReDemo4{
    public static void main(String args[]) throws Exception{
        Class<?> c = null ;       // 声明 Class 对象
        c = Class.forName("cn.edu.cdu.service.impl.University") ;
        //获取 University 类中名为 printInfo 的方法，该方法由两个形式参数
        Method md = c.getMethod("printInfo", String.class, String.class);
        //调用 printInfo 方法
        String info = (String) md.invoke(c.newInstance(), "成都大学","成都十陵");
        System.out.println(info);
    }
}
```

该程序的运行结果如图 8-7 所示。

Markers　Properties　Servers　Data Source Explorer　Snippets　Problems　Console

<terminated> ReDemo4 [Java Application] C:\Program Files\Java\jre1.8.0_102\bin\javaw.exe (2017年2月26日 下午

学校名：成都大学，地址：成都十陵

图 8-7　ReDemo4.java 的运行效果

8.4.2 内省

JDK 中提供了一套 API，专门用于操作 Java 对象的属性，它比反射技术操作更加简便，就是内省。

1.什么是内省

在反射技术的介绍中，要存取和设置一个类的 xxx 属性，需要通过 getXxx()和 setXxx()方法。为了让程序员更好地操作 JavaBean 的属性，JDK 中提供了一套 API 用来访问某个属性的 getter 和 setter 方法，这就是内省(Introspector)，它是 Java 语言对 JavaBean 类属性、事件和方法的一种标准处理方式，有利于程序员操作对象属性，有效减少代码量。

内省访问 JavaBean 有两种方法：

(1)通过 Java.beans 包下的 Introspector 类获得 JavaBean 对象的 BeanInfo 信息，再通过 BeanInfo 来获取属性的描述器(PropertyDesciptor)，然后通过这个属性描述器就可以获取某个属性对应的 getter 和 setter 方法，最后通过反射机制来调用这些方法。

(2)直接通过 java.beans 包下的 PropertyDescriptor 类操作 Bean 对象。

下面通过一个实例演示使用内省获取 JavaBean 中的所有属性和方法。

【示例 8-7】 Person.java

```
package cn.edu.cdu.bean;

public class Person {
    private String name;
    private int age;
    public String getName() {
        return name;
    }
    public void setName(String name) {
        this.name = name;
    }
    public int getAge() {
        return age;
    }
    public void setAge(int age) {
        this.age = age;
    }
    public String toString() {
        return "姓名=" + name + ", 性别=" + age;
    }
```

```
}
```

【示例 8-8】IntrospectorDemo1.java，利用内省获取 Person 类的属性

```
package cn.edu.cdu.service.impl;
import java.beans.BeanInfo;
import java.beans.Introspector;
import java.beans.PropertyDescriptor;

import cn.edu.cdu.bean.Person;

public class IntrospectorDemo1 {

    public static void main(String[] args) throws Exception {
        Person person = new Person();
        BeanInfo personInfo = Introspector.getBeanInfo(person.getClass(),
person.getClass().getSuperclass());
        String str = "内省成员属性：\n";
        //获取 Person 类中所有属性的信息，以 PropertyDescriptor 数组的形式返回
        PropertyDescriptor[]propertyArray = personInfo.getPropertyDescriptors();
        for(int i = 0; i < propertyArray.length; i++){
            //获取属性名
            String propertyName = propertyArray[i].getName();
            //获取属性类型
            Class propertyType = propertyArray[i].getPropertyType();
            str += propertyName + "(" + propertyType.getName() + ")\n";
        }
        System.out.println(str);
    }
}
```

程序运行的效果如图 8-8 所示。

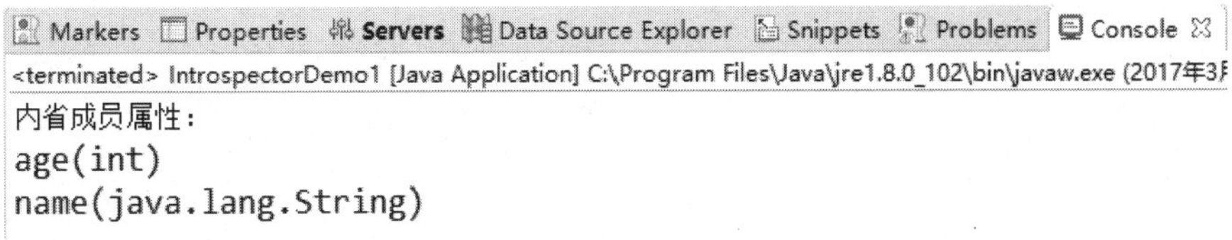

```
Markers  Properties  Servers  Data Source Explorer  Snippets  Problems  Console
<terminated> IntrospectorDemo1 [Java Application] C:\Program Files\Java\jre1.8.0_102\bin\javaw.exe (2017年3月
内省成员属性：
age(int)
name(java.lang.String)
```

图 8-8　IntrospectorDemo1.java 的运行效果

2.修改 JavaBean 的属性

接下来我们演示如何用内省修改 JavaBean 属性。

【示例 8-9】IntrospectorDemo2.java

```
package cn.edu.cdu.service.impl;
import java.beans.BeanInfo;
import java.beans.Introspector;
import java.beans.PropertyDescriptor;
import java.lang.reflect.Method;

import cn.edu.cdu.bean.Person;

public class IntrospectorDemo2 {

    public static void main(String[] args) throws Exception {
        Person person = new Person();
        //使用属性描述器获取 Person 类 name 属性的描述信息
        PropertyDescriptor pd = new PropertyDescriptor("name", person.getClass());
        //获取 name 属性对应的 setter 方法
        Method methodName = pd.getWriteMethod();
        //调用 setter 方法并设置(修改)name 属性值
        methodName.invoke(person, "天翔");
        //String 类型的数据，表示年龄
        String val = "12";
        //使用属性描述器获取 Person 类的 age 属性的描述信息
        pd = new PropertyDescriptor("age",person.getClass());
        //获取 age 属性对应的 setter 方法
        Method methodAge = pd.getWriteMethod();
        //获取属性的 Java 数据类型
        Class c = pd.getPropertyType();
        //调用 setter 方法，设置(修改)age 属性值
        if(c.equals(int.class)){
            methodAge.invoke(person, Integer.valueOf(val));
        }else{
            methodAge.invoke(person, val);
        }
        System.out.println(person);
```

```
        }
    }
```

程序运行的效果如图 8-9 所示。

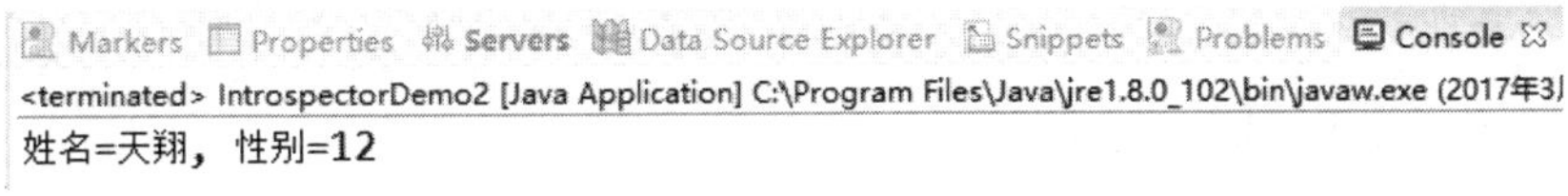

Markers Properties Servers Data Source Explorer Snippets Problems Console
<terminated> IntrospectorDemo2 [Java Application] C:\Program Files\Java\jre1.8.0_102\bin\javaw.exe (2017年3
姓名=天翔，性别=12

图 8-9 IntrospectorDemo2.java 的运行效果

读取 JavaBean 的属性

前面学习了通过使用 PropertyDescriptor 类的 getWriteMethod()获取属性对应的 setter 方法，下面我们学习它的 getReadMethod()方法来读取 JavaBean 的属性。

【示例 8-10】

```
package cn.edu.cdu.service.impl;
import java.beans.BeanInfo;
import java.beans.Introspector;
import java.beans.PropertyDescriptor;
import java.lang.reflect.Method;

import cn.edu.cdu.bean.Person;

public class IntrospectorDemo3 {

    public static void main(String[] args) throws Exception {
        Person person = new Person();
        person.setName("天翔");
        person.setAge(12);
        //使用属性描述器获取 Person 类 name 属性的描述信息
        PropertyDescriptor pd =
new PropertyDescriptor("name",person.getClass());
        //获取 name 属性对应的 getter 方法
        Method methodName = pd.getReadMethod();
        //调用 getter 方法并获取 name 属性值
        Object o = methodName.invoke(person);
        System.out.println("姓名:" + o);
        //使用属性描述器获取 Person 类的 age 属性的描述信息
        pd = new PropertyDescriptor("age",person.getClass());
        //获取 age 属性对应的 getter 方法
```

```
            Method methodAge = pd.getReadMethod();
            o = methodAge.invoke(person);
            System.out.println("年龄：" + o);
        }
    }
```

程序运行的效果如图 8-10 所示。

```
Markers  Properties  Servers  Data Source Explorer  Snippets  Problems  Console
<terminated> IntrospectorDemo3 [Java Application] C:\Program Files\Java\jre1.8.0_102\bin\javaw.exe (2017年3
姓名:天翔
年龄: 12
```

图 8-10 IntrospectorDemo3.java 的运行效果

8.5 在 JSP 中使用 JavaBean

为了能在 JSP 页面中简单快捷地访问 JavaBean，JSP 提供了 3 个动作元素来访问 JavaBean，分别是：<jsp:useBean>、<jsp:setProperty>和<jsp:getProperty>，这 3 个动作元素分别用于创建或查找 JavaBean 实例对象、设置 JavaBean 对象的属性值和获取 JavaBean 对象的属性值。

8.5.1 <jsp:useBean>标签

<jsp:useBean>标签用于在某个指定的作用域范围内查找一个指定名称的 JavaBean 对象，如果存在则直接返回该 JavaBean 对象的引用，如果不存在则实例化一个新的 JavaBean 对象，并将它按指定的名称存储在指定的作用域范围内。

<jsp:useBean>标签的语法格式如下所示：

【语法】

```
<jsp:useBean id=”beanInstanceName” class=”package.class”
        scope=”page | request | session | application”/>
```

其中：

- id 属性用于指定 JavaBean 对象的引用名称和其存储域属性名；
- class 属性用于指定 JavaBean 的全限定名；
- scope 属性用于指定 JavaBean 对象的存储域范围，其取值只能是 page、request、session 和 application4 个值中的一个，默认为 page。

下面通过一个示例演示此标签的使用。

【代码 8-1】 person.jsp

```
<%@ page language="java" contentType="text/html; charset=UTF-8"
    pageEncoding="UTF-8"%>
```

```
<!DOCTYPE html PUBLIC "-//W3C//DTD HTML 4.01 Transitional//EN"
"http://www.w3.org/TR/html4/loose.dtd">
<html>
<head>
<meta http-equiv="Content-Type" content="text/html; charset=UTF-8">
<title>Insert title here</title>
</head>
<body>
    <jsp:useBean id="person"
class="cn.edu.cdu.bean.Person" scope="page"></jsp:useBean>
</body>
</html>
```

上面的 jsp 代码经过编译，会生成对应的 java 代码，eclipse 生成的代码可以在“工程\.metadata\.plugins\org.eclipse.wst.server.core\tmp1\work\Catalina\localhost\chapter9\org\apache\jsp”中查找到，其内容如下所示。

【代码 8-2】 person_jsp.java

```
    public void _jspService(final javax.servlet.http.HttpServletRequest
request, final javax.servlet.http.HttpServletResponse response)
        throws java.io.IOException, javax.servlet.ServletException {

...
      cn.edu.cdu.bean.Person person = null;
                                    person = (cn.edu.cdu.bean.Person)
_jspx_page_context.
getAttribute("person", javax.servlet.jsp.PageContext.PAGE_SCOPE);
      if (person == null){
        person = new cn.edu.cdu.bean.Person();
        _jspx_page_context.setAttribute("person", person,
  javax.servlet.jsp.PageContext.PAGE_SCOPE);
      }
      out.write("\r\n");
      out.write("</body>\r\n");
      out.write("</html>");
    }
 ...
  }
}
```

从上述代码可以看到，JSP 引擎首先在<jsp:useBean>标签 scope 属性所指定的作用域范围(此处为 page)中查找 id 属性指定的 JavaBean 对象，如果该范围不存在此对象，则根据 class 属性指定的类名新建一个此类型的对象，并将此对象以 id 属性指定的名称存储到 scope 属性指定的域范围内。

8.5.2 <jsp:setProperty>标签

<jsp:setProperty>标签用于设置 JavaBean 对象的属性，相当于调用 JavaBean 对象的 setter 方法，其语法格式如下：

```
<jsp:setProperty name = ”beanInstanceName”
property = ”propertyName” value = ”propertyValue” |
property = “propertyName” param = “parameterName” |
property = “propertyName” |
property = “*” />
```

其中：

- name 属性用于指定 JavaBean 对象的名称，其值应与<jsp:useBean>标签中的 id 属性值相同。
- property 属性用于指定 JavaBean 对象的属性名。
- value 属性用于指定 JavaBean 对象的某个属性的值，可以是一个字符串也可以是一个表达式，它将被自动转换为所要设置的 JavaBean 属性的类型，该属性可选。
- param 属性用于将一个请求参数的值赋给 JavaBean 对象的某个属性，它可以将请求参数的字符串类型的返回值转换为 JavaBean 属性所对应的类型，该属性可选。value 和 param 属性不能同时使用。

下面演示上述语法中各种属性的组合使用方式：

【示例 8-11】

```
<jsp:setProperty name = "person" property = "age" value = "12"/>
```

此例表示通过 value 属性来指定 JavaBean 对象 person 的 age 属性的值。其中 value 的值将被自动转换为与 JavaBean 对应属性相同的类型。

【示例 8-12】

```
<% int age = 12; %>
<jsp:setProperty name = "person" property = "age" value = "<%=age%>"/>
```

此例表示使用一个表达式的 value 属性值来指定 JavaBean 对象 person 的 age 属性的值。

【示例 8-13】

```
<!—假设有一个请求：http://localhost:8080/chapter9/person.jsp?ageParam=12 -->
<jsp:setProperty name = "person" property = "age" param = "ageParam"/>
```

此例表示通过 param 属性来将请求参数 ageParam 的值赋给 JavaBean 对象 person 的 age 属性。其中，字符串类型的请求参数值将被自动转换为与 JavaBean 对应属性相同的类型。

【示例 8-14】

```
<!—假设有一个请求：http://localhost:8080/chapter9/person.jsp?age=12 -->
<jsp:setProperty name = "person" property = "age" />
```

此例表示将 JavaBean 对象 person 的 age 属性设置为与该属性同名(包括名称的大小写要完全一致)的请求参数的值。它等同于 param 属性的值也为 age 的情况。

【示例 8-15】

```
<!—假设有一个请求：http://localhost:8080/chapter9/person.jsp?age=12&name=dennis -->
<jsp:setProperty name = "person" property = "*" />
```

此例表示对 JavaBean 对象 person 中的多个属性进行赋值。此种形式将请求消息中的参数逐一与 JavaBean 对象中的属性进行比较，如果找到同名的属性，则将该请求参数值赋给该属性。

<jsp:setProperty>标签还可用于<jsp:useBean>标签中间，表示在此 JavaBean 对象实例化时，对其属性进行初始化，如下例所示：

【示例 8-16】

```
<jsp:useBean id="person"
class="cn.edu.cdu.bean.Person" scope="page">
<jsp:setProperty name = "person" property = "name" value = "dennis"/>
<jsp:setProperty name = "person" property = "age" value = "12" />
</jsp:useBean>
```

由于嵌套在<jsp:useBean>中的<jsp:setProperty>标签只有在实例化 JavaBean 对象时才被执行，因此如果<jsp:useBean>标签所引用的 JavaBean 对象已经存在，嵌套在其中的<jsp:setProperty>标签将不被执行，只能在 JavaBean 对象初始化时执行一次。

8.5.3　<jsp:getProperty>标签

<jsp:getProperty>标签用于读取 JavaBean 对象的属性，等同于调用 JavaBean 对象的 getter 方法，然后将读取的属性值转换成字符串后输出到响应正文中。其语法格式如下：

```
<jsp:getProperty name = "beanInstanceName" property = "propertyName" />
```

其中：

- Name 属性用于指定 JavaBean 对象的名称，其值应与<jsp:useBean>标签的 id 属性值相同。
- Property 属性用于指定 JavaBean 对象的属性名。

【示例 8-17】

```
<jsp:getProperty name = “person” property = “name” />
```

8.6 JavaBean 应 用

下面通过使用 JavaBean 进行一个简单的用户注册功能实现来体会 JavaBean 所带来的简化编码和规范开发过程的优势。

本例中的用户注册功能使用 JavaBean 对 Form 表单的数据进行处理，整个过程分为两个过程：

(1)用户在页面 register.jsp 填写注册信息.

(2)提交到注册信息确认页面(registerConfirm.jsp)，在信息确认页面中先将第二步提交的信息保存到 JavaBean 对象中，随后进行信息的显示确认。

【示例 8-18】register.jsp

```
%@ page language="java" contentType="text/html; charset=UTF-8" pageEncoding="UTF-8"%
<!DOCTYPE html PUBLIC "-//W3C//DTD HTML 4.01 Transitional//EN"
 "http://www.w3.org/TR/html4/loose.dtd">
<html>
<head>
<meta http-equiv="Content-Type" content="text/html; charset=UTF-8">
<title>注册</title>
</head>
<body>
    <%
        // 设置请求编码方式，防止中文乱码问题
        request.setCharacterEncoding("UTF-8");
    %>
    <h2 align="center">用户注册</h2>
    <form action="registerConfirm.jsp" method="post">
        <table border="1" width="50%" align="center">
            <tr>
                <td>用户名：</td>
                <td><input type="text" name="username"></td>
            </tr>
            <tr>
                <td>密码：</td>
                <td><input type="password" name="password"></td>
            </tr>
            <tr>
```

```
                    <td>性别：</td>
                    <td><input type="radio" name="gender" checked="checked" value="男">男
                        <input type="radio" name="gender" value="女">女
                        <input type="radio" name="gender" value="保密">保密
                    </td>
                </tr>
                <tr>
                    <td>年龄：</td>
                    <td><input type="text" name="age"></td>
                </tr>
                <tr>
                    <td>邮箱：</td>
                    <td><input type="text" name="email"></td>
                </tr>
                <tr>
                    <td>愿意接受信息：</td>
                    <td><input type="checkbox" name="message" value="新闻">新闻
                        <input type="checkbox" name="message" value="产品广告">产品广告
                        <input type="checkbox" name="message" value="招聘">招聘</td>
                </tr>
                <tr>
                    <td colspan="2" align="center"><input type="submit" value="完成"></td>
                </tr>
            </table>
        </form>
    </body>
</html>
```

启动服务器，在浏览器中输入：http://localhost:8080/chapter9/register.jsp，运行结果如图 8-11 所示。

图 8-11 register.jsp 运行效果

【示例 8-19】UserBean.java

```
package cn.edu.cdu.bean;

public class UserBean {
    private String username;
    private String password;
    private char gender;
    private int age;
    private String tooltip;
    private String email;
    private String[] message;
    public String getUsername() {
        return username;
    }
    public void setUsername(String username) {
        this.username = username;
    }
    public String getPassword() {
        return password;
    }
    public void setPassword(String password) {
        this.password = password;
    }
    public char getGender() {
```

```java
        return gender;
    }
    public void setGender(char gender) {
        this.gender = gender;
    }
    public int getAge() {
        return age;
    }
    public void setAge(int age) {
        this.age = age;
    }
    public String getTooltip() {
        return tooltip;
    }
    public void setTooltip(String tooltip) {
        this.tooltip = tooltip;
    }
    public String getEmail() {
        return email;
    }
    public void setEmail(String email) {
        this.email = email;
    }
    public String[] getMessage() {
        return message;
    }
    public String getMessageChoose() {
        String messageChoose = "";
        if (message != null)
            for (int i = 0; i < message.length; i++) {
                messageChoose += message[i];
                if (i != message.length - 1)
                    messageChoose += ",";
            }
        return messageChoose;
    }
    public void setMessage(String[] message) {
        this.message = message;
```

```
        }

}
```

在 UserBean.java 中，定义了与表单控件名称相对应的各个 JavaBean 属性及其相应的 getter 和 setter 方法。通过此例可以发现，对于请求参数传递过来的 String 类型数据，有 JavaBean 动作标签自动转换成了 char、int 和 String[]等类型。这里需要注意的是，对于 String[]类型的 message 属性，由于实例需求需要将其内容再取出显示，因此此处定义了 getMessageChoose () 方法对其显示效果进行了封装。

【示例 8-20】registerConfirm.jsp

```
<%@ page language="java" contentType="text/html; charset=UTF-8"
pageEncoding="UTF-8"%>
<!DOCTYPE html PUBLIC "-//W3C//DTD HTML 4.01 Transitional//EN"
"http://www.w3.org/TR/html4/loose.dtd">
<html>
<head>
<meta http-equiv="Content-Type" content="text/html; charset=UTF-8">
<title>注册信息确认</title>
</head>
<body>
    <%
        // 设置请求编码方式，防止中文乱码问题
        request.setCharacterEncoding("UTF-8");
    %>
    <!-- 查找 JavaBean 对象,使用请求参数为对象属性赋值 -->
    <jsp:useBean id="user" class="cn.edu.cdu.bean.UserBean"
scope="session" />
    <jsp:setProperty property="*" name="user" />

    <h2 align="center">用户注册信息确认</h2>
    <form action="registerSuccess.jsp" method="post">
        <table border="1" width="50%" align="center">
            <tr>
                <td>用户名：</td>
                <td><jsp:getProperty name="user" property="username"
/></td>
            </tr>
            <tr>
                <td>密码：</td>
```

```
26                     <td><jsp:getProperty name="user" property="password"/></td>
27                 </tr>
28                 <tr>
29                     <td>性别：</td>
30                     <td><jsp:getProperty  name="user" property="gender"/></td>
31                 </tr>
32                 <tr>
33                     <td>年龄：</td>
34                     <td><jsp:getProperty  name="user" property="age"/></td>
35                 </tr>
36                 <tr>
37                     <td>邮箱：</td>
38                     <td><jsp:getProperty  name="user" property="email"/></td>
39                 </tr>
40                 <tr>
41                     <td>愿意接受信息：</td>
42                     <td><jsp:getProperty  name="user" property="messageChoose"/></td>
43                 </tr>
44                 <tr>
45                     <td colspan="2" align="center"><input type="submit"
46                         value="确认提交"></td>
47                 </tr>
48             </table>
49         </form>
50     </body>
51 </html>
```

在注册页面点击完成后，进入 registerConfirm.jsp 页面。在此文件中，使用第 14～15 行的代码，利用<jsp:setProperty property="*" name="user" />的方式按参数名称和属性名称的匹配关系为 JavaBean 对象的属性设置值，这样极大地提高了开发效率。代码中，对 message 数组中的值，通过第 42 行代码：<jsp:getProperty　name="user" property="messageChoose"/>，调用 getMessageChoose()方法进行显示。其运行效果如图 8-12 所示。

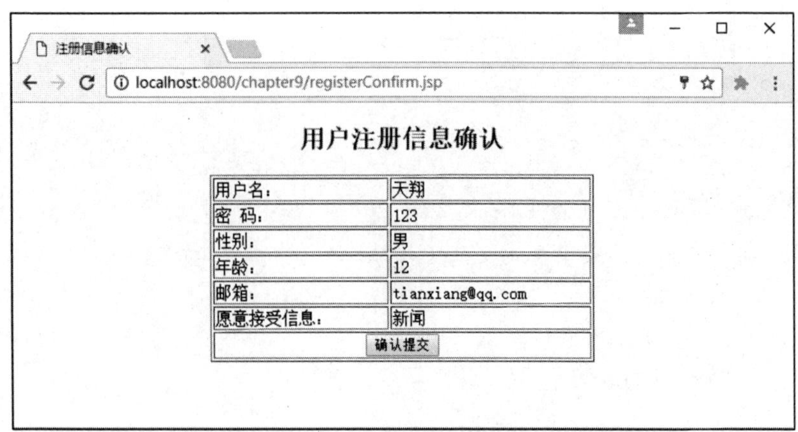

图 8-12 registerConfirm.jsp 的运行效果

8.7 实例项目

8.7.1 项目任务 8-1 学生选择方案

学生选择方案的功能是基于学生查看方案的，企业选择学生的前提。其具体的流程图如图 8-13 所示。

本小节通过页面核心代码(已在项目任务学生查看方案中给出)、Servlet 核心代码和具体 Dao 层核心代码对整个实现流程进行分析。

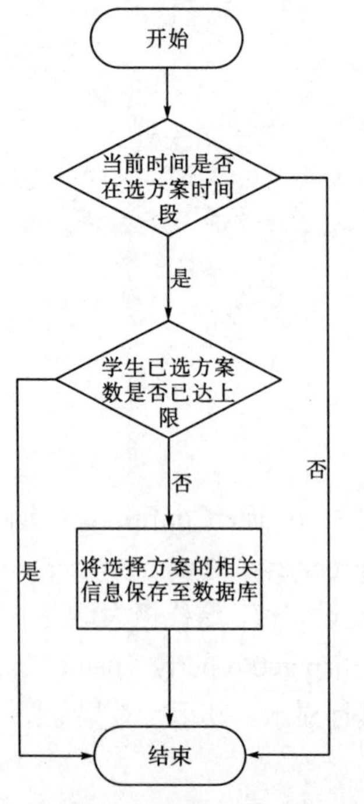

图 8-13 学生选择方案流程图

1.Servlet 核心代码

StudentChoicePracticeServlet

```
package cn.edu.cdu.practice.servlet;

import java.io.IOException;
import javax.servlet.ServletException;
import javax.servlet.annotation.WebServlet;
import javax.servlet.http.HttpServlet;
import javax.servlet.http.HttpServletRequest;
import javax.servlet.http.HttpServletResponse;

import cn.edu.cdu.practice.dao.impl.ProjectDaoImpl;
import cn.edu.cdu.practice.model.Project;
import cn.edu.cdu.practice.model.Student;
import cn.edu.cdu.practice.service.impl.ProjectServiceImpl;
import cn.edu.cdu.practice.utils.Log4jUtils;

/**
 * Servlet implementation class StudentChoicePracticeServlet
 */
@WebServlet("/PracticeManagement/StudentChoicePracticeServlet")
public class StudentChoicePracticeServlet extends HttpServlet {
    private static final long serialVersionUID = 1L;

    /**
     * @see HttpServlet#HttpServlet()
     */
    public StudentChoicePracticeServlet() {
        super();
        // TODO Auto-generated constructor stub
    }

    /**
     * 学生退选实训方案
     *
     * @see HttpServlet#doGet(HttpServletRequest request,
HttpServletResponse
```

```
         *     response)
         */
        protected void doGet(HttpServletRequest request, HttpServletResponse response)
                throws ServletException, IOException {
            // 判断是否在可选时间内
            ProjectServiceImpl projectServiceImpl = new ProjectServiceImpl();
            if (!projectServiceImpl.findPracticeIsUnderWay()) {
        request.getRequestDispatcher("StudentSelectPracticeServlet").forward(request, response);
                return;
            }

            String p_no = request.getParameter("no");

            String stu_no = (String) request.getSession().getAttribute("account");
            String role = (String) request.getSession().getAttribute("role");

            if (role.equals("2")) {
                ProjectDaoImpl projectDaoImpl = new ProjectDaoImpl();
                Project project = projectDaoImpl.findProjectByNo(p_no);
                if (project == null) {
                    Log4jUtils.error("退选方案未找到");
                    //跳转到 404 页面,并打印错误信息
                    String errorMessage = "访问数据库出现异常，退选方案未找到!";
                    request.getSession().setAttribute("ErrorMessage", errorMessage);
                    response.sendRedirect(request.getContextPath() + "/404.jsp");
                } else {
                    boolean b = projectDaoImpl.unChooseProject(p_no, stu_no);
```

```
                if (b) {
                    request.getRequestDispatcher("StudentSelectPracticeServlet").forward(request, response);
                } else{
                    Log4jUtils.error("退选失败");
                    //跳转到 404 页面,并打印错误信息
                    String errorMessage = "退选方案失败! ";
                    request.getSession().setAttribute("ErrorMessage", errorMessage);
                    response.sendRedirect(request.getContextPath() + "/404.jsp");
                }
            }
        } else {
            //跳转到 404 页面,并打印错误信息
            String errorMessage = "用户权限不足! ";
            request.getSession().setAttribute("ErrorMessage", errorMessage);
            response.sendRedirect(request.getContextPath() + "/404.jsp");
        }

    }

    /**
     * 选择实训方案
     *
     * @see HttpServlet#doPost(HttpServletRequest request, HttpServletResponse
     *      response)
     */
    protected void doPost(HttpServletRequest request, HttpServletResponse response)

            throws ServletException, IOException {
        // 判断是否在可选时间内
        ProjectServiceImpl projectServiceImpl = new
```

```
ProjectServiceImpl();
            if (!projectServiceImpl.findPracticeIsUnderWay()) {
    request.getRequestDispatcher("StudentSelectPracticeServlet").forward(request, response);
                return;
            }

            System.out.println("----选择实训方案");
            request.setCharacterEncoding("utf-8");
            String p_no = request.getParameter("no");
            String reason = request.getParameter("reason");
            String stu_no = (String) request.getSession().getAttribute("account");
            String role = (String) request.getSession().getAttribute("role");
            if (role.equals("2")) {
                ProjectDaoImpl projectDaoImpl = new ProjectDaoImpl();
                Project project = projectDaoImpl.findProjectByNo(p_no);
                if (project == null) {
                    Log4jUtils.error("所选择未找到");
                    //跳转到 404 页面,并打印错误信息
                    String errorMessage = "访问数据库出现异常，所选方案未找到!";
                    request.getSession().setAttribute("ErrorMessage", errorMessage);

                    response.sendRedirect(request.getContextPath() + "/404.jsp");
                } else {
                    boolean b = projectDaoImpl.chooseProject(project.getCompanyUsername(), p_no, stu_no, reason);
                    if (b) {
    request.getRequestDispatcher("StudentSelectPracticeServlet").forward(request, response);
                    } else{
                        Log4jUtils.error("选择失败");
                        //跳转到 404 页面,并打印错误信息
                        String errorMessage = "访问数据库出现异常,选择方案失
```

```
败！";
                        request.getSession().setAttribute("ErrorMessage", errorMessage);
                        response.sendRedirect(request.getContextPath() + "/404.jsp");
                    }
                }
            } else {
                //跳转到 404 页面,并打印错误信息
                String errorMessage = "用户权限不足！";
                request.getSession().setAttribute("ErrorMessage", errorMessage);
                response.sendRedirect(request.getContextPath() + "/404.jsp");
            }
        }

}
```

2.Dao 层相关代码

学生选择方案 ProjectDaoImpl 片段

```
@Override
public Project findProjectByNo(String no) {
    String sql = "SELECT * FROM project WHERE No=?";
    Connection connection = DbUtils.getConnection();
    PreparedStatement ps = null;
    ResultSet rs = null;
    Project project = null;
    try {
        ps = connection.prepareStatement(sql);
        ps.setString(1, no);
        rs = ps.executeQuery();
        if (rs.next()) {
            project = new Project();
            project.setAuditDate(rs.getDate("audit_date"));
            project.setCategory(rs.getString("category"));
            project.setCompanyTeacher(rs.getString("company_teacher"));
```

```
                project.setCompanyTeacherTitle(rs.getString("company_teacher_title"));
                project.setCompanyUsername(rs.getString("company_username"));
                project.setEndDate(rs.getDate("end_date"));
                project.setGrade(rs.getInt("grade"));
                project.setIntroduction(rs.getString("introduction"));
                project.setMajor(rs.getString("major"));
                project.setName(rs.getString("name"));
                project.setNo(rs.getString("no"));
                project.setReleaseDate(rs.getDate("release_date"));
                project.setStudentsNum(rs.getInt("students_num"));
                project.setSummary(rs.getString("summary"));
            }
        } catch (Exception e) {
            e.printStackTrace();
        } finally {
            DbUtils.closeConnection(connection, ps, rs);
        }
        return project;
    }
    @Override
    public boolean unChooseProject(String p_no, String stu_no) {
        String sql = "DELETE FROM project_select WHERE studentNo=? and projectNo=? and company_sel_date IS NULL";
        Connection connection = DbUtils.getConnection();
        PreparedStatement ps = null;
        try {
            connection.setAutoCommit(false);
            ps = connection.prepareStatement(sql);
            ps.setString(1, stu_no);
            ps.setString(2, p_no);
            ps.execute();
            connection.commit();
            return true;
        } catch (Exception e) {
            e.printStackTrace();
            if (connection != null) {
```

```
                try {
                    connection.rollback();
                } catch (Exception e1) {
                    e1.printStackTrace();
                }
            }
        } finally {
            DbUtils.closeConnection(connection, ps, null);
        }
        return false;
    }
    @Override
    public boolean chooseProject(String company_name, String p_no, String stu_no, String reason) {
        // 查询单个学生已选方案数的 sql 语句
        String sql1 = "SELECT COUNT(*) m FROM project_select WHERE studentNo=? AND score IS NULL";
        // 查询系统预设学生可选方案数上限的 sql 语句
        String sql2 = "SELECT student_sel_maxnum m FROM system_parameter";
        // 增加学生选择方案的 sql 语句
        String sql3 = "INSERT INTO project_select(studentNo,projectNo, sel_reason,company_name) VALUES(?,?,?,?)";

        Connection connection = DbUtils.getConnection();
        PreparedStatement ps = null;
        ResultSet rs = null;
        try {
            // 查询学生已选方案数
            connection.setAutoCommit(false);
            ps = connection.prepareStatement(sql1);
            ps.setString(1, stu_no);
            rs = ps.executeQuery();
            int stu_sel_max = 0;
            if (rs.next())
                stu_sel_max = rs.getInt("m");
            ps.close();
            rs.close();
            // 查询系统预设单个学生可选方案数上限
```

```
        ps = connection.prepareStatement(sql2);
        rs = ps.executeQuery();
        int sys_sel_max = 0;
        if (rs.next())
            sys_sel_max = rs.getInt("m");
        ps.close();
        rs.close();
        // 如果学生已选方案总数小于系统设置的上限，进行添加操作
        if (stu_sel_max < sys_sel_max) {
            ps = connection.prepareStatement(sql3);
            ps.setString(1, stu_no);
            ps.setString(2, p_no);
            ps.setString(3, reason);
            ps.setString(4, company_name);
            ps.execute();
            connection.commit();
            return true;
        } else
            return false;
    } catch (Exception e) {
        e.printStackTrace();
        if (connection != null) {
            try {
                connection.rollback();
            } catch (Exception e1) {
                e1.printStackTrace();
            }
        }
    } finally {
        DbUtils.closeConnection(connection, ps, rs);
    }
    return false;
}
```

8.8 课后练习

1.在 JSP 中调用 JavaBean 时不会使用到的标签是______

A. <Javabean>　　B. <jsp:useBean>

C. <jsp:setProperty>　　　　D. <jsp:getProperty>

2.下列 useBean 标准动作使用正确的是______

A. <jsp:useBean id="a" class="java. util. Date" scope="request"/>

B. <jsp:useBean name="a" class="java. util. Date" scope="request"/>

C. <jsp:useBean id="a" class="Date" />

D. <jsp:useBean name="a" class="java. util. Date" scope="request"/>

3.下列 setProperty 标准动作使用正确的是_________

A. <jsp:setProperty name="id"property="name" value="name"/>

B. <jsp:setProperty　id="id"property="name" value="name"/>

C. <jsp:setProperty name="id"property="name" param="name"/>

D. <jsp:setProperty　id="id"property="name" value="name"/>

4.下面哪一项属于工具 Bean 的用途_______

A. 完成一定运算和操作，包含一些特定的或调用的方法，进行计算和事务处理

B. 负责数据的存取

C. 接收客户端的请求，将处理结果返回给客户端

D. 在多台机器上跨几个地址空间运行

5.关于 JavaBean，下列的叙述哪一项是不正确的____

A. JavaBean 的类必须是具体的和公共的，并且具有无参的构造器

B. JavaBeande 的类属性是私有的，要通过公共的方法进行访问

C. JavaBean 和 Servlet 一样，使用之前必须在项目的 web. xml 中注册

D. javaBean 属性和表单控件名称能很好地耦合，得到表单提交的数据

6.关于 MVC 架构的缺点，下列的叙述哪一项是不正确的______

A. 提高了对开发人员的要求　　　　B. 代码复用率低

C. 增加了文件管理的难度　　　　D. 产生较多的文件

8.9　实 践 练 习

训练目标：request 对象的熟练使用

培养能力	工程能力、设计/开发解决方案		
掌握程度	★★★★★	难度	中
结束条件	独立编写，运行出结果		

训练内容：

(1) 创建 test1.jsp 页面，将一个字符串存入请求域属性 name 中，转发请求到 test2.jsp

(2) 在 test2.jsp 中获取并显示 name 的值

(3) 将步骤 1 中的请求转发到 test2.jsp 改为重定向到 test2.jsp，观察是否可以获取 name 的值

第 9 章　表达式语言

本章目标

知识点	理解	掌握	应用
1.EL 语法	✓	✓	✓
2.EL 运算符	✓	✓	✓
3. EL 隐含对象	✓	✓	✓
4. EL 自定义函数	✓	✓	

项目任务

完成完成成都大学信息科学与工程学院实训系统项目的企业选择学生设计任务：

- 项目任务 9-1 企业选择学生

知识能力点

知识点能力点	知识点 1	知识点 2	知识点 3	知识点 4
工程知识	✓	✓	✓	✓
问题分析				
设计/开发解决方案				
研究				
使用现代工具				
工程与社会				
环境和可持续发展				
职业规范				
个人和团队				
沟通				
项目管理				
终身学习	✓	✓	✓	✓

9.1　什么是表达式语言

EL(Expression Language)即表达式语言，下面简称 EL，它可以方便地访问和处理应用程序数据，而无须使用 JSP 脚本元素(Scriptlet)或 JSP 表达式。

EL 最初在标准标签库 JSTL(JavaServer Page Standard Tag Library)1.0 中定义，从 JSTL1.1 开始，SUN 公司将 EL 表达式语言从 JSTL 规范中分离出来，正式独立为 JSP2.0 标准规范之一。因此，只要是支持 Servlet 2.4、JSP 2.0 以上版本的 Web 容器，都可以在 JSP 页面中直接使用 EL。

提示：

EL 在 Web 容器默认配置下处于启用状态，每个 JSP 页面也可以通过 page 指令的 isELIgnored 属性单独设置其状态，其语法格式如下：

```
<%@page isELIgnored = "true | false" %>
```

如果 isELIgnored 取值为 true，则 EL 表达式会被当成字符串直接输出在页面，默认为 false；
在 false 的情况下，若要在页面中显示$，需要在 jsp 中像这样写：
\${Expression}　　　//在页面中显示的是：${Expression}

9.1.1　使用 EL 的必要性

通过简介，我们大概认识了 EL，但为什么要使用 EL 呢？

经过前面几章对 JSP 与 Servlet 的学习，可以发现 JSP 页面是处于 MVC 中的 View 视图层，主要是前端人员在负责编写。

但在实际项目开发中，由于项目的规模都比较大，前端开发人员可能大多对 Java 编程知之甚少，所以如果在 JSP 页面里再嵌入大量的 Java 代码会增加前后台的耦合性，不利于项目开发，这时，EL 的优势就体现了出来。

EL 可以方便地访问 JSP 的隐含对象和 JavaBean 组件，完成本该是由 Java 代码完成的功能，使 JSP 页面从 HTML 代码中嵌入 Java 代码的混乱结构得以改善，提高了程序的可读性和易维护性。综述，EL 有以下特点：

(1) 可以获得命名空间(PageContext 对象，它是页面中所有其他内置对象的最大范围的集成对象，通过它可以访问其他内置对象)；

(2) 简化了对一般变量、JavaBean 类中的属性、嵌套属性以及集合对象的访问；

(3) 可以执行各种关系、逻辑、算术等运算(自动类型转换)；

(4) 可以使用自定义函数实现复杂的业务功能(与 Java 类的静态方法进行映射)；

(5) 可以访问 JSP 作用域(request、session、application 和 page)。

9.1.2　EL 的简单使用

JSP2.0 之前，要访问系统作用域(不止 session)的值只能使用下面的代码：

```
<%=session.getAttribute("name")%>
```

而用 EL(去搜寻包括 session 在内的域中的变量 name，ps:详情见 10.3.2)：

```
${name}
```

当然如果 session 里保存的是对象，如 user，而 user 里存在 username 这个属性：

```
${sessionScope.user.username}
```

JSP2.0 之前，调用 JavaBean 中的属性值或方法，用 JSP 这样写：

```
<jsp:useBean id="dao" scope="page" class="com.UserInfoDao"></jsp:useBean>
<%dao.username;%>                <!--获得 Bean(UserInfoDao 类)的属性-->
<%dao.getUsername();%>   <!--获得 Bean(UserInfoDao 类)的方法-->
```

而且 EL，第一行保持不变：

```
${dao.username}
${dao.getUsername()}
```

9.2 EL 语 法

综上所述，EL 的主要语法结构：

```
${Expression}
```

由“${“开始，”}”结束，其中可以是常量、变量，也可以使用 EL 隐含对象、EL 运算符和 EL 函数。

```
${“hello EL”}            //输出 hello EL
${23.3}                  //输出 23.3
${23+3}                  //输出 26
${23>3}                  //输出 true
${23||3}                 //输出逻辑运算结果
${empty username}        //输出 empty 运算结果
${qst:fun(arg)}          //输出自定义函数的返回值
```

9.2.1 EL 中的常量

EL 表达式中的常量包括布尔、整型、浮点数、字符串和 NULL 常量：

(1)布尔常量：由于区分事物的正反两面，用 true 和 false 表示。Ps: ${false}

(2)整型常量：与 Java 中定义的整型常量相同，范围为 long 的长度。

(3)浮点常量：与 Java 中定义的浮点常量相同，范围为 double 的长度。

(4)字符串常量：用单引号或双引号引起来的一串字符。Ps: ${“hello EL”}

(5)NULL 常量：用于表示引用的对象为空，用 null 表示，但在 EL 表达式中并不会输出 null 而是输出空。Ps: ${Expression}，若 Expression 返回值为 null，页面什么也不会输出。

9.2.2　EL 中的变量

EL 表达式中的变量不同于 JSP 表达式从当前页面中定义的变量进行查找，而是由 EL 引擎调用 PageContext.findAttribute(String)方法从 JSP 四大作用域的范围中查找。如：${username}，表达式将按照 page,request,session,application 的顺序依次查找名为 username 的属性，若找到，就返回具体值，并停止查找；若范围查完，都没有找到，就返回 null。因此在使用 EL 表达式访问某个变量时，应该指定查找的范围，从而避免在不同范围中有相同的属性名的问题，且还提高了查找效率。

EL 中的变量要保持 Java 的命名规范，但是不能使用 EL 中的保留字，如表 9-1 所示。

表 9-1　EL 中的保留字

and	Or	not	empty	div
mod	Instanceof	eq	ne	it
gt	Le	ge	true	false
null				

9.3　EL 运算符

EL 表达式语言中定义了用于执行各种算术、关系、逻辑和条件运算的运算符，下面分别进行介绍。

9.3.1　.和[]运算符

EL 的功能是在 JSP 上显示要输出的指定内容，那么对常见的对象属性、集合数据的访问就必不可少，而 EL 提供了两种运算符：.和[]。

“.”：和 Java 代码一样，${UserInfoDao.user.username}，UserInfoDao 为一个 JavaBean 类，user 为 UserInfoDao 的一个对象，username 为 user 的一个属性；这样能访问到对象为 user 的 username 值；

“[]”：点“.”类似，用于访问对象的属性，在[]中用双引号引起来，如：${UserInfoDao[“user”][“username”]}。

“[]”运算符具有更加强大的功能：

(1) 当要存取的数据的名称中包含一些特殊字符(即非字母或数字符号)，只能使用[]，例如：

```
${sessionScope.user[“user-sex”]}
//不能写成
${sessionScope.user.user-sex}
```

(2)“[]”可以访问有序集合或数组中指定索引位置的某个元素，例如：

```
${sessionScope.user[0].username}
```

(3)“[]”可以访问 Map 对象的 key 关键字的值，例如：

```
${sessionScope.map[“key”]}
```

(4)“[]”可以和”.”结合使用，例如：

```
${sessionScope.user.username}
```

等价于

```
<% String str = “username”;%>
${sessionScope.user[str]}          //.与[]混用，且 username 可以用 str 变量传
```

提示：EL 错误处理机制

JSP 对 EL 提供了比较友好的错误处理方式：不提供警告，只提供默认值和错误，默认值是空字符串，错误是抛出一个异常。EL 对以下几种常见的错误的处理方式为：
在 EL 中访问一个不存在的变量，表达式输出空字符串，而不是 null；
在 EL 中访问一个不存在对象的属性，则表达式输出空字符串，而不会抛出 NullPointerException 异常；
在 EL 中方问一个存在对象的不存在属性，则表达式会抛出 PropertyNotFoundException 异常。

9.3.2 算术运算符

EL 算术运算符如表 9-2 所示。

表 9-2 EL 算术运算符

算术运算符	说明	范例	结果
+	加	${23+3}	26
–	减	${23-3}	20
*	乘	${23*3}	69
/或 div	除	${23/3}或${23div3}	7.6
%或 mod	取余	${23%3}或${23mod3}	2

提示：

在除法运算中，操作数将被强制转换为 double，然后进行运算；
在 EL 中，若想要将两个字符连接在一起，不能用+号连接，如${“a”+”b”}，这是错误的，可以直接写成：${“a”}${“b”}。

9.3.3　关系运算符

EL 关系运算符如表 9-3 所示。

表 9-3　EL 关系运算符

关系运算符	说明	范例	结果
==或 eq	等于	${3==3}或${3 eq 3}	true
!=或 ne	不等于	${3!=3}或${3 ne 3}	false
<或 lt	小于	${3<3}或${3 lt 3}	false
>或 gt	大于	${3>3}或${3 gt 3}	false
<=或 le	小于等于	${3<=3}或${3 le 3}	true
>=或 ge	大于等于	${3>=3}或${3 ge 3}	true

9.3.4　逻辑运算符

EL 逻辑运算符如表 9-4 所示。

表 9-4　EL 逻辑运算符

逻辑运算符	说明	范例	结果
&&或 and	并且	${a&&b}或${a and b}	true/false
||或 or	或者	${a\|\|b}或${a or b}	true/false
!或 not	非	${!a}或${not a}	true/fase

9.3.5　条件运算符

EL 条件运算符的基本语法如下：

```
${A?B:C}
```

如果 A 为真的话，则整个表达式的值为 B，否则就是 C 的值。

```
${sessionScope.username == null ? “游客” : sessionScope.username}
```

在 session 域(session 对象)中是存在 username 变量(属性)，如果不存在，则表达式输出“游客”，如果存在，表达式输出 username 属性值。

9.3.6　empty 运算符

```
${empty A}
```

empty 运算结果为布尔值，其运算规则为：

(1) A 不存在时，返回 true；

(2) A 返回 null 时，返回 true；

(3) A 为空字符串，返回 true；

(4) A 为空数组或空集合时，返回 true。

```
${empty sessionScope.username}
```

上述表达式有两层意思，username 属性是否存在，username 属性的值是否为 null。

9.3.7 运算符优先级

上述运算符的优先级如表 9-5 所示，优先级从上到下，从左到右依次降低。

表 9-5 运算符优先级

[]、.	<、>、<=、>=、lt、gt、le、ge
()	==、!=、eq、ne
-(取负数)、not、!、empty	&&、and
*、/、div、%、mod	||、or
+、-	?:

9.4 EL 隐含对象

大家知道 JSP 提供了内置对象，那么 EL 为了更加方便地进行数据访问，也提供了一系列可以直接使用的隐含对象。隐含对象的具体分类如图 9-1 所示。

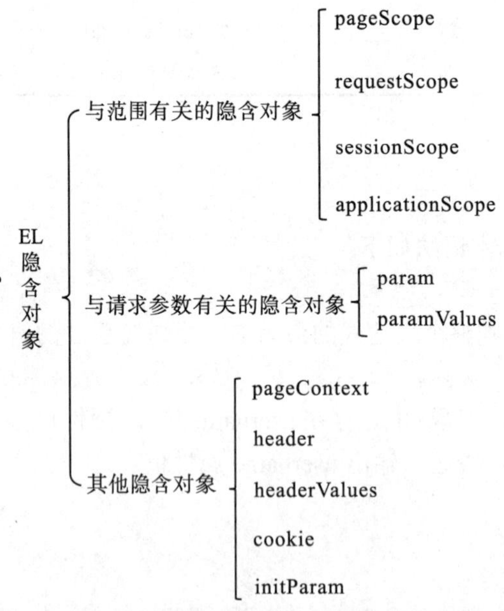

图 9-1 EL 隐含对象分类图

9.4.1　与范围有关的隐含对象

在 JSP 中有 4 种作用域(页面域、请求域、会话域、应用域)，EL 表达式针对这 4 种作用域提供了相应的隐含对象用于获取各作用域范围中的属性，详细情况如表 9-6 所示。

表 9-6　与范围有关的隐含对象

隐含对象	类型	说明
pageScope	java.util.Map	页面作用范围，相当于 pageContext.getAttribute()
requestScope	java.util.Map	请求作用范围，相当于 request.getAttribute()
sessionScope	java.util.Map	会话作用范围，相当于 session.getAttribute()
applicationScope	java.util.Map	应用程序作用范围，相当于 application.getAttribute()

语法如下：

```
${sessionScope.user.username}
```

等同于下列 JSP 脚本代码：

```
<%
User user = (User)session.getAttribute(“user”);
out.print(user.username);
%>
```

通过对比可以看出，EL 自动完成了类型转换和输据输出功能。

接下来演示一个示例，首先写一个 javabean 模型类 User，然后将该 javabean 对象存储在不同作用域范围内，再使用隐含对象进行访问获取。

【示例 9-1】User.java

```
package cn.edu.cdu.vo;
public class User {
    private String username;
    private String password;
    public User() {
        super();
    }
    public User(String username, String password) {
        super();
        this.username = username;
        this.password = password;
    }
    public String getUsername() {
        return username;
```

```
    }
    public void setUsername(String username) {
        this.username = username;
    }
    public String getPassword() {
        return password;
    }
    public void setPassword(String password) {
        this.password = password;
    }
}
```

【示例 9-2】scopeImplicitObj.jsp

```
<%@ page    language="java" contentType="text/html; charset=utf-8" pageEncoding="utf-8"    import="cn.edu.cdu.vo.User"%>
<!DOCTYPE   html    PUBLIC  "-//W3C//DTD    HTML    4.01 Transitional//EN"  "http://www.w3.org/TR/html4/loose.dtd">
<html>
<head>
<meta   http-equiv="Content-Type"   content="text/html; charset=ISO-8859-1">
<title>与范围有关的隐含对象</title>
</head>
<body>
    <%
    pageContext.setAttribute("pageUser",   new User("zhangsan", "233333"));
    %>
    <jsp:useBean id="sessionUser" class="cn.edu.cdu.vo.User"
    scope="session">
    <jsp:setProperty    name="sessionUser"property="username" value="lishi"/>
    <jsp:setProperty    name="sessionUser"property="password" value="123456"/>
    </jsp:useBean>
    <pre>pageContext 对象中获取属性值:
    ${pageScope.pageUser.username}
    ${pageScope.pageUser["password"]    }
sessionScope 对象中获取属性值:
```

```
        ${sessionScope.sessionUser.username    }
        ${sessionScope.sessionUser.password    }
    </pre>
    </body>
    </html>
```

将此项目布署到 tomcat 服务器上，并启动服务器，在浏览器上访问 http://localhost:8080/chapter10/scopeImplicitObj.jsp，运行结果如图 9-2 所示。

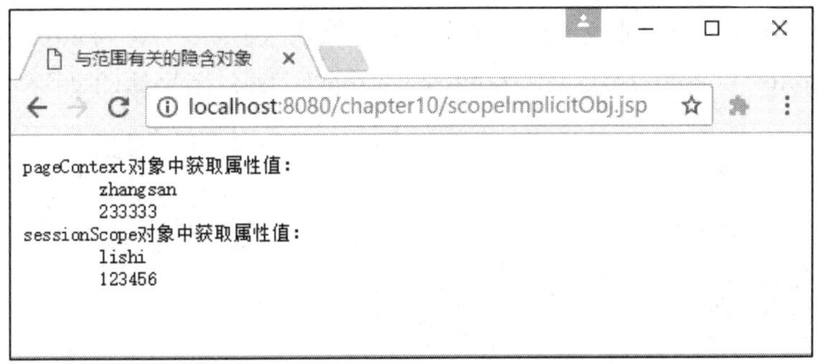

图 9-2　scopeImplicitObj.jsp 的运行效果

9.4.2　与请求参数有关的隐含对象

请求参数的获取是各种动态语言不可或缺的一个功能，因此 EL 表达式对此提供了相应的隐含对象，如表 9-7 所示。

表 9-7　与请求参数有关的隐含对象

隐含对象	类型	说明
param	java.util.Map	用于获得请求参数的单个值，相当于 request.getParameter()
paramValues	java.util.Map	用于获得请求参数的一组值，相当于 request.getParameterValues()

下例将演示一个从请求地址中获取参数值。

【示例 9-3】paramImplicitObj.jsp

```
<%@ page    language="java" contentType="text/html; charset=UTF-8"
pageEncoding="UTF-8"%>
<!DOCTYPE   html    PUBLIC  "-//W3C//DTD    HTML    4.01
Transitional//EN"   "http://www.w3.org/TR/html4/loose.dtd">
<html>
<head>
<meta   http-equiv="Content-Type"   content="text/html;
charset=UTF-8">
```

```
<title>与请求参数有关的隐含对象</title>
</head>
<body>
    <pre>请求参数 test1 的值：${param.test1    }
请求参数 test2 的值：${paramValues.test2[0]    }
</pre>
</body>
</html>
```

将此项目布署到 tomcat 服务器上，并启动服务器，在浏览器上访问 http://localhost:8080/Chapter10/paramImplicitObj.jsp?test1=22&test2=value2，运行结果如图 9-3 所示。

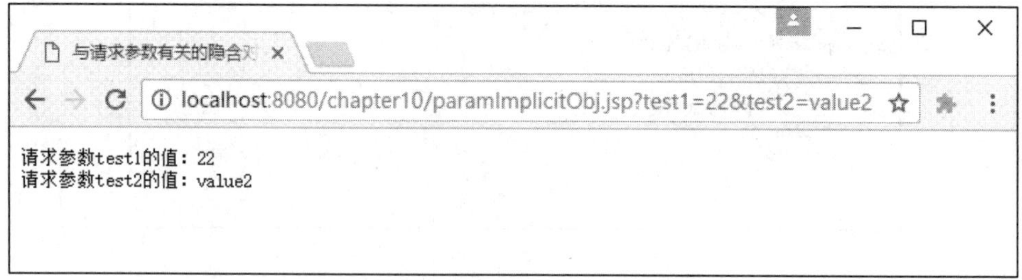

图 9-3 paramImplicitObj.jsp 的运行效果

9.4.3 其他隐含对象

EL 表达式语言提供的其他隐含对象，如表 9-8 所示。

表 9-8 其他隐含对象

隐含对象	说明
pageContext	相当于 pageContext 对象，用于获取 ServletContext、request、response 和 session 等其他 JSP 内置对象
Header	用于获取 HTTP 请求头中的单个值，相当于 requset.getHeader ()
headerValues	用于获取 HTTP 请求头中的一组值，相当于 requset.getHeaders ()
Cookie	用于获得指定的 cookie
initParam	用于获得上下文初始参数，相当于 application.getInitParameter ()

下面通过一个实例演示隐含对象的用法：

【示例 9-4】otherImplicitObj.jsp

```
<%@ page language="java" contentType="text/html;charset=UTF-8"
pageEncoding="UTF-8"%>
<!DOCTYPE  html   PUBLIC  "-//W3C//DTD  HTML   4.01
Transitional//EN"  "http://www.w3.org/TR/html4/loose.dtd">
<html>
<head>
<meta  http-equiv="Content-Type"  content="text/html;
```

```
charset=UTF-8">
<title>其他隐含对象</title>
</head>
<body>
    <h2>pageContext 隐含对象的用法</h2>
    <p>获取服务器信息：${pageContext.servletContext.serverInfo }</p>
    <p>获取 Servlet 注册名：${pageContext.servletConfig.servletName }</p>
    <p>获取请求地址：${pageContext.request.requestURL }</p>
    <p>获取 session 创建时间：${pageContext.session.creationTime }</p>
    <p>获取响应的文档类型：${pageContext.response.contentType }</p>
    <h2>header 隐含对象的用法</h2>
    <p>获取请求头 Host 的值：${header.host }</p>
    <p>获取请求头 Accept 的值：${headerValues["user-agent"][0] }</p>
    <h2>cookie 隐含对象的用法</h2>
    <p>获取 cookie:${cookie }</p>
    <h2>initParam 隐含对象的用法</h2>
    <p>${initParam.webSite }</p>
</body>
</html>
```

还需要在 web.xml 中配置上下文初始参数，代码如下：

【示例 9-5】web.xml

```
<?xml version="1.0" encoding="UTF-8"?>
<web-app xmlns:xsi="http://www.w3.org/2001/XMLSchema-instance" xmlns="http://java.sun.com/xml/ns/javaee" xsi:schemaLocation="http://java.sun.com/xml/ns/javaee http://java.sun.com/xml/ns/javaee/web-app_3_0.xsd" id="WebApp_ID" version="3.0">
<display-name>chapter10forEE</display-name>
<welcome-file-list>
<welcome-file>index.html</welcome-file>
<welcome-file>index.htm</welcome-file>
<welcome-file>index.jsp</welcome-file>
</welcome-file-list>
<context-param>
    <param-name>webSite</param-name>
    <param-value>http://www.baidu.com</param-value>
</context-param>
</web-app>
```

将此项目布署到 tomcat 服务器上，并启动服务器，在浏览器上访问 http://localhost:8080/chapter10/otherImplicitObj.jsp，运行结果如图 9-4 所示。

图 9-4 otherImplicitObj.jsp 的运行效果

9.5 EL 自定义函数

EL 自定义函数就是提供一种语法允许在 EL 中调用某个 Java 类的静态方法。EL 自定义函数扩展了 EL 表达式的功能，使其不再局限为一种数据访问语言，还可以通过调用方法来实现一些更复杂的业务处理。

EL 函数语法如下：

```
${foo:func(a1,a2,…,an)}
```

其中：

- 前缀 foo 必须匹配包含了函数的标签库的前缀；
- func 为函数的名称；
- a1,a2,…,an 为函数的参数。

EL 自定义函数的开发与应用包括以下 3 个步骤：

(1)编写 EL 自定义函数映射的 Java 类以及类中的静态方法；

(2)编写标签库描述文件(tld 文件)在 tld 文件中描述自定义函数；

(3) 在 JSP 页面中导入和使用自定义函数。

接下来有一个过滤特殊字符的功能函数的例子，通过这个例子来讲解 EL 自定义函数的开发与应用，在用户通过系统输入控件进行信息输入时，往往有很大的自主性，很多不法用户便通过此入口输入一些有特殊含义的字符进行系统的破坏，如 XSS、sql 注入等获得敏感信息，造成经济损失，本例的 EL 自定义函数将对传入字符进行一些简单的过滤。

步骤 1：编写 EL 自定义函数映射的 Java 类及类中的静态方法

此步骤中，要求 Java 类必须声明为 public，映射的方法必须声明为 public static 类型。

【示例 9-6】 HtmlFilter.java

```
package cn.edu.cdu.vo;
public class HtmlFilter {
    public static String filter(String message){
        if(message == null){
            return null;
        }
        char content[] = new char[message.length()];
        message.getChars(0, message.length(), content, 0);
        StringBuilder result = new StringBuilder(content.length+50);
        for(int i = 0;i < content.length; i++){
            switch(content[i]){
            case '<':
                result.append("&lt;");
                break;
            case '>':
                result.append("&gt;");
                break;
            case '&':
                result.append("&amp;");
                break;
            case '"':
                result.append("&quot;");
                break;
            default:
                result.append(content[i]);
            }
        }
        return result.toString();
    }
}
```

步骤 2：编写标签库描述文件(tld 文件)，在 tld 文件中描述自定义函数

Java 类及其静态方法定义完成后，为将此静态方法映射成为 EL 自定义函数，需要在一个标签库描述文件(tld)中对其进行描述，标签库描述符文件是一个 XML 格式的文件，扩展名为.tld，名称任意，通常存储在项目的 WEB-INF 目录下。(ps:若是自己写的 tld 文件，需放在 WEB-INF 目录下或者 WEB-INF 目录下除 classes 和 lib 目录之外的任意目录中)

【示例 9-7】ELFunction-taglib.tld

```
<?xml version="1.0" encoding="UTF-8" ?>
<taglib xmlns="http://java.sun.com/xml/ns/j2ee"
    xmlns:xsi="http://www.w3.org/2001/XMLSchema-instance"
                              xsi:schemaLocation="http://java.sun.com/xml/ns/j2ee http://java.sun.com/xml/ns/j2ee/web-jsptaglibrary_2_0.xsd"
    version="2.0">
<description>A tag library exercising SimpleTag handlers.</description>
<tlib-version>1.0</tlib-version>
<short-name>htmlFilter</short-name>
<uri>http://www.casual.com/htmlFilter</uri>
<function>
<description>过滤特殊字符</description>
<name>filter</name>
<function-class>cn.edu.cdu.util.HtmlFilter</function-class>
<function-signature>java.lang.String filter( java.lang.String )</function-signature>
</function>
</taglib>
```

上述标签库描述文件中，一些主要元素的含义如下：

<taglib>元素是 tld 文件的根元素，不应对其进行任何修改。

<uri>元素用于指定该 tld 文件的 uri，在 JSP 文件中需要通过此 uri 来引入该标签库描述符文件。(ps:其实只要此元素中的内容与 JSP 中的 taglib 指令的属性 uri 值相同，内容自定，不过为了规范，最好写成网址格式)

<function>元素用于描述一个 EL 自定义函数，其中<name>子元素用于指定 EL 自定义函数的名称；<function-class>子元素用于指定完整的 Java 类名；<function-signature>子元素用于指定 Java 类中的静态方法的签名，方法签名必须指明方法的返回值类型及各个参数的类型，各个参数之间用逗号分隔。一个标签库描述文件可以有多个<function>元素，每个元素分别用于描述一个 EL 自定义函数，同一个 tld 文件中的每个<function>元素中的<name>子元素设置的 EL 函数名称不能相同。

【示例 9-8】htmlFilterFun.jsp

```
<%@ page   language="java" contentType="text/html;charset=UTF-8"
pageEncoding="UTF-8"%>
<%@ taglib  prefix="foo" uri=http://www.casual.com/htmlFilter  %>
<!DOCTYPE  html   PUBLIC  "-//W3C//DTD   HTML   4.01
Transitional//EN"  "http://www.w3.org/TR/html4/loose.dtd">
<html>
<head>
<meta  http-equiv="Content-Type" content="text/html;charset=UTF-8">
<title>EL 自定义函数的使用</title>
</head>
<body>
<%
    String  htmlContent =  "<b> Hello,EL function!</b>";
    pageContext.setAttribute("htmlContent",   htmlContent);
%>
<p>使用 EL 字符过滤函数后的效果：</p>${foo:filter(htmlContent)  }
<p>不经函数过滤，直接输出</p>${pageScope.htmlContent   }
</body>
</html>
```

将此项目布署到 tomcat 服务器上，并启动服务器，在浏览器上访问 http://localhost:8080/chapter10/htmlFilterFun.jsp，运行结果如图 9-5 所示。

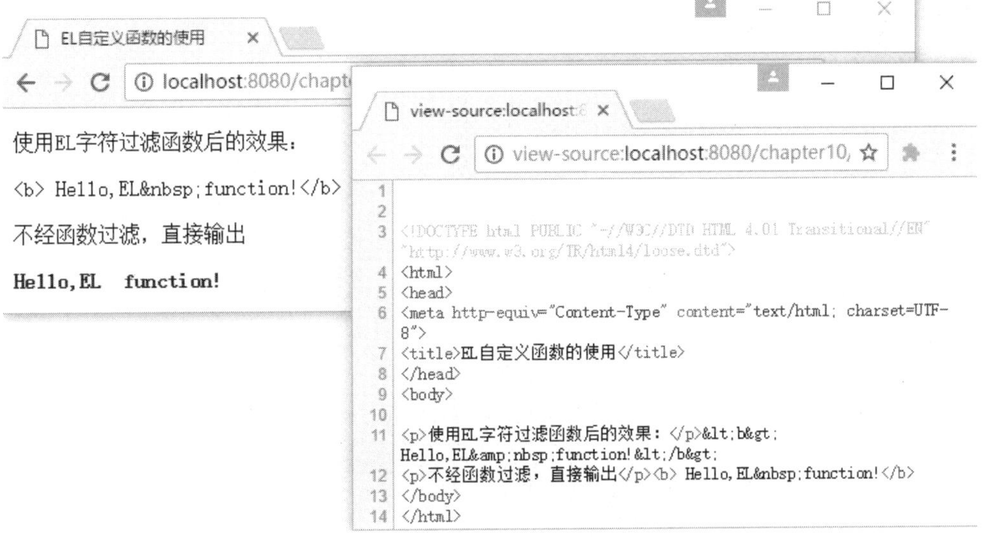

图 9-5　htmlFilterFun.jsp 的运行效果

从上述运行结果及源文件可以看出，使用 EL 字符过滤函数的 HTML 代码被转换成了实体符号，而未使用 EL 过滤函数的 HTML 代码，则被浏览器作为 HTML 代码解释执行后输出。

在此实例中，JSP 引擎对 EL 字符过滤函数的处理流程如下：

(1) 根据 EL 函数的前缀在页面中查找 prefix 属性设置为 foo 的 taglib 指令，并获得其 uri 属性值；

(2) 在项目发布目录中的 WEB-INF 目录及其子目录中查找<uri>元素值为 http://www.casual.com/htmlFilter 的 tld 文件，找到 ELFunction-taglib.tld 文件；

(3) 在 ELFunction-taglib.tld 文件中查找<name>子元素的值为 filter 的<function>元素，获得该元素的子元素<function-class>指定的 Java 类以及<function-signature>子元素指定的静态方法；

(4) 在项目发布目录中的 WEB-INF\classes 目录下查找 HtmlFilter 类，然后在该类中查找签名形式为 java.lang.String filter(java.lang.String) 的 public 的静态方法；

(5) 将 EL 表达式中传递给 EL 自定义函数的参数值转换为 tld 文件中对应的签名方法中的类型，然后调用 EL 自定义函数对应的 Java 类中的静态方法；

(6) EL 表达式获得并输出 Java 类的静态方法返回的结果。

9.6 实例项目

9.6.1 项目任务 9-1 企业选择学生

学生选择方案的功能是基于学生查看方案的，企业选择学生的前提。其具体的流程图如图 9-6 所示。

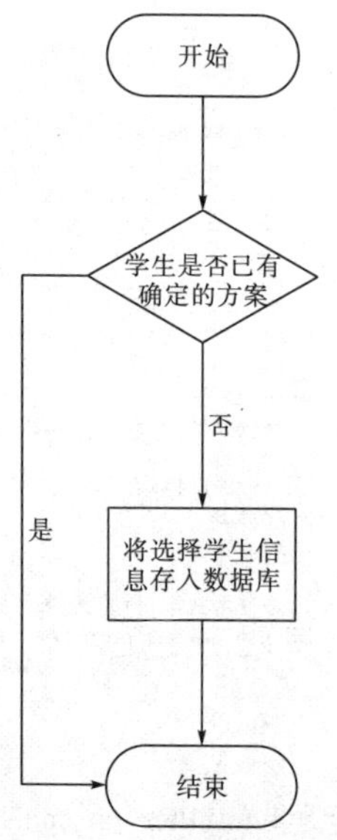

图 9-6 企业选学生流程图

本小节通过页面核心代码(已在项目任务学生查看方案中给出)、Servlet 核心代码和具体 Dao 层核心代码对整个实现流程进行分析。

1.页面核心代码

```
<c:forEach items="${proProSelStuViews }" var="proProSelStuView">
    <div tabindex="-1" class="modal fade"
id="form-dialog-${proProSelStuView.project.no }-${proProSelStuView.student.no }"
        style="display: none;" aria-hidden="true">
        <div class="modal-dialog">
            <div class="modal-content" style="height: 780px;">
                <div class="modal-header pmd-modal-bordered">
                    <button aria-hidden="true" data-dismiss="modal" class="close"
                        type="button">×</button>
                    <h2 class="pmd-card-title-text">选题理由</h2>
                </div>
                <div class="modal-body">
                    <div class="form-group pmd-textfield">
                        <div class="input-group col-md-12">
                            <div class="input-group-addon">
                                <label class="control-label col-md-2">学号: </label>
                            </div>
                            <input type="text" disabled=""
                                value="${proProSelStuView.student.no }"
                                class="mat-input form-control">
                        </div>
                    </div>
                    <div class="form-group pmd-textfield">
                        <div class="input-group col-md-12">
                            <div class="input-group-addon">
                                <label class="control-label col-md-2">姓名: </label>
                            </div>
                            <input type="text" disabled=""
```

```
                                    value="${proProSelStuView.student.name }"
                                    class="mat-input form-control">
                        </div>
                    </div>
                    <div class="form-group pmd-textfield">
                        <div class="input-group col-md-12">
                            <div class="input-group-addon">
                                <label class="control-label col-md-2">方案号：</label>
                            </div>
                            <input type="text" disabled=""
                                value="${proProSelStuView.project.no }"
                                class="mat-input form-control">
                        </div>
                    </div>
                    <div class="form-group pmd-textfield">
                        <div class="input-group col-md-12">
                            <div class="input-group-addon">
                                <label class="control-label col-md-2">方案名：</label>
                            </div>
                            <input type="text" disabled=""
                                value="${proProSelStuView.project.name }"
                                class="mat-input form-control">
                        </div>
                    </div>
                    <div class="form-group pmd-textfield col-md-12">
                        <label class="control-label  arer-lable">学科背景:</label>
                        <textarea required readonly="" class="form-control">${proProSelStuView.student.subjectBackground }</textarea>
                    </div>
                    <div class="form-group pmd-textfield col-md-12">
                        <label class="control-label  arer-lable">学习经历:</label>
```

```
                        <textarea required readonly="" class="form-control">${proProSelStuView.student.learningExperience }</textarea>
                    </div>
                    <div class="form-group pmd-textfield col-md-12">
                        <label class="control-label  arer-lable">研究方向:</label>
                        <textarea required readonly="" class="form-control">${proProSelStuView.student.researchDirection }</textarea>
                    </div>
                    <div class="form-group pmd-textfield col-md-12">
                        <label class="control-label  arer-lable">选题理由:</label>
                        <textarea required readonly="" class="form-control">${proProSelStuView.projectSelect.selReason }</textarea>
                    </div>
                </div>
            </div>
        </div>
    </div>
</c:forEach>


<!--content area start-->
<div id="content" class="pmd-content inner-page">
    <!--tab start-->
    <div
        class="container-fluid full-width-container value-added-detail-page">
        <div>
            <div class="pull-right table-title-top-action">
                <div class="pmd-textfield pull-left">
                    <input type="text" id="exampleInputAmount" class="form-control"
                        placeholder="关于...">
                </div>
```

```
                    <a href="javascript:void(0);"
                        class="btn btn-primary pmd-btn-raised add-btn pmd-ripple-effect pull-left">搜索</a>
                </div>
                <!-- Title -->
                <h1 class="section-title" id="services">
                    <span>实训方案管理</span>
                </h1>
                <!-- End Title -->
                <!--breadcrum start-->
                <ol class="breadcrumb text-left">
                    <li><a href="../Login/index.jsp">主页</a></li>
                    <li class="active">企业管理学生</li>
                </ol>
                <!--breadcrum end-->
            </div>

            <div class="col-md-12">
                <!-- responsive table example -->
                <div class="pmd-card pmd-z-depth pmd-card-custom-view">
                    <h2 style="text-align: center;">企业管理学生</h2>
                    <!--<form class="col-md-3">
                    <label class="checkbox-inline pmd-checkbox pmd-checkbox-ripple-effect">
                    <input type="radio" name="program" value="" >
                    <span>所有方案</span>
                    </label>
                    <label class="checkbox-inline pmd-checkbox pmd-checkbox-ripple-effect">
                    <input type="radio" name="program"value="">
                    <span>我的方案</span>
                    </label>
                    </form>-->
                    <form action="ChoicePracticeInfoServlet">
                        <div class="col-md-2 form-inline">
                            <select class="select-simple form-control pmd-select2"
                                name="selectChoiceByType">
```

```
                                <option value="1">已选学生</option>
                                <option value="2">未选学生</option>
                                <option value="3">全部学生</option>
                            </select>
                        </div>
                        <div class="col-md-3">
                            <select class="select-simple form-control pmd-select2"
                                name="selectChoiceByPNo">
                                <c:forEach items="${cUserAllProject }"var="project">
                                    <option value="${project.no }">${ project.name }</option>
                                </c:forEach>
                            </select>
                        </div>
                        <input type="hidden" value="2" name="selectChoiceType">
                        <div class="PM-nav">
                            <button class="btn pmd-btn-raised pmd-ripple-effect btn-primary"
                                type="submit">查询</button>
                            <a class="btn pmd-btn-raised pmd-ripple-effect btn-primary"
                                href="#">录入成绩</a><a
                                class="btn pmd-btn-raised pmd-ripple-effect btn-primary"
                                href="#">导出成绩</a>
                        </div>
                    </form>
                    <table id="example"
                        class="table pmd-table table-hover table-striped display responsive nowrap"
                        cellspacing="0" width="100%">
                        <thead>
                            <tr class="trcustom">
                                <th>方案号</th>
                                <th>方案名称</th>
```

```
                                <th>学生学号</th>
                                <th>学生姓名</th>
                                <th>学生年级</th>
                                <th>校外指导老师</th>
                                <th>校外指导老师职称</th>
                                <th>方案类别</th>
                                <th>年级下限</th>
                                <th>发布日期</th>
                                <th>理由</th>
                                <th>操作</th>
                            </tr>
                        </thead>
                        <tbody>
                            <c:forEach items="${proProSelStuViews }"var="proProSelStuView">
                                <tr>
                                    <td>${proProSelStuView.project.no }</td>
                                    <td>${proProSelStuView.project.name }</td>
                                    <td>${proProSelStuView.student.no }</td>
                                    <td>${proProSelStuView.student.name }</td>
                                    <td>${proProSelStuView.student.grade }</td>
<td>${proProSelStuView.project.companyTeacher }</td>
<td>${proProSelStuView.project.companyTeacherTitle }</td>
                                    <td>${proProSelStuView.project.category }</td>
                                    <td>${proProSelStuView.project.grade }</td>
<td>${proProSelStuView.project.releaseDate }</td>
                                    <td><button
data-target="#form-dialog-${proProSelStuView.project.no }-${proProSelStuView.student.no }"
                                            data-toggle="modal"
                                            class="btn pmd-btn-raised
```

```
pmd-ripple-effect btn-info pmd-z-depth"
                                        type="button">查看详情</button></td>
                                <td><c:if
test="${proProSelStuView.projectSelect.companySelDate==null&& stuHasProject.get(proProSelStuView.student.no) }">
                                        <a type="button"
href="ChoiceStudentServlet?type=1&stu_no=${proProSelStuView.student.no }&p_no=${proProSelStuView.project.no }"
                                            class="btn pmd-btn-raised pmd-ripple-effect btn-success pmd-z-depth">
                                            选择</a>
                                    </c:if><c:if
test="${proProSelStuView.projectSelect.companySelDate!=null }">
                                        <a type="button"
href="ChoiceStudentServlet?type=2&stu_no=${proProSelStuView.student.no }&p_no=${proProSelStuView.project.no }"
                                            class="btn pmd-btn-raised pmd-ripple-effect btn-danger pmd-z-depth">
                                            退选</a>
                                    </c:if></td>
                              </tr>

                         </c:forEach>

                    </tbody>
                </table>
                <!-- 分页 -->
                第 ${choiceProjectInfoPageUtils.pageNow } / ${choiceProjectInfoPageUtils.totalPage }页
                <c:if test="${choiceProjectInfoPageUtils.isHasFirst() }">
                    <a href="ChoicePracticeInfoServlet?nowPage=1">首页 </a>
                </c:if>
                <c:if test="${choiceProjectInfoPageUtils.isHasPre() }">
```

```
                          <a
 href="ChoicePracticeInfoServlet?nowPage=${
choiceProjectInfoPageUtils.pageNow-1 }">上一页 </a>
                      </c:if>
                      <c:if test="${choiceProjectInfoPageUtils.isHasNext
() }">
                          <a
 href="ChoicePracticeInfoServlet?nowPage=$
{choiceProjectInfoPageUtils.pageNow+1 }">下一页 </a>
                      </c:if>
                      <c:if test="${choiceProjectInfoPageUtils.isHasLast
() }">
                          <a
 href="ChoicePracticeInfoServlet?nowPage=${
choiceProjectInfoPageUtils.totalPage }">尾页</a>
                      </c:if>
                  </div>
                  <!-- responsive table example end -->

              </div>
          </div>
 </div>
```

其运行效果如图 9-7 所示。

图 9-7　企业选择学生页面效果

2.Servlet 核心代码:

ChoicePracticeInfoServlet

```
package cn.edu.cdu.practice.servlet;

import java.io.IOException;
import java.util.ArrayList;
import java.util.HashMap;

import javax.servlet.ServletException;
import javax.servlet.annotation.WebServlet;
import javax.servlet.http.HttpServlet;
import javax.servlet.http.HttpServletRequest;
import javax.servlet.http.HttpServletResponse;

import cn.edu.cdu.practice.dao.impl.ProjectDaoImpl;
import cn.edu.cdu.practice.model.ProProSelStuView;
import cn.edu.cdu.practice.model.Project;
import cn.edu.cdu.practice.utils.PageUtils;

/**
 * Servlet implementation class ChoicePracticeInfoServlet
 */
@WebServlet("/PracticeManagement/ChoicePracticeInfoServlet")
public class ChoicePracticeInfoServlet extends HttpServlet {
    private static final long serialVersionUID = 1L;

    /**
     * @see HttpServlet#HttpServlet()
     */
    public ChoicePracticeInfoServlet() {
        super();
        // TODO Auto-generated constructor stub
    }

    /**
     * 企业查询学生选择本企业方案情况
     *
```

```
     * @see HttpServlet#doGet(HttpServletRequest request, HttpServletResponse
     *      response)
     */
    protected void doGet(HttpServletRequest request, HttpServletResponse response)
            throws ServletException, IOException {
        String company_username = (String) request.getSession().getAttribute("account");
        String role = (String) request.getSession().getAttribute("role");
        if (company_username == null || !role.equals("1")) {
            //未通过身份验证
            //跳转到 404 页面,并打印错误信息
            String errorMessage = "当前用户无权访问! ";
            request.getSession().setAttribute("ErrorMessage", errorMessage);
            response.sendRedirect(request.getContextPath() + "/404.jsp");
        } else {
            // session 里保存用户查询方式
            // 键: selectChoiceType 值:  1:无条件查 2:按方案号查
            // 通过不同方式查询的首次请求来修改该值
            String selectChoiceType = request.getParameter("selectChoiceType");
            if (selectChoiceType != null && (selectChoiceType.equals("1") || selectChoiceType.equals("2"))) {
                // 此时用户请求新的查询方式(切换查询方式)
                request.getSession().setAttribute("selectChoiceType", selectChoiceType);
            } else
                selectChoiceType = (String) request.getSession().getAttribute("selectChoiceType");
            // 如果用户第一次访问该 sevlet 时未传入 selectChoiceType 值, 自动设为 1-无条件查
            if (selectChoiceType == null) {
                selectChoiceType = 1 + "";
                request.getSession().setAttribute("select
```

```
ChoiceType", selectChoiceType);
            }

            String nowPage = request.getParameter("nowPage");
            if (nowPage == null)
                // 未得到请求的页数，默认为 1
                nowPage = 1 + "";
            ProjectDaoImpl projectDaoImpl = new ProjectDaoImpl
();
            PageUtils pageUtils = null;
            if ((pageUtils = (PageUtils) request.getSession().
getAttribute("choiceProjectInfoPageUtils")) == null) {
                pageUtils = new PageUtils(1, 0);
                pageUtils.setPageSize(10);
            } else {
                pageUtils.setPageNow(Integer.parseInt(nowPage));
            }
            ArrayList<ProProSelStuView> proProSelStuViews = null;

            if (selectChoiceType.equals("1")) {
                proProSelStuViews = projectDaoImpl.findAll
StudentChoice(company_username, pageUtils);
            } else {
                String p_no = request.getParameter("selectChoice
ByPNo");
                String
selectChoiceByType=request.getParameter("selectChoiceByType");
                if (p_no != null&&selectChoiceByType!=null) {
                    // p_no 不为空说明是第一次有条件访问，需保存 p_no
selectChoiceByType 的值，以备用户点击页面下一页时使用
                    request.getSession().setAttribute("select
ChoiceByPNo", p_no);
                    request.getSession().setAttribute("select
ChoiceByType", selectChoiceByType);
                } else {
                    // 表示用户在查看其他页,此时页面没有传入 p_no
selectChoiceByType 的值，从 session 获取
                    p_no = (String) request.getSession().
```

```
getAttribute("selectChoiceByPNo");
                    selectChoiceByType = (String) request.
getSession().getAttribute("selectChoiceByType");
                }
                if(p_no == null||selectChoiceByType==null){
                    //跳转到 404 页面,并打印错误信息
                    String errorMessage = "访问参数错误! ";
                    request.getSession().setAttribute("Error
Message", errorMessage);
                    response.sendRedirect(request.getContext
Path() + "/404.jsp");
                    return;
                }
                proProSelStuViews = projectDaoImpl.
findAllStudentChoiceByPNoAndType(p_no,selectChoiceByType, pageUtils);
            }
            if(proProSelStuViews==null){
 request.getRequestDispatcher("/PracticeManagement/
enterpriseManagementStudents.jsp").forward(request,
                        response);
                return;
            }
            //对学生是否已有确定的实训方案进行标识
            HashMap< String, Boolean> stuHasProject=new Hash
Map<>();
            for(ProProSelStuView proProSelStuView:proProSel
StuViews){
 if(projectDaoImpl.findStuProject(proProSelStuView.getStudent().
getNo()).size()==0){
                    //表示没有已被企业确定的学生选择
                    stuHasProject.put(proProSelStuView.
getStudent().getNo(), true);
                }else{
                    stuHasProject.put(proProSelStuView.
getStudent().getNo(), false);
                }
            }
            request.setAttribute("stuHasProject", stuHasProject);
```

```

                // 查询企业所有方案，供页面通过方案号查询学生选择信息
                ArrayList<Project> cUserAllProject = projectDaoImpl.findAllProject(company_username);
                request.getSession().setAttribute("cUserAllProject", cUserAllProject);

                request.getSession().setAttribute("choiceProjectInfoPageUtils", pageUtils);

                request.setAttribute("proProSelStuViews", proProSelStuViews);
                request.getRequestDispatcher("/PracticeManagement/enterpriseManagementStudents.jsp").forward(request,
                        response);
            }

    }

    /**
     * @see HttpServlet#doPost(HttpServletRequest request, HttpServletResponse
     *      response)
     */
    protected void doPost(HttpServletRequest request, HttpServletResponse response)
                throws ServletException, IOException {
        // TODO Auto-generated method stub
        doGet(request, response);
    }

}
```

ChoiceStudentServlet

```
package cn.edu.cdu.practice.servlet;

import java.io.IOException;
import javax.servlet.ServletException;
import javax.servlet.annotation.WebServlet;
```

```
import javax.servlet.http.HttpServlet;
import javax.servlet.http.HttpServletRequest;
import javax.servlet.http.HttpServletResponse;

import cn.edu.cdu.practice.dao.impl.ProjectDaoImpl;
import cn.edu.cdu.practice.service.impl.ProjectServiceImpl;

import cn.edu.cdu.practice.utils.PageUtils;

/**
 * Servlet implementation class ChoiceStudentServlet
 */
@WebServlet("/PracticeManagement/ChoiceStudentServlet")
public class ChoiceStudentServlet extends HttpServlet {
    private static final long serialVersionUID = 1L;

    /**
     * @see HttpServlet#HttpServlet()
     */
    public ChoiceStudentServlet() {
        super();
        // TODO Auto-generated constructor stub
    }

    /**
     * 对单个学生进行选择、退选
     * @see HttpServlet#doGet(HttpServletRequest request,
HttpServletResponse
     *      response)
     */
    protected void doGet(HttpServletRequest request, Http
ServletResponse response)

            throws ServletException, IOException {
        String type = request.getParameter("type");
        String stu_no = request.getParameter("stu_no");
        String p_no = request.getParameter("p_no");
        String company_username = (String) request.getSession().
```

```
getAttribute("account");
        String role = (String) request.getSession().getAttribute("role");
        ProjectServiceImpl projectServiceImpl=new ProjectServiceImpl();
        System.out.println("选择、退选    "+role+"    "+company_username +"    "+projectServiceImpl.findProjectBelongToUserByPNo(company_username, p_no));
 if(role.equals("1")&&projectServiceImpl.findProjectBelongToUserByPNo(company_username, p_no)){
            //角色为企业并对该方案拥有权限
            ProjectDaoImpl projectDaoImpl = new ProjectDaoImpl();

            PageUtils pageUtils = null;
            if ((pageUtils = (PageUtils) request.getSession().getAttribute("choiceProjectInfoPageUtils")) == null) {
                pageUtils = new PageUtils(1, 0);
                pageUtils.setPageSize(10);
            }
            if (type.equals("1")) {
                // 选择学生
                boolean b = projectDaoImpl.chooseStudent(stu_no, p_no);
                //返回之前页面
                request.getRequestDispatcher("ChoicePracticeInfoServlet?nowPage="+pageUtils.getPageNow()).forward(request, response);
            } else if (type.equals("2")) {
                // 退选学生
                boolean b=projectDaoImpl.unChooseStudent(new String[]{stu_no}, p_no);
                //返回之前页面

    request.getRequestDispatcher("ChoicePracticeInfoServlet?nowPage="+pageUtils.getPageNow()).forward(request, response);
            } else {
                // 访问无效
                //跳转到 404 页面,并打印错误信息
```

```
                    String errorMessage = "访问时附带系统指定参数异常！";
                    request.getSession().setAttribute("ErrorMessage", errorMessage);
                    response.sendRedirect(request.getContextPath() + "/404.jsp");
                }
            }else{
                //角色身份不匹配
                //跳转到404页面,并打印错误信息
                String errorMessage = "当前用户无权访问！";
                request.getSession().setAttribute("ErrorMessage", errorMessage);
                response.sendRedirect(request.getContextPath() + "/404.jsp");
            }

        }

        /**
         *
         * @see HttpServlet#doPost(HttpServletRequest request, HttpServletResponse
         *      response)
         */
        protected void doPost(HttpServletRequest request, HttpServletResponse response)
                throws ServletException, IOException {
            // TODO Auto-generated method stub
            doGet(request, response);
        }

}
```

3.Dao 层相关代码

企业选择学生 ProjectDaoImpl 片段

```
@Override
public boolean chooseStudent(String stu_no, String p_no) {
```

```
        // 查看当前学生是否已有确定方案的 sql 语句
        String sql1 = "SELECT company_sel_date FROM project_select WHERE studentNo=? AND company_sel_date IS NOT NULL AND score IS NULL";
        // 选择学生的 sql 语句
        String sql2 = "UPDATE project_select SET company_sel_date=?  WHERE studentNo=? AND projectNo=?";
        Connection connection = DbUtils.getConnection();
        PreparedStatement ps = null;
        ResultSet rs = null;
        try {
            // 查询学生已确定方案
            ps = connection.prepareStatement(sql1);
            ps.setString(1, stu_no);
            rs = ps.executeQuery();
            if (!rs.next()) {
                // 没有已确定方案
                ps.close();
                connection.setAutoCommit(false);
                ps = connection.prepareStatement(sql2);
                Date date = new Date(Calendar.getInstance().getTime().getTime());
                ps.setDate(1, date);
                ps.setString(2, stu_no);
                ps.setString(3, p_no);
                ps.executeUpdate();
                connection.commit();
                return true;
            }
        } catch (Exception e) {
            e.printStackTrace();
            if (connection != null) {
                try {
                    connection.rollback();
                } catch (Exception e1) {
                    e1.printStackTrace();
                }
            }
        } finally {
```

```
            DbUtils.closeConnection(connection, ps, rs);
        }
        return false;
    }
    @Override
    public boolean unChooseStudent(String[] stu_nos, String p_no) {
        String sql = "UPDATE project_select SET company_sel_date=NULL  WHERE studentNo=? AND projectNo=?";
        Connection connection = DbUtils.getConnection();
        PreparedStatement ps = null;
        try {
            connection.setAutoCommit(false);
            ps = connection.prepareStatement(sql);
            ps.setString(2, p_no);
            if (stu_nos.length == 1) {
                ps.setString(1, stu_nos[0]);
                ps.execute();
                System.out.println("退选一个学生");
            } else {
                for (int i = 0; i < stu_nos.length; i++) {
                    ps.setString(1, stu_nos[i]);
                    ps.addBatch();
                }
                ps.executeBatch();
            }
            connection.commit();
            return true;
        } catch (Exception e) {
            e.printStackTrace();
            if (connection != null) {
                try {
                    connection.rollback();
                } catch (Exception e1) {
                    e1.printStackTrace();
                }
            }
        } finally {
            DbUtils.closeConnection(connection, ps, null);
```

```
        }
        return false;
    }
    @Override
    public ArrayList<ProProSelStuView> findAllStudentChoice(String c_name, PageUtils pageUtils) {
        String sql = "SELECT * FROM view_project_select WHERE company_name=? LIMIT ?,?";

        Connection connection = DbUtils.getConnection();
        int totalSize = countAllStudentChoice(c_name);
        if (totalSize < 0)
            return null;
        pageUtils.setTotalSize(totalSize);
        PreparedStatement ps = null;
        ResultSet rs = null;
        ArrayList<ProProSelStuView> proProSelStuViews = new ArrayList<>();
        int start = (pageUtils.getPageNow() - 1) * pageUtils.getPageSize();
        int size = pageUtils.getPageSize();
        try {
            ps = connection.prepareStatement(sql);
            ps.setString(1, c_name);
            ps.setInt(2, start);
            ps.setInt(3, size);
            rs = ps.executeQuery();
            while (rs.next()) {
                ProProSelStuView proProSelStuView = new ProProSelStuView();
                // project 属性设置
proProSelStuView.getProject().setAuditDate(rs.getDate("project_audit_date"));
proProSelStuView.getProject().setCategory(rs.getString("project_category"));
proProSelStuView.getProject().setCompanyTeacher(rs.getString("company_teacher"));
proProSelStuView.getProject().setCompanyTeacherTitle(rs.getString
```

```
("company_teacher_title"));
proProSelStuView.getProject().setCompanyUsername(rs.getString
("company_name"));
proProSelStuView.getProject().setEndDate(rs.getDate("project_end_
date"));
proProSelStuView.getProject().setGrade(rs.getInt("project_grade"));
proProSelStuView.getProject().setIntroduction(rs.getString("project_
introduction"));
    proProSelStuView.getProject().setMajor(rs.getString
("project_major"));
    proProSelStuView.getProject().setName(rs.getString
("project_name"));
            proProSelStuView.getProject().setNo(rs.getString
("projectNo"));
proProSelStuView.getProject().setReleaseDate(rs.getDate("project_
release_date"));
proProSelStuView.getProject().setStudentsNum(rs.getInt("project_
students_num"));
    proProSelStuView.getProject().setSummary(rs.getString
("project_summary"));
            // projectSelect 属性设置
proProSelStuView.getProjectSelect().setCompanyName(rs.getString
("company_name"));
proProSelStuView.getProjectSelect().setCompanySelDate(rs.getDate
("company_sel_date"));
            proProSelStuView.getProjectSelect().setId
(new ProjectSelectId());
proProSelStuView.getProjectSelect().getId().setProjectNo(Integer.
parseInt(rs.getString("projectNo")));
proProSelStuView.getProjectSelect().getId().setStudentNo(rs.
getString("studentNo"));
        proProSelStuView.getProjectSelect().setScore(rs.
getString("score"));
proProSelStuView.getProjectSelect().setSelReason(rs.
getString("sel_reason"));
            // student 属性设置
        proProSelStuView.getStudent().setClass_(rs.
```

```
getString("student_class"));

    proProSelStuView.getStudent().setGender(rs.getString("student_
 gender"));

    proProSelStuView.getStudent().setGrade(rs.getInt("student_grade"));
proProSelStuView.getStudent().setLearningExperience(rs.getString
("student_learning_experience"));
        proProSelStuView.getStudent().setLevel(rs.getString
("student_level"));
    proProSelStuView.getStudent().setMailbox(rs.getString
("student_mailbox"));
        proProSelStuView.getStudent().setName(rs.getString
("student_name"));
                proProSelStuView.getStudent().setNo(rs.getString
("studentNo"));
proProSelStuView.getStudent().setProfessional(rs.getString("student_
professional"));
proProSelStuView.getStudent().setResearchDirection(rs.getString
("student_research_direction"));
proProSelStuView.getStudent().setSubjectBackground(rs.getString
("student_subject_background"));

                proProSelStuViews.add(proProSelStuView);
            }
            return proProSelStuViews;
        } catch (Exception e) {
            e.printStackTrace();
        } finally {
            DbUtils.closeConnection(connection, ps, rs);
        }
        return proProSelStuViews;
    }
    @Override
    public int countAllStudentChoice(String c_name) {
        String sql = "SELECT COUNT(*) m FROM view_project_select WHERE
company_name=?";
```

```
        Connection connection = DbUtils.getConnection();
        PreparedStatement ps = null;
        ResultSet rs = null;
        try {
            // 查询方案总数
            ps = connection.prepareStatement(sql);
            ps.setString(1, c_name);
            rs = ps.executeQuery();
            int m = 0;
            if (rs.next())
                m = rs.getInt("m");
            return m;
        } catch (Exception e) {
            e.printStackTrace();
        } finally {
            DbUtils.closeConnection(connection, ps, rs);
        }
        return -1;
    }
    public ArrayList<ProProSelStuView> findAllStudentChoice
ByPNoAndType(String p_no, String type, PageUtils pageUtils) {
        String sql = "";
        if (type.equals("1")) {
            sql = "SELECT * FROM view_project_select WHERE projectNo=? AND
company_sel_date IS NOT NULL LIMIT ?,?";
        } else if (type.equals("2")) {
            sql = "SELECT * FROM view_project_select WHERE projectNo=? AND
company_sel_date IS NULL LIMIT ?,?";
        } else if (type.equals("3")) {
            sql = "SELECT * FROM view_project_select WHERE projectNo=?
LIMIT ?,?";
        } else {
            return null;
        }
        Connection connection = DbUtils.getConnection();
        int totalSize = countAllStudentChoiceByPNoAndType(p_no, type);
        if (totalSize < 0)
            return null;
```

```
    pageUtils.setTotalSize(totalSize);
    PreparedStatement ps = null;
    ResultSet rs = null;
    ArrayList<ProProSelStuView> proProSelStuViews = new ArrayList<>();
    int start = (pageUtils.getPageNow() - 1) * pageUtils.getPageSize();
    int size = pageUtils.getPageSize();
    try {
        ps = connection.prepareStatement(sql);
        ps.setString(1, p_no);
        ps.setInt(2, start);
        ps.setInt(3, size);
        rs = ps.executeQuery();
        while (rs.next()) {
            ProProSelStuView proProSelStuView = new ProProSelStuView();
            // project 属性设置
proProSelStuView.getProject().setAuditDate(rs.getDate("project_audit_date"));
proProSelStuView.getProject().setCategory(rs.getString("project_category"));
proProSelStuView.getProject().setCompanyTeacher(rs.getString("company_teacher"));
proProSelStuView.getProject().setCompanyTeacherTitle(rs.getString("company_teacher_title"));
proProSelStuView.getProject().setCompanyUsername(rs.getString("company_name"));
proProSelStuView.getProject().setEndDate(rs.getDate("project_end_date"));
proProSelStuView.getProject().setGrade(rs.getInt("project_grade"));
proProSelStuView.getProject().setIntroduction(rs.getString("project_introduction"));
proProSelStuView.getProject().setMajor(rs.getString("project_major"));
proProSelStuView.getProject().setName(rs.getString("project_name"));
            proProSelStuView.getProject().setNo(rs.getString("projectNo"));
```

```
proProSelStuView.getProject().setReleaseDate(rs.getDate("project_release_date"));
    proProSelStuView.getProject().setStudentsNum(rs.getInt("project_students_num"));
        proProSelStuView.getProject().setSummary(rs.getString("project_summary"));
                // projectSelect 属性设置
proProSelStuView.getProjectSelect().setCompanyName(rs.getString("company_name"));
proProSelStuView.getProjectSelect().setCompanySelDate(rs.getDate("company_sel_date"));
                proProSelStuView.getProjectSelect().setId(new ProjectSelectId());
proProSelStuView.getProjectSelect().getId().setProjectNo(Integer.parseInt(rs.getString("projectNo")));
proProSelStuView.getProjectSelect().getId().setStudentNo(rs.getString("studentNo"));
        proProSelStuView.getProjectSelect().setScore(rs.getString("score"));
    proProSelStuView.getProjectSelect().setSelReason(rs.getString("sel_reason"));
                // student 属性设置
        proProSelStuView.getStudent().setClass_(rs.getString("student_class"));
        proProSelStuView.getStudent().setGender(rs.getString("student_gender"));
    proProSelStuView.getStudent().setGrade(rs.getInt("student_grade"));
proProSelStuView.getStudent().setLearningExperience(rs.getString("student_learning_experience"));
        proProSelStuView.getStudent().setLevel(rs.getString("student_level"));
        proProSelStuView.getStudent().setMailbox(rs.getString("student_mailbox"));
        proProSelStuView.getStudent().setName(rs.getString("student_name"));
                proProSelStuView.getStudent().setNo(rs.getString("studentNo"));
```

```
proProSelStuView.getStudent().setProfessional(rs.getString("student_professional"));
proProSelStuView.getStudent().setResearchDirection(rs.getString("student_research_direction"));
proProSelStuView.getStudent().setSubjectBackground(rs.getString("student_subject_background"));

            proProSelStuViews.add(proProSelStuView);
        }
        return proProSelStuViews;
    } catch (Exception e) {
        e.printStackTrace();
    } finally {
        DbUtils.closeConnection(connection, ps, rs);
    }
    return proProSelStuViews;
}
@Override
public int countAllStudentChoiceByPNoAndType(String p_no, String type) {
    String sql = "SELECT COUNT(*) m FROM view_project_select WHERE projectNo=?";
    if (type.equals("1")) {
        sql += " AND company_sel_date IS NOT NULL";
    }
    if (type.equals("2")) {
        sql += " AND company_sel_date IS NULL";
    }
    Connection connection = DbUtils.getConnection();
    PreparedStatement ps = null;
    ResultSet rs = null;
    try {
        // 查询方案总数
        ps = connection.prepareStatement(sql);
        ps.setString(1, p_no);
        rs = ps.executeQuery();
        int m = 0;
        if (rs.next())
```

```
            m = rs.getInt("m");
        return m;
    } catch (Exception e) {
        e.printStackTrace();
    } finally {
        DbUtils.closeConnection(connection, ps, rs);
    }
    return -1;
}
@Override
public ArrayList<ProjectSelect> findStuProject(String stu_no) {

    // 已被企业选择并成绩为空，当前年度正进行方案
    String sql = "SELECT * FROM project_select WHERE company_sel_date IS NOT NULL AND studentNo=? AND score IS NULL";
    Connection connection = DbUtils.getConnection();
    PreparedStatement ps = null;
    ResultSet rs = null;
    ArrayList<ProjectSelect> selects = new ArrayList<>();
    try {
        ps = connection.prepareStatement(sql);
        ps.setString(1, stu_no);
        rs = ps.executeQuery();
        while (rs.next()) {
            ProjectSelect projectSelect = new ProjectSelect();
            projectSelect.setCompanyName(rs.getString("company_name"));
            projectSelect.setCompanySelDate(rs.getDate("company_sel_date"));
            projectSelect.setId(new ProjectSelectId(rs.getString("studentNo"), rs.getInt("projectNo")));
            projectSelect.setScore(rs.getString("score"));
            projectSelect.setSelReason(rs.getString("sel_reason"));
            selects.add(projectSelect);
        }
    } catch (Exception e) {
        e.printStackTrace();
```

```
    } finally {
        DbUtils.closeConnection(connection, ps, rs);
    }
    return selects;
}
@Override
public ArrayList<Project> findAllProject(String company_username) {
    String sql = "SELECT * FROM project WHERE company_username=?";
    Connection connection = DbUtils.getConnection();
    PreparedStatement ps = null;
    ResultSet rs = null;
    ArrayList<Project> projects = new ArrayList<>();
    try {
        ps = connection.prepareStatement(sql);
        ps.setString(1, company_username);
        rs = ps.executeQuery();
        while (rs.next()) {
            Project project = new Project();
            project.setAuditDate(rs.getDate("audit_date"));
            project.setCategory(rs.getString("category"));
            project.setCompanyTeacher(rs.getString("company_teacher"));
project.setCompanyTeacherTitle(rs.getString("company_teacher_title"));
            project.setCompanyUsername(rs.getString("company_username"));
            project.setEndDate(rs.getDate("end_date"));
            project.setGrade(rs.getInt("grade"));
            project.setIntroduction(rs.getString("introduction"));
            project.setMajor(rs.getString("major"));
            project.setName(rs.getString("name"));
            project.setNo(rs.getString("no"));
            project.setReleaseDate(rs.getDate("release_date"));
            project.setStudentsNum(rs.getInt("students_num"));
            project.setSummary(rs.getString("summary"));
            projects.add(project);
```

```
        }
    } catch (Exception e) {
        e.printStackTrace();
    } finally {
        DbUtils.closeConnection(connection, ps, rs);
    }
    return projects;
}
```

9.7 课后练习

1.Page 指令中 isELIgnores=”true”的含义是_______

A.决定是否使用单线程模式

B.决定该页面是否是一个错误处理页面

C.决定是否支持 EL 表示

D.没有具体的含义

2.下面不是 EL 表达式特点的是

A.访问 JavaBean 的属性

B.访问 JSP 作用域

C.任何服务器都支持

D.可以和 JSTL 结合使用

3.给定一个 HTML 表单，其中使用了复选框，以便用户为一个名为 hobbies 的参数选择多个值。以下哪个 EL 表达式能计算得到 hobbies 参数的第一个值_________

A.${param.hobbies}

B.${paramValue.hobbies}

C.${paramValues.hobbies[0]}

D.${paramValues[hobbies][0]}

4.以下哪些代码正确使用了 EL 隐式变量_______

A.${cookies.foo}　　B.${initparam.foo}

C.${pageContext.foo}　　D.${requestScope.foo]}

9.8 实践练习

训练目标：JavaBean 的熟练使用

培养能力	工程能力、设计/开发解决方案		
掌握程度	★★★★★	难度	中
结束条件	独立编写，运行出结果		

训练内容：

(1) 创建一个用户注册页面 regist.jsp，提交注册请求到 home.jsp

(2) 在 home.jsp 中使用一个 JavaBean 获取并显示注册信息

第 10 章　标准标签库

本章目标

知识点	理解	掌握	应用
1.JSTL 作用	✓	✓	
2.JSTL 函数库分类	✓	✓	
3.JSTL 核心标签库	✓	✓	✓
4.JSTL I18N 标签库	✓	✓	✓
5.函数标签库	✓	✓	✓
6.自定义标签库	✓	✓	✓

项目任务

完成成都大学信息科学与工程学院实训系统项目的学生查看结果设计任务：

- 项目任务 10-1 学生查看结果

知识能力点

知识点能力点	知识点 1	知识点 2	知识点 3	知识点 4	知识点 5
工程知识			✓	✓	✓
问题分析	✓				
设计/开发解决方案					
研究	✓				✓
使用现代工具					
工程与社会					
环境和可持续发展					
职业规范					
个人和团队					
沟通					
项目管理					
终身学习			✓	✓	✓

10.1　认　识　JSTL

10.1.1　什么是 JSTL

JSTL 的全称是 JavaServer Pages Standard Tag Library，是由 Apache 的 Jakarta 小组负责维护的，它是一个不断完善的开放源代码的 JSP 标准标签库，主要给 Java Web 开发人员提供一个标准的通用的标签库。通过 JSTL，可以取代传统 JSP 程序中嵌入 Java 代码的做法，大大提高程序的可维护性。

JSTL 主要包括以下 5 种标签库：核心标签库、格式标签库、SQL 标签库、XML 标签库、函数标签库。在接下来会逐一介绍这几种标签库的使用。使用方法如表 10-1 所示。

表 10-1　标签库的使用方法

名称	推荐前缀	URI	范例
核心标签库	c	http://java.sun.com/jsp/core	<c:out>
I18N 标签库	fmt	http://java.sun.com/jsp/fmt	<fmt:formatDate>
SQL 标签库	sql	http://java.sun.com/jsp/sql	<sql:query>
XML 标签库	x	http://java.sun.com/jsp/xml	<x:forBach>
函数标签库	fn	http://java.sun.com/jsp/functions	<fn:split>

使用 JSTL 必须使用 taglib 指令，taglib 指令的作用是声明 JSP 文件使用的标签库，同时引入标签库。并制定标签的前缀，prefix 表示前缀。

例如：声明核心标签库，其基本语法为：

```
<%@ taglib prefix="c"  uri="http://java.sun.com/jsp/core" %>
```

如果创建的项目是 JavaEE 5.0 则 JSTL 支持包被默认导入到项目中。

10.1.2　为什么需要 JSTL

在大型项目开发中，系统架构师会使用分层的思想来设计项目，处于表示层的 JSP 页面的功能就是显示数据。如果在 JSP 页面中嵌入大量 Java 代码，对于不熟悉 Java 编程的网页设计师来说是一件麻烦的事情，不利于项目的开发。

鉴于此，JSTL 应运而生，为解决上述提到的问题提供了一个标准的解决方案。

10.2　核心标签库

10.2.1　什么是核心标签库

JSTL 的核心标签库，又称 core 标签库，其功能是在 JSP 中为一般的处理提供通用的支持。核心标签库包括变量、控制流以及访问基于 URL 的资源相关的标签。其标签一共分为 4 种，如表 10-2 所示。

表 10-2　标签库的种类

分类	功能分类	标签名称
Core	表达式操作	out
		set
		remove
		catch
	流程控制	if
		choose
		when
		otherwise
	迭代操作	forEach
		forTokens
	URL 操作	import
		param
		url
		redirect

10.2.2　通用标签

表达式标签包括<c:out>、<c:set>、<c:remove>、<c:catch>等 4 个标签，下面分别介绍它们的语法及应用。

1）<c:out>标签

<c:out>标签用于将计算的结果输出到 JSP 页面中，该标签可以替代<%=%>。<c:out>标签的语法格式如下：

```
语法 1：
<c:out value="value" [escapeXml="true|false"] [default=
"defaultValue"]/>
语法 2：
<c:out value="value" [escapeXml="true|false"]>
    defalultValue
</c:out>
```

这两种语法格式的输出结果完全相同，它的属性说明如表 10-3 所示。

表 10-3　<c:out>标签属性

属性	类型	描述	引用 EL
Value	Object	将要输出的变量或表达式	可以
escapeXml	boolean	转换特殊字符，默认值为 true。例如“<”转换为“<”	不可以
Default	Object	如果 value 属性值等于 NULL，则显示 default 属性定义的默认值	不可以

【代码 10-1】测试<c:out>标签的 escapeXml 属性及通过两种语法格式设置 default 属性时的显示结果。

```
<%@ page language="java"  pageEncoding="UTF-8"%>
<%@ taglib prefix="c" uri="http://java.sun.com/jsp/jstl/core" %>
<html>
<head>
<title>测试&lt;c:out&gt;标签</title>
</head>

<body>
escapeXml 属性值为 false 时：<c:out value="<hr>" escapeXml="false"/>
escapeXml 属性值为 true 时：<c:out value="<hr>"/>
第一种语法格式：<c:out value="${name}" default="name 的值为空"/>
<br>
第二种语法格式：<c:out value="${name}">
 name 的值为空
</c:out>
</body>
</html>
```

上述代码运行结果如图 10-1 所示。

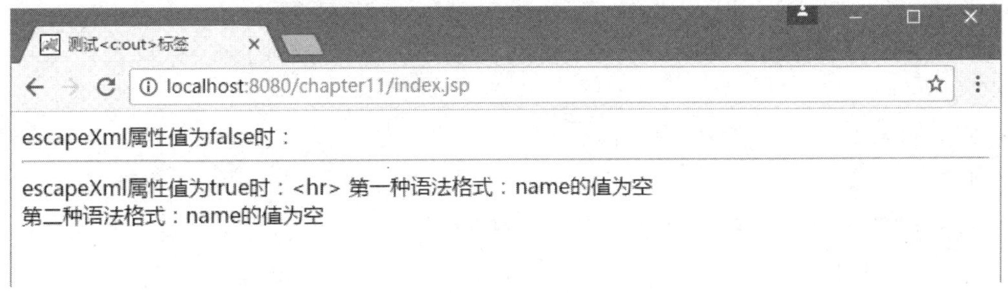

图 10-1　运行结果

2）<c:set>标签

<c:set>标签用于定义和存储变量，它可以定义变量是在 JSP 会话范围内还是 JavaBean 的属性中，可以使用该标签在页面中定义变量，而不用在 JSP 页面中嵌入打乱 HTML 排版的 Java 代码。<c:set>标签有 4 种语法格式。

语法 1：该语法格式在 scope 指定的范围内将变量值存储到变量中。

```
<c:set value="value" var="name" [scope="page|request|session|application"]/>
```

语法 2：该语法格式在 scope 指定的范围内将标签主体存储到变量中。

```
<c:set var="name" [scope="page|request|session|application"]>
    标签主体
</c:set>
```

语法 3：该语法格式将变量值存储在 target 属性指定的目标对象的 propName 属性中。

```
<c:set value="value" target="object" property="propName"/>
```

语法 4：该语法格式将标签主体存储到 target 属性指定的目标对象的 propName 属性中。

```
<c:set target="object" property="propName">
    标签主体
</c:set>
```

以上语法格式所涉及的属性说明如表 10-4 所示。

表 10-4 <c:set>标签属性

属性	类型	描述	引用 EL
value	Object	将要存储的变量值	可以
var	String	存储变量值的变量名称	不可以
target	Object	存储变量值或者标签主体的目标对象，可以是 JavaBean 或 Map 集合对象	可以
property	String	指定目标对象存储数据的属性名	可以
scope	String	指定变量存在于 JSP 的范围，默认值是 page	不可以

【代码 10-2】应用<c:set>标签定义不同范围内的变量，并通过 EL 进行输出。

```
<%@ page language="java"  pageEncoding="UTF-8"%>
<%@ taglib prefix="c" uri="http://java.sun.com/jsp/jstl/core" %>
<html>
<head>
<title>测试&lt;c:set&gt;标签</title>
</head>
<body>
<c:set var="name" value="编程词典网" scope="page"/>
<c:set var="hostpage" value="www.mrbccd.com" scope="session"/>
<c:out value="${name}"></c:out>
<br>
<c:out value="${hostpage}"></c:out>
</body>
</html>
```

```
</c:out>
</body>
</html>
```

上述代码运行结果如图 10-2 所示。

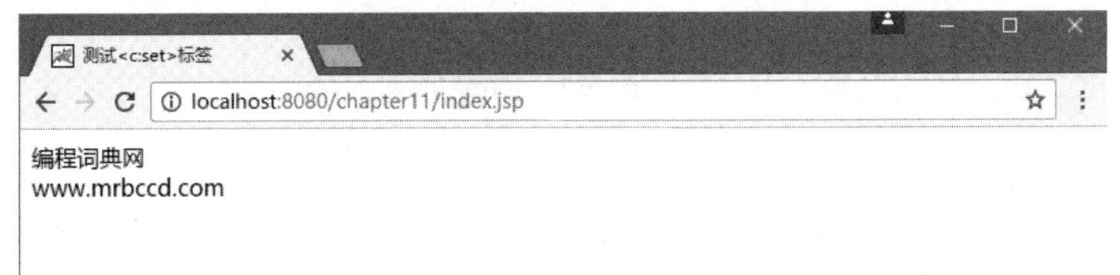

图 10-2　运行结果

3) <c:remove>标签

<c:remove>标签可以从指定的 JSP 范围中移除指定的变量，其语法格式如下：

```
<c:remove var="name" [scope="page|request|session|application"]/>
```

在上面语法中，var 用于指定存储变量值的变量名称；scope 用于指定变量存在于 JSP 的范围，可选值有 page、request、session、application，默认值是 page。

【代码 10-3】应用<c:set>标签定义一个 page 范围内的变量，然后应用通过 EL 输出该变量，再应用<c:remove>标签移除该变量，最后再应用 EL 输出该变量。

```
<%@ page language="java"  pageEncoding="UTF-8"%>
<%@ taglib prefix="c" uri="http://java.sun.com/jsp/jstl/core" %>
<html>
<head>
<title>测试&lt;c:removet&gt;标签</title>
</head>
<body>
<c:set var="name" value="编程词典网" scope="page"/>
移除前输出的变量 name 为：<c:out value="${name}"></c:out>
<c:remove var="name"/>
<br>
移除后输出的变量 name 为：<c:out value="${name}" default="变量 name 为空"></c:out>
</body>
</html>
```

上述代码运行结果如图 10-3 所示。

图 10-3　运行结果

4) <c:catch>标签

<c:catch>标签是 JSTL 中处理程序异常的标签，它还能够将异常信息保存在变量中。<c:catch>标签的语法格式如下：

```
<c:catch [var="name"]>
......存在异常的代码
</c:catch>
```

在上面的语法中，var 属性可以指定存储异常信息的变量。这是一个可选项，如果不需要保存异常信息，可以省略该属性。

10.2.3　流程控制标签

条件标签在程序中会根据不同的条件去执行不同的代码来产生不同的运行结果，使用条件标签可以处理程序中任何可能发生的事情。在 JSTL 中，条件标签包括<c:if>标签、<c:choose>标签、<c:when>标签和<c:otherwise>标签 4 种，下面将详细介绍这些标签的语法及应用。

1) <c:if>标签

这个标签可以根据不同的条件去处理不同的业务，也就是执行不同的程序代码。它和 Java 基础中 if 语句的功能一样。<c:if>标签有两种语法格式。

语法 1：该语法格式会判断条件表达式，并将条件的判断结果保存在 var 属性指定的变量中，而这个变量存在于 scope 属性所指定范围中。

```
<c:if test="condition" var="name" [scope=page|request|session|
application]/>
```

语法 2：该语法格式不但可以将 test 属性的判断结果保存在指定范围的变量中，还可以根据条件的判断结果去执行标签主体。标签主体可以是 JSP 页面能够使用的任何元素，例如 HTML 标记、Java 代码或者嵌入其他 JSP 标签。

```
<c:if test="condition" var="name" [scope=page|request|session|
application]>
 标签主体
</c:if>
```

以上语法格式所涉及的属性说明如表 10-5 所示。

表 10-5　<c:if>标签属性

属性	类型	描述	引用 EL
test	Boolean	条件表达式，这是<c:if>标签必须定义的属性	可以
var	String	指定变量名，这个属性会指定 test 属性的判断结果将存放在那个变量中，如果该变量不存在就创建它	不可以
scope	String	存储范围，该属性用于指定 var 属性所指定的变量的存在范围	不可以

【代码 10-4】应用<c:if>标签输出信息。

```
<%@ page language="java"  pageEncoding="UTF-8"%>
<%@ taglib prefix="c" uri="http://java.sun.com/jsp/jstl/core" %>
<html>
<head>
<title>测试&lt;c:if&gt;标签</title>
</head>

<body>
语法一：输出用户名是否为 null<br>
    <c:if test="${param.user==null}" var="rtn" scope="page" />
    <c:out value="${rtn}"/>
<br>语法二：如果用户名为空，则输出一个用于输入用户名的文本框及“提交”按钮<br>

        <c:if test="${param.user==null}">
            <form action="" method="post">
                请输入用户名：<input type="text" name="user">
                <input type="submit" value="提交">
            </form>
        </c:if>
</body>
</html>
```

上述代码运行结果如图 10-4、图 10-5 所示。

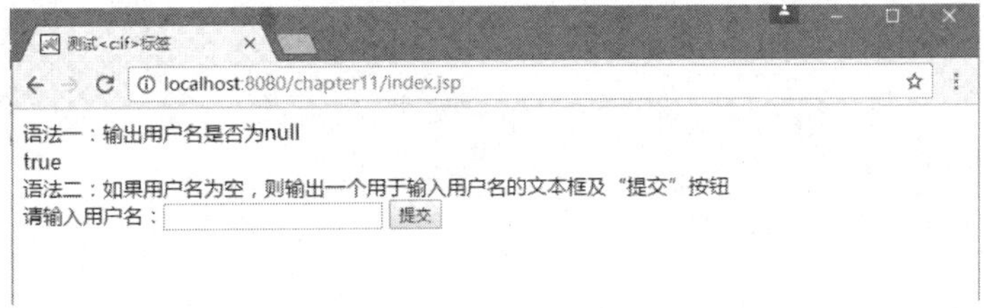

图 10-4　用户名为空时的运行结果

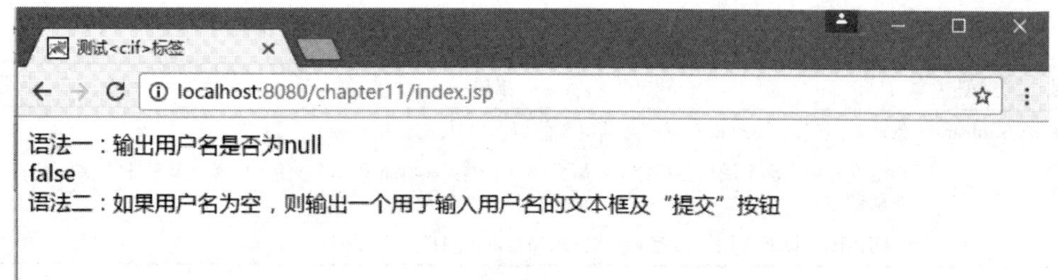

图 10-4 用户名不为空时的运行结果

2）<c:choose>、<c:when>和<c:otherwise>

这三个标签通常会在一起使用。它们用于实现复杂的条件判断语句，类似“if,elseif”的条件语句。它们的基本语法如下：

```
<c:choose>
    <c:when test="${条件1}">体</c:when>
    <c:when test="${条件2}">体</c:when>
    <c:when test="${条件3}">体</c:when>
    <c:otherwise>体</c:otherwise>
    </c:choose>
```

【代码 10-5】应用<c:choose>标签、<c:when>标签和<c:otherwise>标签根据当前时间显示不同的问候。

```
<%@ page language="java"  pageEncoding="UTF-8"%>
<%@ taglib prefix="c" uri=http://java.sun.com/jsp/jstl/core %>
<html>
<head>
<title>测试&lt;c:choose&gt;标签</title>
</head>
<body>
<c:set var="hours">
    <%=new java.util.Date().getHours()%>
</c:set>
<c:choose>
    <c:when test="${hours>6 && hours<11}" >上午好！</c:when>
    <c:when test="${hours>11 && hours<17}">下午好！</c:when>
    <c:otherwise>晚上好！</c:otherwise>
</c:choose>
现在时间是：${hours}时
</body>
</html>
```

上述代码运行结果如图 10-6 所示。

图 10-6　运行结果

10.2.4　迭代标签

JSP 页面开发经常需要使用循环标签生成大量的代码，例如，生成 HTML 表格等。JSTL 标签库中提供了<c:forEach>和<c:forTokens>两个循环标签。

1) <c:forEach>标签

<c:forEach>标签可以枚举集合中的所有元素，也可以循环指定的次数，这可以根据相应的属性确定。

<c:forEach>标签的语法格式如下：

```
<c:forEach items="data" var="name" begin="start" end="finish" step=
"step" varStatus="statusName">
标签主体
</c:forEach>
```

<c:forEach>标签中的属性都是可选项，可以根据需要使用相应的属性。其属性说明如表 10-6 所示。

表 10-6　<c:forEach>标签属性

属性	类型	描述	引用 EL
items	数组、集合类、字符串和枚举类型	被循环遍历的对象，多用于数组与集合类	可以
var	String	循环体的变量，用于存储 items 指定的对象的成员	不可以
begin	int	循环的起始位置	可以
end	int	循环的终止位置	可以
step	int	循环的步长	可以
varStatus	String	循环的状态变量	不可以

【代码 10-6】应用<c: forEach >标签循环输出 List 集合中的内容，并通过<c: forEach >标签循环输出字符串“成都大学”5 次。

```
<%@ page language="java"  pageEncoding=UTF-8" import="java.util.*"%>
<%@ taglib prefix="c" uri=http://java.sun.com/jsp/jstl/core%>
```

```
<html>
<head>
<title>测试&lt;c:forEach&gt;标签</title>
</head>
<body>
<%List list=new ArrayList();
list.add("无语");
list.add("冰儿");
list.add("wgh");
request.setAttribute("list",list);%>
利用&lt;c:forEach&gt;标签遍历 List 集合的结果如下：<br>
<c:forEach items="${list}" var="tag" varStatus="id">
    ${id.count } ${tag }<br>
</c:forEach>
<c:forEach begin="1" end="5" step="1" var="str">
    <c:out value="${str}"/>成都大学
</c:forEach>
</body>
</html>
```

上述代码运行结果如图 10-7 所示。

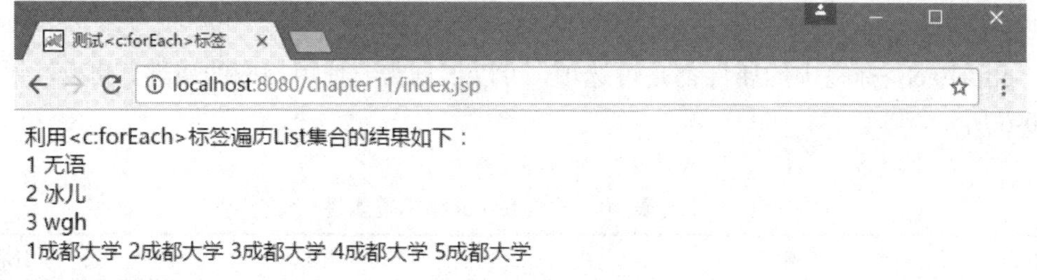

图 10-7 运行结果

2) <c:forTokens>标签

<c:forTokens>标签可以用指定的分隔符将一个字符串分割开，根据分割的数量确定循环的次数。<c:forTokens>标签的语法格式如下：

```
<c:forTokens items="字符串" delims="分隔符" var="msg 子串名" begin="起始"
end="结束" step="步长">
```

【代码 10-7】应用<c: forTokens >标签分割字符串并显示。

```
<%@ page language="java" pageEncoding="UTF-8"%>
<%@ taglib prefix="c" uri="http://java.sun.com/jsp/jstl/
```

```
core" %>
<html>
<head>
<title>测试&lt;c:forTokens&gt;标签</title>
</head>

<body>
<c:set var="sourceStr" value="无语|冰儿|wgh|简单|simpleRain"/>
原字符串：<c:out value="${sourceStr}"/>
<br>分割后的字符串：
<c:forTokens var="str" items="${sourceStr}" delims="|" varStatus="status">
    <c:out value="${str}"></c:out>☆
    <c:if test="${status.last}">
        <br>总共输出<c:out value="${status.count}"></c:out>个元素。
    </c:if>
</c:forTokens>
</body>
</html>
```

上述代码运行结果如图 10-8 所示。

图 10-8　运行结果

10.2.5　URL 相关标签

JSTL 标签库宝库<c:import>、<c:redirect>和<c:url>共 3 种 URL 标签，它们分别实现导入其他页面、重定向和产生 URL 的功能。

1) <c:import>标签

<c:import>标签可以导入站内或其他网站的静态和动态文件到 JSP 页面中，例如，使用<c:import>标签导入其他网站的天气信息到自己的 JSP 页面中。与此相比，<jsp:include>只能导入站内资源，<c:import>的灵活性要高很多。<c:import>标签的语法格式如下。

```
语法 1:
<c:import url="url" [context="context"] [var="name"]
 [scope="page|request|session|application"] [charEncoding="encoding"]>
标签主体
</c:import>
语法 2:
<c:import url= "url"  varReader= "name"  [context= "context" ]
[charEncoding= "encoding" ]/>
```

上面语法中涉及的属性说明如表 10-7 所示。

表 10-7　<c:import>标签属性

属性	类型	描述	引用 EL
url	String	被导入的文件资源的 URL 路径	可以
context	String	上下文路径，用于访问同一个服务器的其他 Web 工程，其值必须以“/”开头，如果指定了该属性，那么 url 属性值也必须以“/”开头	可以
var	String	变量名称，将获取的资源存储在变量中	不可以
scope	String	变量的存在范围	不可以
varReader	String	以 Reader 类型存储被包含文件内容	不可以
charEncoding	String	被导入文件的编码格式	可以

例如：

```
<@ taglib prefix="c" uri="http://java.sun.com/jsp/jstl/core"%>
<c:import  url="/page.jsp"  var="page"></c:import>
```

2) <c:redirect>标签

<c:redirect>标签用于页面的重定向，该标签的效果相当于 response.sendRedirect 方法。该标签有两种语法格式。

语法 1：该语法格式没有标签主体，并且不添加传递到目标路径的参数信息。

```
<c:redirect url="url" [context="/context"]/>
```

语法 2：该语法格式将客户请求重定向到目标路径，并且在标签主体中使用<c:param>标签传递其他参数信息。

```
<c:redirect url="url" [context="/context"]>
    ......<c:param>
</c:redirect>
```

上面语法中，url 属性用于指定待定向资源的 URL，它是标签必须指定的属性，可以使用 EL；context 属性用于在使用相对路径访问外部 context 资源时，指定资源的名字。

例如：

```
<@ taglib prefix="c" uri="http://java.sun.com/jsp/jstl/core"%>
<c:redirect value="page.jsp" ></c:url>
```

3) <c:url>标签

<c:url>标签用于生成一个 URL 路径的字符串，这个生成的字符串可以赋予 HTML 的<a>标记实现 URL 的连接，或者用这个生成的 URL 字符串实现网页转发与重定向等。在使用该标签生成 URL 时还可以搭配<c:param>标签动态添加 URL 的参数信息。<c:url>标签有两种语法格式。

语法 1：

```
<c:url value="url" [var="name"] [scope="page|request|session|
application"] [context="context"]/>
```

该语法将输出产生的 URL 字符串信息，如果指定了 var 和 scope 属性，相应的 URL 信息就不再输出，而是存储在变量中以备后用。

语法 2：

```
<c:url value="url" [var="name"] [scope="page|request|session|
application"] [context="context"]>
<c:param>
</c:url>
```

语法格式 2 不仅实现了语法格式 1 的功能，而且还可以搭配<c:param>标签完成带参数的复杂 URL 信息。

<c:url>标签的语法中所涉及的属性说明如表 10-8 所示。

表 10-8　<c:url>标签属性

属性	类型	描述	引用 EL
url	String	生成的 URL 路径信息	可以
context	String	上下文路径，用于访问同一个服务器的其他 Web 工程，其值必须以“/”开头，如果指定了该属性，那么 url 属性值也必须以“/”开头	可以
var	String	变量名称，将获取的资源存储在变量中	不可以
scope	String	变量的存在范围	不可以
context	String	url 属性的相对路径	可以

例如：

```
<@ taglib prefix="c" uri="http://java.sun.com/jsp/jstl/core"%>
<c:url value="page.jsp"  var="page"></c:url>
${page}
```

代码中，将 URL 地址保存在变量 page 中，然后显示，该标签使用较少。

4) <c:param>标签

<c:param>标签只用于为其他标签提供参数信息，它与本节中的其他 3 个标签组合可以实现动态定制参数，从而使标签可以完成更复杂的程序应用。<c:param>标签的语法格式如下：

```
<c:param name="paramName" value="paramValue"/>
```

name 属性：用于指定参数名称，可以引用 EL。

value 属性：用于指定参数值。

例如：

```
<@ taglib prefix="c" uri="http://java.sun.com/jsp/jstl/core"%>
<c:redirect value="page.jsp" ></c:url>
<c:param  name="stu" value="rose" ></c:param>
```

代码中，将 rose 的值存入变量名 stu 中，并带到 page.jsp 中。

10.3 I18N 标签库

JSTLt 提供了一个用于实现国际化和格式化功能的标签库——Internationalization 标签库，简称两个包为国际化标签库和 I18N 标签库。I18N 标签库封装了 Java 语言中 java.util 和 java.text 两个包中与国际化和格式化相关的 API 类的功能。其中国际化标签提供了绑定资源包、从资源包中的本地资源文件中读取文本内容的功能；格式化表情提供了对数字、日期时间等本地敏感数据按本地信息显示的功能。

在 JSP 页面中使用 I18N 标签库，首先需要使用 taglib 指令导入，语法格式如下所示。

```
<%@taglib prefix="标签库前缀" uri=http://java.sun.com/jsp/jstl/fmt %>
```

prefix 属性：表示标签库的前缀，可以为任意字符串，通常设置为 fmt，注意避免使用一些保留的关键字。

uri 属性：用来指定 I18N 标签库的 URI，从而定位标签库描述文件(TLD 文件)。

10.3.1 国际化标签

JSTL 中的 fmt 库封装了对国际化支持的 API，国际化核心标签主要有：<fmt:setLocale>、<fmt:bundle>、<fmt:setBundle>、<fmt:message>、<fmt:param>、<fmt:requestEncoding>。具体的属性如表 10-9 所示。

表 10-9 国际化标签种类

属性	描述	使用格式
<fmt: setLocale>	设置全局的 Locale 信息，包括语言和国家代码	<fmt:setLocale value="locale"variant="variant" scope="page|request|session|application"/>
<fmt:bundle>	用于绑定资源文件在它的标签体内 <fmt:bundle>...</fmt:bundle>	<fmt:bundle basename="basename" prefix="prefix"> body </fmt:bundle>
<fmt:setBundle>	允许将资源配置文件保存为一个变量。属性 var 是其独有的属性，用于保存资源文件为一个变量	<fmt:setBundle basename="basename" var="varname" scope=""/>
<fmt:message>	从指定的资源文件中把指定的键值取出来	<fmt:message key="key" bundle="resourceBundle" var= "varName" scope=""> <fmt:param> </fmt:message>

续表

属性	描述	使用格式
<fmt:param>	为格式化文本串中的占位符设置参数值，只能嵌套在<fmt:message>标签内使用	<fmt:param value="messageParameter"/> body content </fmt:param>
<fmt:requestEncoding>	用于定义字符编码	<fmt:requestEncoding value="charsetName"/>

10.3.2　格式化标签

格式化标签主要解决数字和日期时间的格式化解析，不同的地区有不同的显示方法。格式化标签有:<fmt:timezone>、<fmt:setTimeZone>、<fmt:formatNumber>、<fmt:parseNumber>、<fmt:formatDate>、<fmt:parseDate>。具体属性如表 10-10 所示。

表 10-10　格式化标签种类

属性	描述	使用格式
<fmt:timezone>	设定时区，时区设定在标签体内起作用	<fmt:timeZone value="timeZone"/> body content </fmt:timeZone>
<fmt:setTimeZone>	允许将时区设置保存为一个变量，结合属性 var 使用>	<fmt:setTimeZone value="timeZone" var="varName" scope=""/>
<fmt:formatNumber>	根据 Locale 格式化数字，货币和百分比	<fmt:formatNumber　value="value" type="number|currency|percent" pattern="customPattern"currencyCode="code" currencySymbol="symbol" groupingUsed="true|false" maxInteger Digits="max"minIntegerDigits="min" maxFractionDigits="max" minFractionDigits="min" var="varName" scope=""/></fmt: formatNumber>
<fmt:parseNumber>	用来将字符串类型的数字、货币或百分比转换成数字类型	<fmt:parseNumber type"number|currency|percent" pattern="pattern" parseLocale="locale" integerOnly="true|false" var="varName" scope=""> value </fmt:parseNumber>
<fmt:formatData>	用来格式化日期	<fmt:formateDate　value="value" type="date|time|both" dateStyle= "default|short|medium|long|full"timeStyle="default|short|medium|long|full" pattern="pattern" timeZone="zone" var="varName" scope=""/>
<fmt:parseDate>	将字符串类型的时间转换为日期类型	<fmt:parseDate　value="value" type="time|date|both" dateStyle="" timeStyle="" pattern=""timeZone="" parseLocale="Locale" var="" scope=""/></fmt:parseDate

10.4　XML 标 签 库

在实际开发应用中，XML 格式的数据已经成为信息交换的优先选择。XML 标签为程序员提供了对 XML 文件的基本操作。其标签一共分为三大类。

XML 核心标签：<x:parse>、<x:out>、<x:set>

XML 流控制标签：<x:if>、<x:choose>、<x:when>、<x:otherwise>、<x:forEach>

XML 转换标签：<x:transform>、<x:param>

各标签的种类如表 10-11 所示。

表 10-11 XML 标签种类

标签	描述
<x:out>	与<%= ... >,类似，不过只用于 XPath 表达式
<x:parse>	解析 XML 数据
<x:set>	设置 XPath 表达式
<x:if>	判断 XPath 表达式，若为真，则执行本体中的内容，否则跳过本体
<x:forEach>	迭代 XML 文档中的节点
<x:choose>	<x:when>和<x:otherwise>的父标签
<x:when>	<x:choose>的子标签，用来进行条件判断
<x:otherwise>	<x:choose>的子标签，当<x:when>判断为 false 时被执行
<x:transform>	将 XSL 转换应用在 XML 文档中
<x:param>	与<x:transform>共同使用，用于设置 XSL 样式表

STL XML 标签库提供了创建和操作 XML 文档的标签。引用 XML 标签库的语法如下：

```
<%@ taglib prefix="x"  uri="http://java.sun.com/jsp/jstl/xml" %>
```

在使用 xml 标签前，必须将 XML 和 XPath 的相关包导入。

10.5 SQL 标 签 库

SQL 标签封装了数据库访问的通用逻辑，使用 SQL 标签，可以简化对数据库的访问。数据库标签库包含 6 个标签：<sql:setDataSource>、<sql:query>、<sql:update>、<sql:transaction>、<sql:param>、<sql:dataParam>。各标签的属性如表 10-12 所示。

表 10-12 SQL 标签种类

属性	描述
<sql:setDataSource>	指定数据源
<sql:query>	运行 SQL 查询语句
<sql:update>	运行 SQL 更新语句
<sql:param>	将 SQL 语句中的参数设为指定值
<sql:dateParam>	将 SQL 语句中的日期参数设为指定的 java.util.Date 对象值
<sql:transaction>	在共享数据库连接中提供嵌套的数据库行为元素，将所有语句以一个事务的形式来运行

使用 SQL 标签库的 taglib 指令格式如下：

```
<%@ taglib prefix="sql" uri="http://java.sun.com/jsp/jstl/sql"%>
```

10.6　函数标签库

10.6.1　函数标签库的介绍

函数标签库通常被用于 EL 表达式语句中，可以简化运算。在 JSP2.0 中，函数标签库为 EL 表达式语句提供了更多的功能。本章将介绍常用的函数标签库的标签，其分类如表 10-13 所示。

表 10-13　函数标签库种类

分类	功能分类	标签名称
函数标签库	集合长度函数	length
	字符串操作函数	contains
		containsignoreCase
		endswith
		escapeXml
		indexOf
		join
		replace
		spilt
		startsWith
		substring
		substringAfter
		substringBefore
		toLowerCase
		toUpperCase
		trim

10.6.2　函数标签的使用

1）<fn:length>

该标签作用是计算传入对象的长度，该对象应为集合类型或者 String 类型。其基本语法格式如下：

```
${fn:length(对象)}
```

2）<fn:contains>

该标签的作用是判断源字符串是否包含自字符串，其会返回 boolean 类型的结果。其基本语法格式为：

```
${fn:contains("源字符串","子字符串")}
```

3）<fn:containsIgnoreCase>

同上一个标签相似，唯一不同的是其对字符串的包含比较将忽略大小写。其基本语法格式为：

```
${fn:containsIgnoreCase("源字符串","子字符串")}
```

4) <fn:startsWith>

该标签的功能是判断源字符串是否以指定字符串作为词头，其包含两个 String 类型的参数，前者是源字符串，后者是指定的词头字符串，其返回类型是 boolean 类型。其基本语法为：

```
${fn:startsWith("源字符串","指定字符串")}
```

5) <fn:endsWith>

该标签的功能是判断源字符串是否以指定字符串作为词尾，其余与前一个标签语法相似。其基本语法为：

```
${fn:startWith("源字符串","指定字符串")}
```

6) <fn:escapeXml>

该标签用于将所有特殊字符转化为字符实体码。其语法格式如下：

```
${fn:escaprXml(特殊字符)}
```

7) <fn:indexOf>

该标签的功能是得到子字符串与源字符串匹配的起始位置，若匹配不成功，该标签返回"-1",否则，返回起始的位置。其语法格式如下：

```
${fn:indexOf("源字符串","指定字符串")}
```

8) <fn:join>

该标签用于将字符串数组中的每个字符串加上分隔符，并连接起来，所以，其会返回 String 类型的值。其基本语法格式为：

```
${fn:join(数组,"分隔符")}
```

9) <fn:replace>

该标签的功能是为源字符串做替代构造。其基本语法格式为：

```
${fn:replace("源字符串","被替换指定字符串", "替换字符串")}
```

10) <fn:split>

该标签功能是将一组由分隔符分隔的字符串转换成字符串数组。因此，其返回值为 String 数组。其语法格式为：

```
${fn:split("源字符串","指定字符串")}
```

11) <fn:substring>

该标签用于截取字符串。其语法格式为：

```
${fn:substring("源字符串",起始位置, 结束位置)}
```

12) <fn:substringAfter>

该标签也用于截取字符串。不同的是，其是从指定字符串一直截取到源字符串的末尾。其语法格式为：

```
${fn:substringAfter("源字符串","子字符串")}
```

13) <fn:substringBefore>

该标签也用于截取字符串。其截取的部分是源字符串的开始到指定的子字符串。其语法格式为：

```
${fn:substringAfter("源字符串","子字符串")}
```

14）<fn:toLowerCase>

该标签用于将源字符串的字符转换为小写字符，返回 String 类型的值。其语法格式为：

```
${fn:toLowerCase("源字符串")}
```

15）<fn:toUpperCase>

该标签用于将源字符串的字符转换为大写字符，返回 String 类型的值。其语法格式为：

```
${fn:toUpperCase("源字符串")}
```

16）<fn:trim>

该标签的功能是除去源字符串结尾部分的空格，返回新的 String 类型的值。其语法格式为：

```
${fn:trim("源字符串")}
```

10.7　自定义标签库的开发

自定义标签是程序员自己定义的 JSP 语言元素，它的功能类似于 JSP 自带的<jsp:forward>等标准动作元素。实际上自定义标签就是一个扩展的 Java 类，它是运行一个或者两个接口的 JavaBean。当多个同类型的标签组合在一起时就形成了一个标签库，这时还需要为这个标签库中的属性编写一个描述性的配置文件，这样服务器才能通过页面上的标签查找到相应的处理类。使用自定义标签可以加快 Web 应用开发的速度，提高代码重用性，使得 JSP 程序更加容易维护。引入自定义标签后的 JSP 程序更加清晰、简洁，便于管理维护以及日后的升级。

10.7.1　自定义标签的定义格式

自定义标签是在页面中通过 XML 语法格式来调用的。它们由一个开始标签和一个结束标签组成，具体定义格式如下。

1）无标签体的标签

无标签体的标签有两种格式，一种是没有任何属性的，另一种是带有属性的。例如下面的代码：

```
<wgh:displayDate/>                          <!--无任何属性-->
<wgh:displayDate name="contact" type="com.UserInfo"/><!--带属性-->
```

在上面的代码中，wgh 为标签前缀，displayDate 为标签名称，name 和 type 是自定义标签使用的两个属性。

2）带标签体的标签

自定义的标签中可包含标签体，例如下面的代码：

```
<wgh:iterate>Welcome to BeiJing</wgh:iterate>
```

10.7.2 自定义标签的构成

自定义标签由实现自定义标签的 Java 类文件和自定义标签的 TLD 文件构成。

1) 实现自定义标签的 Java 类文件

任何一个自定义标签都要有一个相应的标签处理程序，自定义标签的功能是由标签处理程序定义的。因此，自定义标签的开发主要就是标签处理程序的开发。标签处理程序的开发有固定的规范，即开发时需要实现特定接口的 Java 类，开发标签的 Java 类时，必须实现 Tag 或者 BodyTag 接口类(它们存储在 javax.servlet.jsp.tagext 包下)。BodyTag 接口是继承了 Tag 接口的子接口，如果创建的自定义标签不带标签体，则可以实现 Tag 接口，如果创建的自定义标签包含标签体，则需要实现 BodyTag 接口。

2) 自定义标签的 TLD 文件

自定义标签的 TLD 文件包含了自定义标签的描述信息，它把自定义标签与对应的处理程序关联起来。一个标签库对应一个标签库描述文件，一个标签库描述文件可以包含多个自定义标签声明。

自定义标签的 TLD 文件的扩展名必须是.tld。该文件存储在 Web 应用的 WEB-INF 目录下或者子目录下，并且一个标签库要对应一个标签库描述文件，而在一个描述文件中可以保存多个自定义标签的声明。

自定义标签的 TLD 文件的完整代码如下：

```
<?xml version="1.0" encoding="UTF-8" ?>
<taglib xmlns="http://java.sun.com/xml/ns/j2ee"
    xmlns:xsi="http://www.w3.org/2001/XMLSchema-instance"
                                xsi:schemaLocation="http://java.sun.com/xml/ns/j2ee web-jsptaglibrary_2_0.xsd"
    version="2.0">
<description>A tag library exercising SimpleTag handlers.</description>
<tlib-version>1.2</tlib-version>
    <jsp-version>1.2</jsp-version>
<short-name>examples</short-name>
<tag>
    <description>描述性文字</description>
<name>showDate</name>
    <tag-class>com.ShowDateTag</tag-class>
    <body-content>empty</body-content>
    <attribute>
        <name>value</name>
```

```
        <required>true</required>
    </attribute>
</tag>
```

在上面的代码中，<tag>标签用来提供在标签内的自定义标签的相关信息，在<tag>标签内包括许多子标签，如表 10-14 所示。

表 10-14　Tag 标签属性

标签名称	说明
description	标签的说明(可省略)
display-name	供工具程序显示用的简短名称(可省略)
icon	供工具程序使用的小图标
name	标签的名称，在同一个标签库内不可以有同名的标签，该元素指定的名称可以被 JSP 页面作为自定义标签使用
tag-class	映射类的完整名称，用于指定与 name 子标签对应的映射类的名称
tei-class	标签设计者定义的 javax.servlet.jsp.tagext.TagExtraInfo 的子类，用来指定返回变量的信息(可省略)
body-content	body 内容的类型，其值可以为 empty、scriptless、tagdependent 其中之一，其值为 emply 时，表示 body 必须是空；其值为 tagdependent 时，表示 body 的内容由标签的实现自行解读，通常是用在 body 内容是别的语言时，例如 SQL 语句
variable	声明一个由标签返回给调用网页的 EL 变量(可省略)
attribute	声明一个属性(可省略)
dynamic-attributes	此标签是否可以有动态属性，默认值为 false；若为 true，则 TagHandler 必须实现 javax.servlet.jsp.tagext.DynamicAttrbutes 的接口
example	此标签的使用范例(可省略)
tag-extension	提供此标签额外信息给程序(可省略或多于一个此标签)

- 说明：通过<name>子标签和<tag-class>子标签可以建立自定义标签和映射类之间的对应关系。

10.7.3　在 JSP 文件中引用自定义标签

JSP 文件中，可以通过下面的代码引用自定义标签：

```
<%@ taglib uri="tld uri"  prefix="taglib.prefix"%>
```

上面语句中的 uri 和 prefix 说明如下。

1) uri 属性

uri 属性指定了 tld 文件在 Web 应用中的存放位置，此位置可以采用以下两种方式指定。

(1) 在 uri 属性中直接指明 tld 文件的所在目录和对应的文件名，例如下面的代码：

```
<%@ taglib uri="/WEB-INF/showDate.tld"  prefix="taglib.prefix"
%>
```

(2) 通过在 web.xml 文件中定义一个关于 tld 文件的 uri 属性，让 JSP 页面通过该 uri 属性引用 tld 文件，这样可以向 JSP 页面隐藏 tld 文件的具体位置，有利于 JSP 文件的通用性。例如在 Web.xml 中进行以下配置：

```
<jsp-config>
    <taglib>
    <taglib-uri> showDateUri</taglib-uri>
    <taglib-location>/WEB-INF/showDate.tld</taglib-location>
    </taglib>
</jsp-config>
```

在 JSP 页面中就可应用以下代码引用自定义标签：

```
<%@ taglib uri="showDateUri "  prefix="taglib.prefix"%>
```

2) prefix 属性

prefix 属性规定了如何在 JSP 页面中使用自定义标签，即使用什么样的前缀来代表标签，使用时标签名就是在 tld 文件中定义的<tag></tag>段中的<name>属性的取值，它要和前缀之间用冒号“:”隔开。

【代码 10-8】自定义标签示例。

创建用于显示当前系统日期的自定义标签，并在 JSP 页面中调用该标签显示当前系统日期。

(1) 编写 ShowDate.java 类，该类继承 TagSupport 类，具体代码如下：

```
package com;
import javax.servlet.jsp.*;
import javax.servlet.jsp.tagext.*;
import java.util.*;
public class ShowDate extends TagSupport{
    public int doStartTag() throws JspException{
        JspWriter out=pageContext.getOut();
        try{
            //获取当前系统日期
            Date dt=new Date();
            java.sql.Date date=new java.sql.Date(dt.getTime());
            out.print(date);         //输出当前系统日期
        }catch(Exception e){
            System.out.println("显示系统日期时出现的异常："+e.getMessage());
        }
        return(SKIP_BODY);  //返回 SKIP_BODY 常量，表示将不对标签体进行处理
    }
}
```

- TagSupport 类是 Tag 接口的实现类，该类以默认方式实现 Tag 接口，所以在开发自定义标签时继承 TagSupport 类，可以使开发自定义标签更容易。

(2) 在 WEB-INF 目录下编写标签库描述文件 shouDate.tld，具体代码如下。

```
<?xml version="1.0" encoding="UTF-8" ?>
<taglib xmlns="http://java.sun.com/xml/ns/j2ee"
    xmlns:xsi="http://www.w3.org/2001/XMLSchema-instance"
                                   xsi:schemaLocation="http://java.sun.com/xml/ns/j2ee web-jsptaglibrary_2_0.xsd"
    version="2.0">
<description>A tag library exercising SimpleTag handlers.</description>
<tlib-version>1.2</tlib-version>
     <jsp-version>1.2</jsp-version>
<short-name>date</short-name>
     <tag>
     <description>显示当前日期</description>
<name>showDate</name>
     <tag-class>com.ShowDate</tag-class>
     <body-content>empty</body-content>
     </tag>
</taglib>
```

(3) 在 web.xml 中加入对自定义标签库得到引用，关键代码如下。

```
<jsp-config>
<taglib>
     <taglib-uri> showDateUri</taglib-uri>
     <taglib-location>/WEB-INF/showDate.tld</taglib-location>
     </taglib>
</jsp-config>
```

(4) 在 userDefineTag.jsp 文件中引用自定义标签显示当前系统日期，关键代码如下。

```
<%@ page language="java"  pageEncoding="UTF-8"%>
<%@ taglib uri="showDateUri" prefix="wghDate" %>
<html>
<head><title>调用自定义标签显示当前系统日期</title></head>
<body>
今天是<wghDate:showDate/>
<% int num=6;
```

```
request.setAttribute("no",num);
%>
</body>
</html>
```

运行该程序，将显示如图 10-9 所示的运行结果。

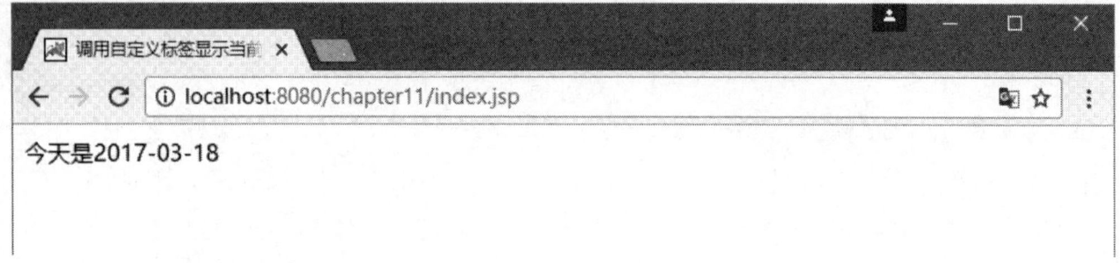

图 10-9 自定义标签运行结果

10.8 实 例 项 目

本任务在学生选方案中实现，可以参考项目任务 9-1。

10.9 课 后 练 习

1.假设使用标准 JSTL 前缀约定，可以使用哪些 JSTL 标记来迭代一个对象集____

A.<x:forEach> B.<c:forEach>

C.<c:forTokens> D.<c:iterate>

2.关于 JSTL 条件标签的说法正确的是____

A.单纯使用 if 标签可以表达 if…else ….的语法结构

B.when 标签必须在 choose 标签内使用

C.otherwise 标签必须在 choose 标签内使用

D.以上都不正确

3.JSTL1.2 包括很多个标签库，它们可提供下面的几类封装运算_______

A.通用动作 B.控制流动作

C.运算动作 D.标签库验证

4.下列代码的输出结果是_______

A.1 2 3 4 5 6 7 8 B.3 5

C.4 6 D.4 5 6

```
<%
   int[] a=new int[] {1,2,3,4,5,6,7,8};
```

```
  pageContext.setAttribute("a",a);
 %>
<c:forEach  items="${a }" var="i" begin="3" end="5"  step="2" >
      ${i }
</c:forEach>
```

5.下列指令中，可以导入 JSTL 核心标签库的是_______

A.<%@taglib url="http://java.sun.com/jsp/jstl/core" prefix="c" %>

B.<%@taglib url="http://java.sun.com/jsp/jstl/core" prefix="core" %>

C.<%@taglib uri="http://java.sun.com/jsp/jstl/core" prefix="c" %>

D.<%@taglib uri="http://java.sun.com/jsp/jstl/core" prefix="core" %>

6.下列代码中，可以取得 ArrayList 类型的变量 x 的长度的是_______

A .${fn.size}

B.<fn:size value=" ${x} " />

C.${fn:length(x)}

D.<fn:length value=" ${x} " />

10.10 实 践 练 习

1.训练目标：EL 表达式的熟练使用

培养能力	工程能力、设计/开发解决方案		
掌握程度	★★★★★	难度	中
结束条件	独立编写，运行出结果		

训练内容：

创建一个 JavaWeb 项目，使用 EL 表达式获取访问此项目的绝对地址

2.训练目标：EL 表达式的熟练使用

培养能力	工程能力、设计/开发解决方案		
掌握程度	★★★★★	难度	中
结束条件	独立编写，运行出结果		

训练内容：

(1)在一个 Servlet 中创建一个对象集合类，例如：List<Employee>，将此对象集合类存入到 request 对象属性中，请求转发到 disp.jsp

(2)在 disp.jsp 中遍历并使用 EL 表达式输出 Employee 对象的属性值

第 11 章　过滤器与监听器

本章目标

知识点	理解	掌握	应用
1.过滤器的作用	✓	✓	
2.监听器的作用	✓	✓	
3.与 servlet 上下文相关的监听器	✓	✓	✓
4.与会话相关的监听器	✓	✓	✓
5.与请求相关的监听器	✓	✓	✓

项目任务

完成成都大学信息科学与工程学院实训系统项目的防 SQL 注入攻击设计任务：

- 项目任务 11-1 防止 SQL 注入攻击

知识点能力点	知识点 1	知识点 2	知识点 3	知识点 4	知识点 5
工程知识	✓	✓			
问题分析			✓	✓	✓
设计/开发解决方案					
研究					
使用现代工具					
工程与社会					
环境和可持续发展					
职业规范					
个人和团队					
沟通					
项目管理					
终身学习	✓	✓	✓	✓	✓

11.1　过　滤　器

提到过滤，大家大概会想到漏斗中的滤纸过滤杂质，然后得到纯净的液体，而这里所说的过滤器起到的就是这层滤纸的作用。

在 JavaWeb 中，Servlet 过滤器主要用于对客户端的请求进行过滤处理，再将过滤后的请求传递给下一个过滤器或目标资源。

11.1.1　什么是过滤器

过滤器(Filter)也称为拦截器，是 Servlet 技术中非常实用的技术，也可以看成是在 Web 应用服务器上的一个 Web 应用组件；它具有拦截客户端请求的功能，在访问目标资源时，如 Html、Jsp、Servlet、图片、CSS 等，对其进行拦截，实现一些特殊功能后，再将其传递给下一个过滤器或目标资源；当然也能对服务端响应的内容进行再次过滤，再将过滤后的内容返回客户端。

过滤器在 Web 应用中位置如图 11-1 所示。

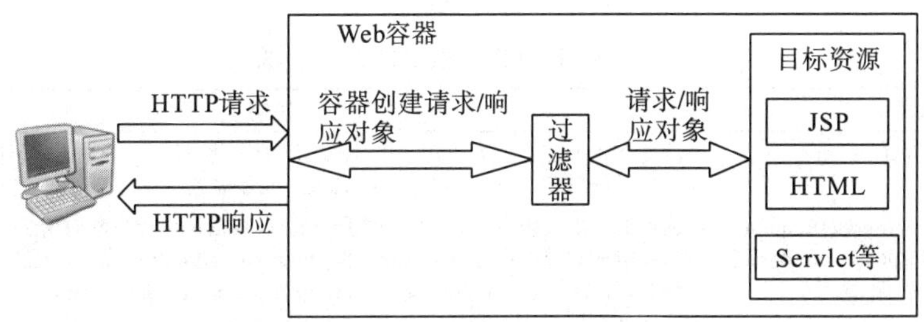

图 11-1　过滤器所处位置

过滤器的运行原理如下(客户端对目标资源发起访问)：

(1) Web 容器判断接收的请求资源是否有与之匹配的过滤器，若有，容器将请求交给相应过滤器进行处理；

(2) 过滤器处理完后，根据业务的需要决定是否将请求转发给目标资源，或者是将请求拦截，重定向其他页面；

(3) 若请求被转发给了目标资源，那么由服务器进行响应，并再次转发给过滤器；

(4) 过滤器进行处理后，再由 Web 容器将响应发回给客户端。

在实际的 Web 开发中，一个过滤器显然是不够用的，这时可以部署多个过滤器，这些过滤器形成了一个过滤器链，每一个过滤器都有其相应的功能和业务，客户端的请求可以在过滤器之间进行传递，直到访问到目标资源；Web 应用根据过滤器在 Web.xml 的先后顺序(从上往下)对请求处理。过滤器链如图 10-2 所示。

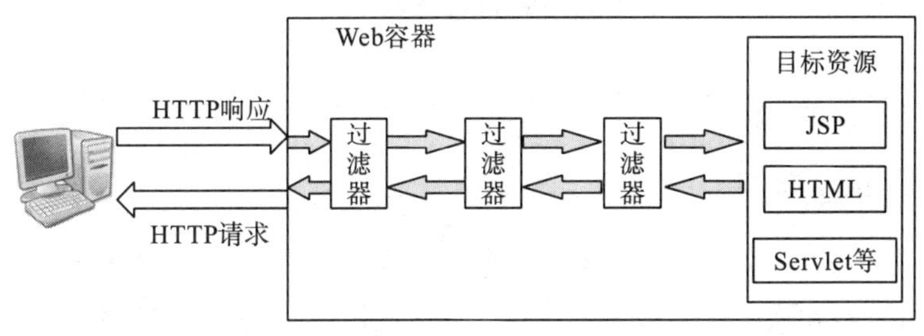

图 10-2　过滤器链

11.1.2 过滤器核心接口

过滤器的实现主要依靠以下三个核心接口

- javax.servlet.Filter
- javax.servlet.FilterConfig
- javax.servlet.FilterChain

1.Filter 接口

开发过滤器要实现 javax.servlet.Filter 接口，并提供一个公共的不带参数的构造方法。其中 Filter 接口定义了 3 个方法，如表 11-1 所示。

表 11-1 Filter 接口的方法及说明

方法声明	说明
public void init(FilterConfig config)	过滤器初始方法。容器在初始化过滤器时调用此方法，同时向其传递 FilterConfig 对象，用于获得和 Servlet 相关的 ServletContext 对象
public void doFilter(ServletRequest request, ServletResponse response, FilterChain chain)	过滤器的功能实现方法。当用户请求经过时，容器调用此方法对请求和响应进行处理。请求和响应对象类型分别为 ServletRequest 和 ServletResponse，因此并不依赖于具体的协议，FilterChain 对象的 doFilter(request,response)负责传递请求
public void destroy()	在过滤器生命周期结束前由 Web 容器进行调用，可用于使用资源的释放

过滤器的生命周期分为 4 个阶段：

1)加载和实例化

Web 容器根据 Web.xml 中 Filter 的先后顺序依次对过滤器进行实例化。

2)初始化

Web 容器调用 init(FilterConfig config)方法来初始化过滤器。实例化和初始化只会在 Web 容器启动时进行。

3)过滤进行时

doFilter()方法的执行，当客户端向目标资源发起请求时，Web 容器会根据配置文件 Web.xml 筛选出符合过滤器映射条件的 Filter，或者某个实现了 Filter 接口的类的@WebFilter 也可以用来作为映射过滤，然后按照 Web.xml 中声明的 filter-mapping 元素的顺序或@WebFilter 中 filterName 所定义的类名的字符顺序依次调用过滤器中的 doFilter()方法。注意：直到过滤器传递完才能传到目标资源。

4)销毁

Web 容器调用 destroy()方法表示过滤器的生命周期到此结束。

2.FilterConfig 接口

FilterConfig 接口由 Web 容器实现，并将其实例作为参数作入过滤器中的 init(FilterConfig config)方法内，主要用于获取过滤器中的配置信息，其方法及说明如表 11-2 所示。

表 11-2　FilterConfig 接口的方法及说明

方法声明	说明
public String getFilterName()	用于获取过滤器的名字
public ServletContext getServletContext()	用于获取 Servlet 上下文对象
public String getInitParameter(String name)	获取指定 name 的初始化参数值
public String getInitParameterValues()	获取所有初始化参数的名字的枚举集合

3.FilterChain 接口

FilterChain 接口仍由 Web 容器实现，并将其实例作为参数传入过滤器中的 doFilter() 方法。过滤器对象使用 FilterChain 对象利用其中的唯一一个方法调用过滤器链中的下一个过滤器，其方法如表 11-3 所示。

表 11-3　FilterChain 接口的方法及说明

方法声明	说明
public void doFilter(ServletRequest request, ServletResponse response)	如果该过滤器在过滤器链中是最后一个过滤器，那么下一步将访问目标资源

11.1.3　过滤器的创建与配置

过滤器的开发，大体可以经过以下 2 个步骤：

(1) 创建并编写 Filter 接口实现类；

(2) 对过滤器进行声明与配置。

1.创建并编写一个 Filter 接口实现类

通过 Eclipse 工具创建 Dynamic Web Project 项目 chapter12，右击项目新建 filter。

【注意】在 next 后钩选 Generate xml 这个选项，否则在 WEB-INF 下将不会有 web.xml 文件。如图 11-3 所示。

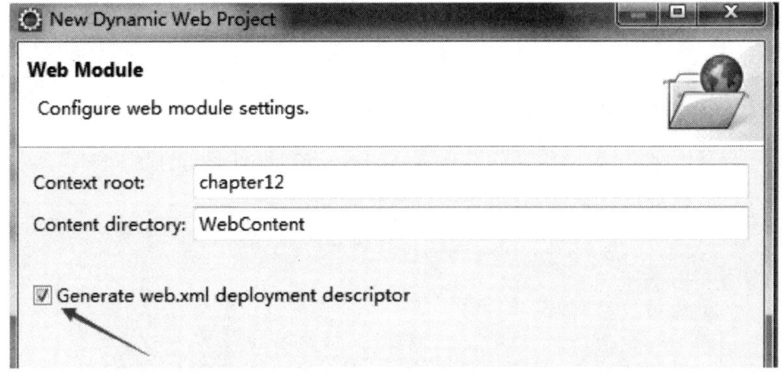

图 11-3　钩选 Web.xml

此项实例将会让大家了解到过滤器整个执行的流程是怎样的。

【代码 11-1】MyFilter.java

```
package cn.edu.cdu.filter;
import java.io.IOException;
import javax.servlet.Filter;
import javax.servlet.FilterChain;
import javax.servlet.FilterConfig;
import javax.servlet.ServletException;
import javax.servlet.ServletRequest;
import javax.servlet.ServletResponse;
import javax.servlet.annotation.WebFilter;
public class MyFilter implements Filter {
 private FilterConfig config;
    public MyFilter() {
    }
    /**
     * 过滤器生命周期结束时释放资源的方法
     */
 public void destroy() {
     System.out.println("destroy 方法调用，过滤器生命周期结束");
 }
 /**
  * 过滤器执行过滤功能的方法
  */
 public void doFilter(ServletRequest request, ServletResponse response,
FilterChain chain) throws IOException, ServletException {
     String initParameter = config.getInitParameter
 ("CharacterEncoding");
     System.out.println("初始化参数的 CharacterEncoding 值是：
"+initParameter);
     chain.doFilter(request, response);
     System.out.println("过滤器处理完响应内容，再将响应返回给客户端");
 }
 /**
  * 过滤器初始的方法
  */
 public void init(FilterConfig fConfig) throws ServletException {
     this.config = fConfig;
```

```
        System.out.println("init 方法启动，初始化过滤器对象");
    }
}
```

2.对过滤器进行声明与配置

在 Servlet3.0 以上版本中，既可以使用@WebFilter 形式的注解(Annotation)对 Filter 进行声明配置，也可以在 web.xml 中进行配置。

这里介绍下@WebFilter 支持的常用属性，如表 11-4 所示。

表 11-4　@WebFilter 的常用属性

属性名	类型	是否必要	说明
filterName	String	否	过滤器的名称
urlPatterns/value	String[]	是	过滤路径/URL，value 优先级高于前者
servletNames	String[]	否	指定要过滤的 Servlet
dispatcherTypes	DispatcherType	否	指定对哪种模式的请求进行过滤，详情见该表格下，默认 REQUEST
initParams	WebInitParam[]	否	指定该 Filter 的一组配置初始参数
asyncSupport	Boolean	否	指定该 Filter 是否支持异步
displayName	String	否	经定该 Filter 的显示名称
description	String	否	该 Filter 的描述信息

【注意】urlPatterns/value 的匹配模式分为两种，另一种是路径匹配，一种是扩展名匹配，比如，对于 http://localhost:8080/chapter12/test/index.jsp 来说，

- 使用路径匹配，可以用/test/index.jsp 或/test/*或/*(路径下的第一个“/”表示根目录，必须从根开始匹配)，前者是只对 test 目录下的 index.jsp 进行过滤，中者是对 test 目录下的所有页面进行过滤，后者是对根目录下的所有页面进行过滤；
- 使用扩展名匹配，可以用*.jsp；
  而不能混合搭配，如：/*.jsp，这样的写法是错误的。
  dispatcherType 有以下五个取值(Servlet 3.0 以后多了一个异步属性即 asyncSupport)

1) REQUEST

当用户直接对目标地址发出请求时，会通过此 Filter，请求转发过来的请求不会被过滤器拦截。

2) FORWARD

由 RequestDispatcher 对象的 forward()方法发出的请求，会通过此过滤器。

3) INCLUDE

由 RequestDispatcher 对象的 include()方法发出的请求，会通过此过滤器。

4) ERROR

在 web.xml 里配置了<error-page>元素，并且定义了一个返回给客户的错误页面，那么我们可以拦截这个错误页面，即在 urlPatterns 里放入这个错误页面的路径，并且该 Filter

的配置 dispatcherType 必须设置成 ERROR 才能成功通过此过滤器。

5) ASYNC

异步处理的请求才会通过此过滤器。

这里我们在 web.xml 里配置过滤器。

【代码 11-2】web.xml

```
<?xml version="1.0" encoding="UTF-8"?>
<web-app            xmlns:xsi="http://www.w3.org/2001/XMLSchema-instance"
xmlns="http://xmlns.jcp.org/xml/ns/javaee"
xsi:schemaLocation="http://xmlns.jcp.org/xml/ns/javaee
http://xmlns.jcp.org/xml/ns/javaee/web-app_3_1.xsd"          id="WebApp_ID"
version="3.1">
<display-name>chapter12</display-name>
<welcome-file-list>
<welcome-file>index.html</welcome-file>
<welcome-file>index.htm</welcome-file>
<welcome-file>index.jsp</welcome-file>
</welcome-file-list>
<filter>
 <filter-name>MyFilter</filter-name>
 <filter-class>cn.edu.cdu.filter.MyFilter</filter-class>
 <init-param>
     <param-name>CharacterEncoding</param-name>
     <param-value>UTF-8</param-value>
 </init-param>
</filter>
<filter-mapping>
 <filter-name>MyFilter</filter-name>
 <url-pattern>/index.jsp</url-pattern>
</filter-mapping>
</web-app>
```

还需要一个目标资源，这里我们以 index.jsp 为例

【代码 11-3】index.jsp

```
<%@ page language="java" contentType="text/html; charset=UTF-8"
   pageEncoding="UTF-8"%>
<!DOCTYPE  html  PUBLIC  "-//W3C//DTD  HTML  4.01  Transitional//EN"
"http://www.w3.org/TR/html4/loose.dtd">
<html>
<head>
```

```
<meta http-equiv="Content-Type" content="text/html; charset=UTF-8">
<title>index.jsp</title>
</head>
<body>
成功到达页面
<%System.out.println("已到目标资源"); %>
</body>
</html>
```

现在先将项目发布到 tomcat 服务器里，再启动服务器，控制台会输出如图 11-4 所示。

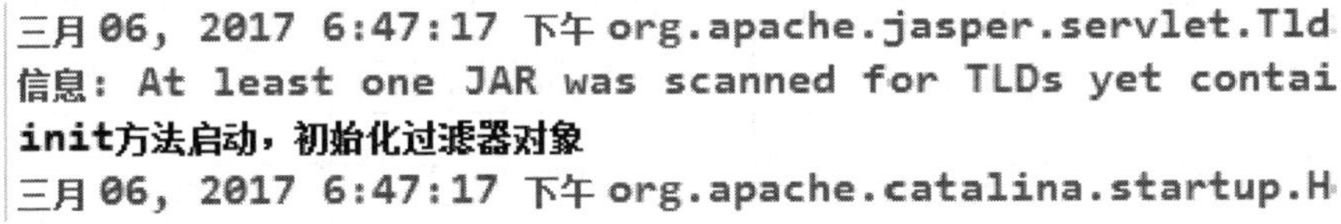

```
三月 06, 2017 6:47:17 下午 org.apache.jasper.servlet.Tld
信息: At least one JAR was scanned for TLDs yet contai
init方法启动，初始化过滤器对象
三月 06, 2017 6:47:17 下午 org.apache.catalina.startup.H
```

图 11-4　服务器启动，init 初始化

然后我们访问 http://localhost:8080/chapter12/index.jsp，会看到控制台输出如图 11-5 所示。

```
初始化参数的CharacterEncoding值是: UTF-8
已到目标资源
过滤器处理完响应内容，再将响应返回给客户端
```

图 11-5　控制台输出

JSP 页面输出如图 11-6 所示。

域名重定向 localhost:8080/chapter12/index.jsp

成功到达页面

图 11-6　JSP 页面输出

再将服务器关掉，控制台打印输出如图 11-7 所示。

```
三月 06, 2017 7:00:21 下午 org.apache.catalina.core.Standa
信息: Stopping service Catalina
destroy方法调用，过滤器生命周期结束
三月 06, 2017 7:00:21 下午 org.apache.catalina.core.Appli
信息: SessionListener: contextDestroyed()
```

图 11-7 destroy 方法调用

以上就是一个过滤器完整的工作流程，再附一张示意图以便于理解，如图 11-8 所示。

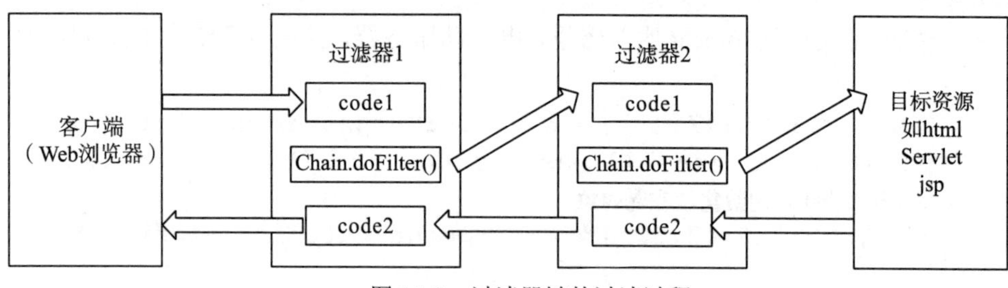

图 11-8 过滤器链的过滤过程

11.1.4 过滤器实战

这里讲一个关于对用户请求进行统一认证的登录实例。

【代码 11-4】login.jsp 登录页面

```
<%@ page language="java" contentType="text/html; charset=UTF-8"
    pageEncoding="UTF-8"%>
<!DOCTYPE html PUBLIC "-//W3C//DTD HTML 4.01 Transitional//EN"
"http://www.w3.org/TR/html4/loose.dtd">
<html>
<head>
<meta http-equiv="Content-Type" content="text/html; charset=UTF-8">
<title>login</title>
</head>
<body>
<form action="<%=request.getContextPath() %>/LoginServlet" method="post">
请输入用户名：<input name="username">
请输入密码：<input type="password" name="password">
<input type="submit" value="提交">
</form>

</body>
</html>
```

然后是 LoginServlet 处理类

【代码 11-5】LoginServlet.java

```
package cn.edu.cdu.servlet;
import java.io.IOException;
import javax.servlet.ServletException;
import javax.servlet.http.HttpServlet;
import javax.servlet.http.HttpServletRequest;
import javax.servlet.http.HttpServletResponse;
public class LoginServlet extends HttpServlet {
@Override
protected void doPost(HttpServletRequest req, HttpServletResponse resp)
throws ServletException, IOException {
    String username = req.getParameter("username");
    String password = req.getParameter("password");
    if(username.equals("admin") && password.equals("admin")){
        req.getSession().setAttribute("username", username);
        resp.sendRedirect(req.getContextPath()+"/test/success.jsp");
    }else{
        resp.sendRedirect(req.getContextPath()+"/test/fail.jsp");
    }
}
}
```

接下来是成功 success.jsp 与失败 fail.jsp

【代码 11-6】success.jsp

```
<%@ page language="java" contentType="text/html; charset=UTF-8"
   pageEncoding="UTF-8"%>
<!DOCTYPE html PUBLIC "-//W3C//DTD HTML 4.01 Transitional//EN"
"http://www.w3.org/TR/html4/loose.dtd">
<html>
<head>
<meta http-equiv="Content-Type" content="text/html; charset=UTF-8">
<title>Insert title here</title>
</head>
<body>
登录成功，欢迎您！${sessionScope.username }
</body>
</html>
```

【代码 11-7】fail.jsp

```
<%@ page language="java" contentType="text/html; charset=UTF-8"
    pageEncoding="UTF-8"%>
<!DOCTYPE html PUBLIC "-//W3C//DTD HTML 4.01 Transitional//EN"
"http://www.w3.org/TR/html4/loose.dtd">
<html>
<head>
<meta http-equiv="Content-Type" content="text/html; charset=UTF-8">
<title>Insert title here</title>
</head>
<body>
登录失败！请检查用户名与密码！
</body>
</html>
```

接下来是过滤器的编写

【代码 11-8】LoginFilter.java

```
package cn.edu.cdu.filter;
import java.io.IOException;
import javax.servlet.Filter;
import javax.servlet.FilterChain;
import javax.servlet.FilterConfig;
import javax.servlet.ServletException;
import javax.servlet.ServletRequest;
import javax.servlet.ServletResponse;
import javax.servlet.http.HttpServletRequest;
import javax.servlet.http.HttpServletResponse;
import javax.servlet.http.HttpSession;
public class LoginFilter implements Filter {
private FilterConfig config;
@Override
public void destroy() {
}
@Override
public void doFilter(ServletRequest arg0, ServletResponse arg1,
FilterChain arg2)
        throws IOException, ServletException {
    HttpServletRequest request = (HttpServletRequest)arg0;
    HttpServletResponse response = (HttpServletResponse)arg1;
```

```
        HttpSession session = request.getSession();
        /**
         * 对 noFilterPaths 中的路径不用过滤，直接放行
         */
        String noFilterPaths = config.getInitParameter("noFilterPaths");
        if(noFilterPaths != null && !noFilterPaths.equals("")){
            String perPath[] = noFilterPaths.split(";");
            for(int i=0;i < perPath.length; i++){
                if(request.getRequestURI().indexOf(perPath[i]) != -1){
                    arg2.doFilter(arg0, arg1);
                    return;
                }
            }
        }
        if(session.getAttribute("username") != null){
            arg2.doFilter(arg0, arg1);
        }else{
        response.sendRedirect(request.getContextPath()+"/test/login.jsp");
        }
    }
    @Override
    public void init(FilterConfig arg0) throws ServletException {
        this.config = arg0;
    }
}
```

最后，配置能让这整套流程顺利运行的 web.xml

【代码 11-9】 web.xml

```
<?xml version="1.0" encoding="UTF-8"?>
<web-app           xmlns:xsi="http://www.w3.org/2001/XMLSchema-instance"
xmlns="http://xmlns.jcp.org/xml/ns/javaee"
xsi:schemaLocation="http://xmlns.jcp.org/xml/ns/javaee
http://xmlns.jcp.org/xml/ns/javaee/web-app_3_1.xsd"         id="WebApp_ID"
version="3.1">
<display-name>chapter12</display-name>
<welcome-file-list>
<welcome-file>index.html</welcome-file>
<welcome-file>index.htm</welcome-file>
<welcome-file>index.jsp</welcome-file>
```

```
    </welcome-file-list>
    <servlet>
     <servlet-name>loginServlet</servlet-name>
     <servlet-class>cn.edu.cdu.servlet.LoginServlet</servlet-class>
    </servlet>
    <servlet-mapping>
     <servlet-name>loginServlet</servlet-name>
     <url-pattern>/LoginServlet</url-pattern>
    </servlet-mapping>
    <filter>
     <filter-name>loginFilter</filter-name>
     <filter-class>cn.edu.cdu.filter.LoginFilter</filter-class>
     <init-param>
         <param-name>noFilterPaths</param-name>
         <param-value>login.jsp;fail.jsp;LoginServlet</param-value>
     </init-param>
    </filter>
    <filter-mapping>
     <filter-name>loginFilter</filter-name>
     <url-pattern>/test/*</url-pattern>
    </filter-mapping>
    </web-app>
```

以上，运用过滤器实现了简单的登录验证。

11.2 监 听 器

11.2.1 什么是监听器

在谍战片中，大家应该会经常看到两个组织为了获得对方的重要情报，而采取一些措施或者手段，而监听器在这里面起到了很大的作用。

在 Web 应用中有很多关键点事件，需要注意，比如 web 应用被启动、被停止，用户请求到达、结束，用户会话开始、结束等，这时监听器也就应运而生。Servlet API 提供了监听器接口来对这些关键事件进行监听，当 Web 应用这些事件发生时，可以调用监听器中的方法进行一些功能的实现。

Web 应用使用不同的监听器接口来监听不同事件，常用的 Web 事件监听器接口分为如下三类。

- 与 Servlet 上下文相关的监听器接口；

- 与会话相关的监听器接口；
- 与请求相关的监听器接口。

11.2.2　与 Servlet 上下文相关的监听器接口

Servlet 上下文监听器可以监听 ServletContext 对象的创建与销毁，以及对象属性的增、删、改等操作，该监听器需要两个接口，如表 11-5 所示。

表 11-5　与 Servlet 上下文相关的监听器接口

监听器接口名称	说明
ServletContextListener	监听 ServletContext 对象的创建和销毁
ServletContextAttributeListener	监听 ServletContext 范围内属性的改变

1.ServletContextListener

该接口存在于 javax.servlet 包内，主要监听 ServletContext 对象的创建和销毁。每个 Web 应用对应了一个 ServletContext 对象，在 Web 容器启动时创建，在容器关闭时销毁。当 Web 应用声明了一个 ServletContextListener 接口的事件监听器后，Web 容器在创建和销毁此对象时，还会产生一个 ServletContextEvent 事件对象，这个对象会作为参数传递给 ServletContextListener 中的 2 个事件处理方法，如下。

- contextInitialized(ServletContextEvent sce)，通过 ServletContextEvent 对象可获得当前被创建的 ServletContext 对象；
- contextDestroyed(ServletContextEvent sce)。

ServletContextEvent 类所具有的方法为 getServletContext()，可以返回改变前的 ServletContext 对象。

实现监听器，可以分为以下 2 个步骤。

(1) 定义监听器实现类，并实现监听器接口的所有方法；

(2) 通过注解或 web.xml 完成相应配置。

下面将实现一个简单的来访人数实例，若有其他具体的需求，请根据自己需要编写。

【代码 11-10】 CountListener.java

```
package cn.edu.cdu.listener;
import javax.servlet.ServletContext;
import javax.servlet.ServletContextEvent;
import javax.servlet.ServletContextListener;
public class CountListener implements ServletContextListener {
 @Override
 public void contextDestroyed(ServletContextEvent arg0) {
     //获取 ServletContext 对象
     ServletContext context = arg0.getServletContext();
```

```
        //在控制台输出日志
        context.log(context.getServletContextName()+"应用停止！");
    }
    @Override
    public void contextInitialized(ServletContextEvent arg0) {
        ServletContext context = arg0.getServletContext();
        context.log(context.getServletContextName()+"应用启动！");
        context.setAttribute("count", 0);
    }
}
```

【代码 11-11】ContextAttributeServlet.java

```
package cn.edu.cdu.servlet;
import java.io.IOException;
import java.io.PrintWriter;
import javax.servlet.ServletContext;
import javax.servlet.ServletException;
import javax.servlet.http.HttpServlet;
import javax.servlet.http.HttpServletRequest;
import javax.servlet.http.HttpServletResponse;
import com.mysql.fabric.Response;
public class ContextAttributeServlet extends HttpServlet {
    @Override
    protected void doGet(HttpServletRequest req, HttpServletResponse resp)
throws ServletException, IOException {
        //需要设置响应类型，因在页面会输出中文
        resp.setContentType("text/html;charset=utf-8");
        ServletContext context = super.getServletContext();
        Integer count = (Integer)context.getAttribute("count");
        if(count == null || count == 0){
            count = 1;
        }else{
            count++;
        }
        context.setAttribute("count", count);
        PrintWriter out = resp.getWriter();
        out.print("来访共有"+count+"人");
    }
}
```

【代码 11-12】 web.xml

```
<?xml version="1.0" encoding="UTF-8"?>
<web-app xmlns:xsi="http://www.w3.org/2001/XMLSchema-instance"
xmlns="http://xmlns.jcp.org/xml/ns/javaee"
xsi:schemaLocation="http://xmlns.jcp.org/xml/ns/javaee
http://xmlns.jcp.org/xml/ns/javaee/web-app_3_1.xsd" id="WebApp_ID"
version="3.1">
<display-name>chapter12</display-name>
<welcome-file-list>
<welcome-file>index.html</welcome-file>
<welcome-file>index.htm</welcome-file>
<welcome-file>index.jsp</welcome-file>
</welcome-file-list>
<listener>
 <listener-class>cn.edu.cdu.listener.CountListener</listener-class>
</listener>
<servlet>
 <servlet-name>contextListener</servlet-name>
 <servlet-class>cn.edu.cdu.servlet.ContextAttributeServlet</servlet-clas
s>
</servlet>
<servlet-mapping>
 <servlet-name>contextListener</servlet-name>
 <url-pattern>/contextListener</url-pattern>
</servlet-mapping>
</web-app>
```

将项目发布到服务器上，启动服务器在控制台会发现如图 11-9 所示。

```
信息: At least one JAR was scanned for TLDs yet contained
三月 07, 2017 2:36:10 下午 org.apache.catalina.core.Applica
信息: chapter12应用启动!
```

图 11-9 Web 容器启动

连续访问 http://localhost:8080/chapter12/contextListener 4 次，如图 11-10 所示。

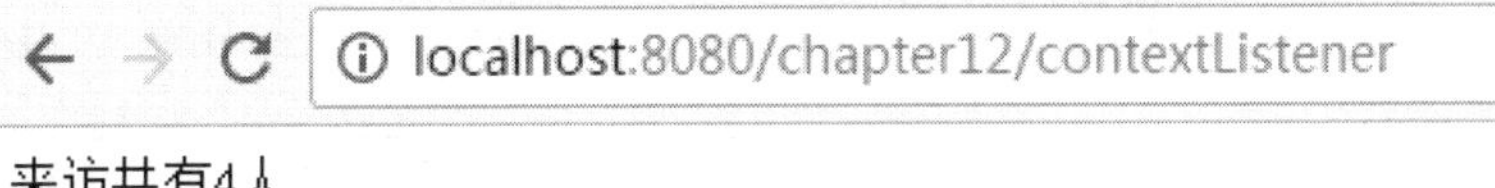

图 11-10 页面显示

关闭服务器，如图 11-11 所示。

```
三月 07, 2017 2:41:29 下午 org.apache.catalina.core.ApplicationContext log
信息: chapter12应用停止!
三月 07, 2017 2:41:29 下午 org.apache.catalina.core.ApplicationContext log
信息: SessionListener: contextDestroyed()
```

图 11-11 关闭服务器

声明监听器类除了上述在 web.xml 中配置，还可以使用注解@WebListener，如图 11-12 所示。

```
@WebListener("来访人数")
public class CountListener implements ServletContextListener {

    @Override
    public void contextDestroyed(ServletContextEvent arg0) {
```

图 11-12 使用@WebListener

2.ServletContextAttributeListener

ServletContextAttributeListener 接口用于监听 ServletContext（application）范围内属性的创建、删除和修改。当 Web 应用声明了一个 ServletContextAttributeListener 接口的事件监听器后，Web 容器在 ServletContext 应用域中的属性发生改变时，还会产生一个 ServletContextAttributeEvent 事件对象，这个对象会作为参数传递给 ServletContextAttributeListener 中的 3 个事件处理方法，如下所示。

attributeAdded（ServletContextAttributeEvent scae），当程序把一个属性存入 application 范围时，Web 容器调用此方法。

attributeRemoved（ServletContextAttributeEvent scae），当程序把一个属性从 application 范围移除时，Web 容器调用此方法。

attributeReplaced（ServletContextAttributeEvent scae），当程序把一个属性的值从 application 中替换时，Web 容器调用此方法。

ServletContextAttributeEvent 该类拥有的方法有 2 个，如表 11-6 所示。

表 11-6 ServletContextAttributeEvent 类的方法及说明

方法	说明
getName()	返回 ServletContext 改变的属性名
getValue()	返回属性值，①增加属性，返回属性值；②移除属性，返回被移除属性值；③替换属性，返回被替换前的属性值

下面将演示一个当 ServletContext 范围内的属性发生变化时，该监听器调用的方法

实例。

【代码 11-13】ContextAttributeChangeListener.java

```
package cn.edu.cdu.listener;
import javax.servlet.ServletContextAttributeEvent;
import javax.servlet.ServletContextAttributeListener;
import javax.servlet.annotation.WebListener;
@WebListener
public class ContextAttributeChangeListener implements
ServletContextAttributeListener {
    @Override
    public void attributeAdded(ServletContextAttributeEvent arg0) {
        String attrName = arg0.getName();
        Object attrValue = arg0.getValue();
        StringBuffer sBuffer = new StringBuffer();
        sBuffer.append("增加的应用属性名为：");
        sBuffer.append(attrName);
        sBuffer.append("值为：");
        sBuffer.append(attrValue);
        arg0.getServletContext().log(sBuffer.toString());
    }

    @Override
    public void attributeRemoved(ServletContextAttributeEvent arg0) {
        String attrName = arg0.getName();
        Object attrValue = arg0.getValue();
        StringBuffer sBuffer = new StringBuffer();
        sBuffer.append("移除的应用属性名为：");
        sBuffer.append(attrName);
        sBuffer.append("值为：");
        sBuffer.append(attrValue);
        arg0.getServletContext().log(sBuffer.toString());
    }
    @Override
    public void attributeReplaced(ServletContextAttributeEvent arg0) {
        String attrName = arg0.getName();
        Object attrValue = arg0.getValue();
        StringBuffer sBuffer = new StringBuffer();
        sBuffer.append("替换的应用属性名为：");
```

```
        sBuffer.append(attrName);
        sBuffer.append("值为: ");
        sBuffer.append(attrValue);
        arg0.getServletContext().log(sBuffer.toString());
    }
}
```

下面这个 Servlet 重用了上一个实例中的 Servlet

【代码 11-14】ContextAttributeServlet.java

```
package cn.edu.cdu.servlet;
import java.io.IOException;
import java.io.PrintWriter;
import javax.servlet.ServletContext;
import javax.servlet.ServletException;
import javax.servlet.http.HttpServlet;
import javax.servlet.http.HttpServletRequest;
import javax.servlet.http.HttpServletResponse;
import com.mysql.fabric.Response;
public class ContextAttributeServlet extends HttpServlet {
 @Override
 protected void doGet(HttpServletRequest req, HttpServletResponse resp)
throws ServletException, IOException {
        //需要设置响应类型，因在页面会输出中文
        resp.setContentType("text/html;charset=utf-8");
        ServletContext context = super.getServletContext();
        Integer count = (Integer)context.getAttribute("count");
        if(count == null || count == 0){
            count = 1;
        }else{
            count++;
        }
        context.setAttribute("count", count);
        //在上例中增加以下两行代码
        context.setAttribute("count", "字符串 1");
        context.removeAttribute("count");
        PrintWriter out = resp.getWriter();
        out.print("来访共有"+count+"人");
 }
}
```

访问 http://localhost:8080/chapter12/contextListener，控制台日志如图 11-13 所示。

```
三月 07, 2017 3:31:44 下午 org.apache.catalina.core.ApplicationContext log
信息: 增加的应用属性名为: count值为: 1
三月 07, 2017 3:31:44 下午 org.apache.catalina.core.ApplicationContext log
信息: 替换的应用属性名为: count值为: 1
三月 07, 2017 3:31:44 下午 org.apache.catalina.core.ApplicationContext log
信息: 移除的应用属性名为: count值为: 字符串1
```

图 11-13　控制台打印日志

11.2.3　与会话相关的监听器接口

1.HttpSessionListener

该接口监听 Http 会话的创建与销毁，提供了如下 2 个方法。

(1) sessionCreated (HttpSessionEvent event)，session 会话创建时，Web 容器调用此方法可以监听到会话的创建；

(2) sessionDestroyed (HttpSessionEvent event)，session 会话销毁时，Web 容器调用此方法可以监听到会话的销毁。

HttpSessionEvent 类的主要方法是 getSession ()，返回改变前的 session 对象。

2.HttpSessionAttributeListener

该接口实现监听 Http 会话属性改变的情况，提供了如下 3 个方法。

(1) attributeAdded (HttpSessionAttributeEvent event)，session 范围内添加属性；

(2) attributeRemoved (HttpSessionAttributeEvent event)，session 范围内删除属性；

(3) attributeReplaced (HttpSessionAttributeEvent event)，session 范围内替换属性。

3.HttpBindingListener

4.HttpSessionActivationListener

3、4 两个接口，感兴趣的同学可以自行查找 API，本处不再进行详解。

11.2.4　与请求相关的监听器接口

1.ServletRequestListener

ServletRequestListener 接口用于监听 ServletRequest 对象的创建与销毁事件。浏览器(客户端)的每次访问请求分别对应一个 ServletRequest 对象，每个 ServletRequest 对象在每次访问请求开始时创建，在每次请求结束后销毁。在 ServletRequestListener 接口中定义了如下两个事件处理方法。

(1) reqeustInitalized (ServletRequestEvent event)，当 ServletRequest 对象创建时，Web 容器将调用此方法；

(2) requestDestroyed (ServletRequestEvent event)，当 ServletRequest 对象销毁时，Web 容器将调用此方法。

ServletRequestEvent 类的主要方法是 getServletRequest()，返回改变前的 ServletRequest 对象。

2.HttpRequestAttributeListener

该接口实现监听 Http 会话属性改变的情况，提供了如下 3 个方法。

(1) attributeAdded (HttpRequestAttributeEvent event)，request 范围内添加属性；

(2) attributeRemoved (HttpRequestAttributeEvent event)，request 范围内删除属性；

(3) attributeReplaced (HttpRequestAttributeEvent event)，request 范围内替换属性。

11.3 实例项目

11.3.1 项目任务 11-1 防 SQL 注入攻击

为了防止用户的非法输入，通过 SQL 语句，实现无帐号登录，甚至篡改数据库，本项目利用过滤器对所有的用户输入进行一个过滤，如果发现异常，则跳转到报错页面。

SqlFilter

```
package cn.edu.cdu.practice.filter;
import java.io.IOException;
import java.util.Enumeration;
import javax.servlet.Filter;
import javax.servlet.FilterChain;
import javax.servlet.FilterConfig;
import javax.servlet.ServletException;
import javax.servlet.ServletRequest;
import javax.servlet.ServletResponse;
import javax.servlet.annotation.WebFilter;
import javax.servlet.annotation.WebInitParam;
import javax.servlet.http.HttpServletRequest;
import javax.servlet.http.HttpServletResponse;
import cn.edu.cdu.practice.utils.ValidateUtils;
@WebFilter(filterName="SqlFilter",urlPatterns={"/*"})
public class SqlFilter implements Filter{
    @Override
```

```
    public void init(FilterConfig filterConfig) throws ServletException {
        // TODO Auto-generated method stub

    }
    @Override
    public void doFilter(ServletRequest request, ServletResponse response, FilterChain chain) throws IOException, ServletException {
        HttpServletRequest req = (HttpServletRequest) request;
        HttpServletResponse res = (HttpServletResponse) response;
        request.setCharacterEncoding("utf-8");
        response.setContentType("text/html;charset=UTF-8");
        //获得所有请求参数名
        Enumeration<String> params = req.getParameterNames();
        String sql = "";

        while (params.hasMoreElements()) {
            //得到参数名
            String name = params.nextElement().toString();
            //得到参数对应值
            String[] value = req.getParameterValues(name);
            for (int i = 0; i < value.length; i++) {
                sql = sql + value[i];
            }
        }
        //调用防 sql 注入的方法
        if (ValidateUtils.validate(sql)) {
            //跳转到 404 页面,并打印错误信息
            String errorMessage = "请求附带非法字符，拒绝访问！";
            ((HttpServletRequest) request).getSession().setAttribute("ErrorMessage", errorMessage);
            ((HttpServletResponse) response).sendRedirect(((HttpServletRequest) request).getContextPath() + "/404.jsp");
        }else {
            chain.doFilter(req, res);
        }
    }
    @Override
```

```
    public void destroy() {
    }
}
```

11.4 课 后 练 习

1.关于 ServletContext 初始化参数，以下哪些说法是正确的_______

A.应当用于很少改变的数据

B.可以使用 ServletContext.getInitparameter(String) 访问

C.应当用于使用于整个 web 应用的数据

D.应当用于经常改变的数据

2.调用 HttpSession 的 removeAttribute()方法时，会触发哪个方法调用？(假设有关联的监听器)

A.HttpSessionListener 的 attributeRemove()方法

B.HttpSessionActivateionListener 的 attributeRemove()方法

C. HttpSessionBindingListener 的 attributeRemove()

D. HttpSessionAttributerListener 的 attributeRemove

3.关于监听者，以下哪种说法正确_____

A.发送一个 Servlet 响应时，ServletResponseListener 可以用于完成一个动作

B.HttpSession 超时时，HttpSessionListener 可以用于完成一个动作

C.Servlet 上下文要关闭时，ServletContextListener 可以用于完成一个动作

D.从 ServletRequest 删除一个属性时，ServletRequestAttributeListener 可以用于完成一个动作

4.在 web.xml 中使用什么元素配置监听器

A.<listeners> B.<listener>

C.<listener>和<listener-mapping> D.<listeners>和<listeners-mapping>

5.哪些类型的对象可以存储属性_____

A.ServletConfig B.ServletResponse

C.HttpServletResuqest D.RequestDispatcher

6.在建立 JSP 网站目录时需要遵循一些规则，以下规则错误的是

A.所有的 flash,avi\ram\quicktime 等多媒体文件存放在根目录下

B.每个主要栏目开设一个相应的子目录

C.根目录一般只存放 index.html 以及其他必须的系统文件

D.目录建立以最少的层次提供最清晰简便的访问结构

7.如果将 E:\MyWeb 作为 JSP 网站目录，需要修改哪个文档

A.Server.xm B.Server.html

C.index.html D.index..xml

11.5 实践练习

1.训练目标：过滤器的理解与使用

培养能力	工程能力、设计/开发解决方案		
掌握程度	★★★★★	难度	中
结束条件	独立编写，运行出结果		

训练内容：

设计一个简单的 IP 地址过滤器，根据用户的 IP 地址进行对网站的访问控制。例如：禁止 IP 地址处于 192.168.3 网段的用户对网站的访问

2.训练目标：监听器的理解和应用

培养能力	工程能力、设计/开发解决方案		
掌握程度	★★★★★	难度	中
结束条件	独立编写，运行出结果		

训练内容：

通过监听器记录在线用户的姓名，在页面进行用户姓名的显示，同时实现对某个用户的强制下线功能